CHRISTINA HUCKLENBROICH

Das Tier und wir

CHRISTINA HUCKLENBROICH

Das Tier und wir

Einblicke in eine komplexe Freundschaft

BLESSING VERLAG

MIX
Papier aus verantwortungsvollen Quellen
FSC® C017859
www.fsc.org

Verlagsgruppe Random House FSC®N001967
Das für dieses Buch verwendete
FSC®-zertifizierte Papier *EOS*
liefert Salzer Papier, St. Pölten, Austria

1. Auflage 2014

Umschlaggestaltung: Geviert Grafik & Typografie,
Werbeagentur, München
Satz: Christine Roithner Verlagsservice, Breitenaich
Druck und Einband: GGP Media GmbH, Pößneck
Printed in Germany
ISBN: 978-3-89667-508-8

www.blessing-verlag.de

Inhalt

1. Eine Beziehung im Wandel

Ein Blick auf den Status quo: Wer hält Tiere, wie und warum? Die Nähe zwischen Menschen und Tieren wächst. Wir skypen mit Hunden, Katzen dürfen mit ins Bett. Aber es gibt auch Tiere, von denen die Menschen Abstand nehmen: Man hat heute keine Wellensittiche mehr, weil ihre Käfige den Menschen wie Gefängnisse erscheinen.

Wenn der erste Bus die Kreuzung im Zentrum um 6:28 Uhr ansteuert, schläft das Dorf noch. Niemand steigt zu. Erst in der Nähe der Bauernhöfe ringsum werden ein paar Azubis an den Haltestellen warten, erzählt die Busfahrerin. Sie werden an einem abgelegenen Bahnhof zehn Kilometer weiter wieder aussteigen, von dort fährt ein Regionalzug in die nächste Großstadt. Um kurz vor sieben geht im Kindergarten das Licht an, um halb acht im einzigen Geschäft des Dorfes, einem Tante-Emma-Laden, der von Brötchen bis zur Barbiepuppe alles verkauft. Und dann kehrt schnell Leben ein. Die Schulkinder bilden Trauben an der Bushaltestelle. Die Mütter kehren mit leeren Buggys vom Kindergarten zurück. Ein einsamer Jogger und drei Hundehalter sind unterwegs in Richtung Wald. Die Sonne geht erst um halb neun auf, jetzt im Januar. Dann fahren auch die Autos aus den Garagen neben den Einfamilienhäusern und nehmen Kurs auf die Landstraße. Das Dorf liegt im Speckgürtel einer Großstadt, viele Familien mit Kindern sind in den vergangenen Jahren hierhergezogen, haben riesige Trampolins in den Gärten aufgestellt und für bessere Busverbindungen gekämpft.

Und sie haben sich Haustiere angeschafft, vor allem Hunde und Katzen. Das sagt Karin*, die in einem schicken Einfamilienhaus in der Dorfmitte lebt. »Inzwischen hat jeder im Ort ein oder zwei Tiere«, sagt sie. »Das war vor zwanzig oder dreißig Jahren überhaupt nicht so. Es sind die Zugezogenen, die heute so viele Tiere halten. Ich habe fast das Gefühl, die Leute ziehen hierher, weil sie mit dem Hund schnell im Wald sein können. Weil sie hier so gut ein Leben mit Hund führen können.« Karin ist selbst einmal Zugezogene gewesen, sie hat 1970 in das Dorf eingeheiratet, das zu dem Zeitpunkt gerade mal 300 Einwohner hatte. »Damals hatte kaum jemand Hunde und Katzen«, sagt Karin. Viele der Alteingesessenen hielten ein paar Nutztiere in den Gärten, Hühner oder Schafe waren keine Seltenheit. Karin und ihr Mann legten sich einige Jahre nach der Hochzeit den ersten Hund zu, einen Cockerspaniel. »Wenn man mit dem Hund im Wald spazieren ging, dann war man damals wirklich allein«, sagt Karin. Das war noch bis weit in die Achtzigerjahre so. Dann entstanden mehrere große Baugebiete für Einfamilienhäuser. Und mit den Neubürgern kamen die Hunde.

Die Gemeindeverwaltung im nächstgrößeren Nachbarort bestätigt diesen Trend. Hier werden die Daten von mehreren

---

* Die Namen der in diesem Kapitel porträtierten Tierhalter sind verändert und einige persönliche Angaben sind verfremdet worden.

kleinen Orten gesammelt, die insgesamt etwa 10.000 Einwohner haben. Mehr als tausend davon zahlen Hundesteuer. »Tendenz steigend«, sagt die Dame im Rathaus.

Wenn man an diesem Morgen den Wald, der das Dorf von allen Seiten umgibt, einmal durchquert, trifft man fünf Hunde: Zwei Beagle, einen Weimaraner, einen Mops, einen Border Collie. Und den großen schwarzen Mischling Paul. Anja, seine Besitzerin, kennt und duzt alle anderen Hundebesitzer, die ihr begegnen. Sie geht diese Tour seit Jahren jeden Morgen. Ihr Tempo ist zügig, für die große Runde braucht sie dreißig Minuten, dann ist sie wieder an ihrer Haustür angelangt. Im Vorgarten schmelzen Schneereste, im Küchenfenster steht noch Weihnachtsdekoration. »Ich bin froh, wenn der Weihnachtsbaum wieder abgebaut ist«, sagt Anja drinnen, an ihrem Esstisch im Wohnzimmer. »Ich würde auch nie ein Bügelbrett ins Wohnzimmer stellen.«

Paul liegt ein paar Schritte entfernt und schaut sehnsüchtig durch die Terrassentür in den Garten. Dem mit lila- und rosafarbenen Kugeln geschmückten Weihnachtsbaum schenkt er keinen Blick.

Die Ruhe könne täuschen, sagt Anja. »Wenn er einen Anfall hat, ist er danach erst mal so neben der Spur, dass er auch Blumentöpfe runterreißt.« Paul ist sechs Jahre alt. Fünf davon leben Anja, ihr Mann und die beiden Kinder mit seinen epileptischen Anfällen, unter denen er leidet, seitdem er dem Welpenalter entwachsen ist. Anja hatte sich den Hund zugelegt, als sie gerade in das Dorf gezogen war, denn sie fand, dass sich das große Haus mit Garten und der nahe Wald perfekt für ein Leben mit Hund eigneten. Das erste Jahr verlief auch genau so, wie sie es sich vorgestellt hatte. Dann kam der erste Anfall. »Kopf und Kiefer krampfen, er hat starke Zuckungen an allen Gliedmaßen«, beschreibt Anja die Situationen. »Anfangs hat er auch Urin und Kot dabei verloren. Das Ganze dauert bis zu sechs, sieben Minuten. Je länger, desto größer die Ausfälle danach. Er ist teilweise einige Minuten blind, kommt nicht auf die Beine, ist sehr unruhig, läuft gegen die Wand und bellt uns an.«

Beim ersten Anfall rief Anja sofort den Tierarzt, der seitdem verschiedene Medikamente ausprobiert hat. Anfallsfrei ist Paul nie wieder geworden. »Im Moment bekommt er sieben verschiedene Tabletten am Tag«, sagt Anja. »Man darf eigentlich gar nicht so genau ausrechnen, wie viel das kostet.« Anja sorgt dafür, dass er die Tabletten morgens und abends stets zu immer denselben Uhrzeiten bekommt, immer um genau sieben Uhr. »Ich bin da natürlich auch perfektionistisch«, sagt sie. Ihr Mann wendet manchmal ein: »Wir können nicht unser ganzes Leben nach dem Hund richten.« Er hole sie zurück auf den Teppich, sagt Anja. »Das ist wichtig, weil ich sonst, glaube ich, vielleicht den Punkt verpassen würde, an dem man zurückschalten muss, wenn da nicht jemand wäre, der sagt: Wir müssen auch mal in den Urlaub fahren. Ich hab ja schon ein Problem, wenn wir mal um sieben ins Kino wollen. Auch die Kinder merken, dass wir nicht so flexibel sind.«

Anja schläft unruhig, weil sie darauf horcht, ob Paul einen nächtlichen Anfall hat. Sie ist ungern länger als drei, vier Stunden außer Haus, weil sie befürchtet, dass der Hund in ihrer Abwesenheit das Bewusstsein verliert und danach orientierungslos durch die Zimmer irrt. Ein Jahr lang ist die Familie überhaupt nicht gemeinsam in den Urlaub gefahren, weil Pauls Anfälle sich häuften. Seit einem halben Jahr arbeitet Anja wieder als Grundschullehrerin, nach mehreren Jahren Pause, als die Kinder klein waren. »Es ist nur eine halbe Stelle, aber ich muss trotzdem häufig die Rektorin um bestimmte Arbeitszeiten bitten, damit ich nicht zu lange am Stück von zu Hause weg bin – wegen meines kranken Hundes. Das ist schon ein komisches Gefühl. Ich frage mich auch, was Kollegen, die keinen Hund haben, darüber denken.«

Anjas Kinder sind elf und dreizehn Jahre alt. »Die Kinder sind so groß, dass ich wegen ihnen nie um besondere Arbeitszeiten bitten muss. Neulich hatte mein Sohn Grippe. Er war eine ganze Woche zu Hause und ich musste keinen Tag freinehmen, er hat sich ganz allein versorgt, während wir arbeiteten. Eigentlich bin ich völlig flexibel, wenn nicht der Hund wäre. Alle meine Bitten an meinen Arbeitgeber beziehen sich auf den Hund.«

Warum sie das alles macht? Anja hebt die Schultern. »Mein Mann sagt manchmal, da sei auch viel Egoismus dahinter. Man wird nicht wirklich von dem Hund geliebt, meint er.« Und was denkt Anja selbst? Sie ist mit einem Hund aufgewachsen, er starb, als sie dreizehn war. »Das war der Weltuntergang«, erinnert sie sich. Wenn sie heute mit Paul durch die Natur geht, schnellen Schrittes, dann ist sie sogar an eiskalten, ungemütlichen Januartagen wie heute fröhlich und aufgekratzt. Einschläfern lassen würde sie ihn wegen seiner Krankheit nie. Auch die Tierärzte sagen, dass es keinen Grund dafür gibt, weil seine Lebensqualität nicht eingeschränkt ist. Freunde und Bekannte haben ihr aber schon oft gesagt, dass sie mit einem solchen Hund nicht leben wollten. »Sie warnen mich: Pass auf, bei jedem Anfall gehen Gehirnzellen verloren. Es kann sein, dass er dich irgendwann nicht mehr erkennt«, sagt sie. »Vor allem, wenn die Leute selbst kein Tier haben, können sie all das, was ich in Kauf nehme, wohl nicht nachvollziehen.«

Wolfgang würde es wahrscheinlich verstehen. Mit seiner Frau Barbara lebt er in Anjas Nachbarschaft. Wolfgang und Barbara sind kurz vor dem Rentenalter. Vor mehr als zwanzig Jahren ist ihre Katze gestorben. Seitdem haben sie kein Haustier mehr gehabt. An der Pinnwand im Flur steckt noch ein altes Foto von Wolfgang mit der Katze. Er trägt einen Strickpulli, Schlaghosen, steht vor einem Mietshaus. Die Katze auf seinem Arm ist noch ein Baby, sie stemmt die Vorderpfoten gegen seine Brust, er hält sie mit beiden Händen. »Das war 1975«, sagt Wolfgang. »Damals lebten wir noch in der Stadt. Im ersten Jahr haben wir die Katze mit einer Leine in der Umgebung ausgeführt, damit sie die Straßen kennenlernt und zurück nach Hause findet.«

Eigentlich war es Barbara gewesen, die eine Katze hatte haben wollen. Die beiden studierten damals, die Katze eines Kommilitonen hatte Junge bekommen und Barbara suchte sich eines aus. »Anfangs war Barbara ganz verrückt nach der Katze«, sagt Wolfgang. »Die Katze durfte in unserem Bett schlafen und wurde wie ein Baby verwöhnt. Aber schon nach zwei Jahren merkte ich, dass ihr Interesse nachließ. Ich weiß noch, dass ich Barbara darauf ansprach. Sie sagte: Ach, weißt du, jetzt ist sie schon zwei Jahre alt und hat noch immer kein Wort gesprochen.«

Aus der Küche ruft Barbara: »Das hast du damals gesagt. Hört sich genau nach deinem Humor an.«

Als die Katze drei Jahre alt war, bekam Barbara das erste Kind. »Von da an habe ich mich um die Katze gekümmert«, sagt Wolfgang. Er fütterte die Katze, brachte sie zum Tierarzt. Und er ließ sie jede Nacht gegen zwei Uhr wieder in die Wohnung, wenn sie erschöpft zurückkehrte von der Jagd in den umliegenden Gärten. Die Katze kratzte dann an der Terrassentür, Wolfgang wurde sofort wach, tappte ins Wohnzimmer und öffnete ihr. »Ich war daran eigentlich gewöhnt«, sagt er heute. »Es war fast so, dass ich beunruhigt war, wenn ich mal nicht geweckt wurde. Ich bin dann auch immer ganz schnell wieder eingeschlafen.«

Wolfgang hat sein Diplom gemacht, beruflich als Ingenieur Fuß gefasst und nebenher noch promoviert in diesen Jahren, in denen er keine Nacht durchschlief. Seine Kinder haben ihn das erste und einzige Mal weinen sehen an dem Tag im Sommer 1991, an dem die Katze eingeschläfert wurde. Sechzehn Jahre alt war sie geworden.

Warum sie sich nie eine neue anschafften? Wolfgang und Barbara werfen sich einen Blick zu. »Wir waren eigentlich etwas abgetörnt damals«, sagt Wolfgang schließlich. »Am Ende hatte die Katze Diabetes. Ich musste ihr in den letzten zwei Jahren jeden Tag eine Insulinspritze geben, und das in einer Zeit, in der ich beruflich viel verreiste.«

Barbara sagt, dass sie schon viel eher mit der Katzenhaltung abgeschlossen hatte. In einer Nacht Anfang der Achtzigerjahre, als ihr zweites Kind erst zwei Monate alt war, wurde sie plötzlich wach und sah nach dem Jungen, dessen Stubenwagen mit im Schlafzimmer stand. Auf der Decke, die über ihrem Sohn lag, mitten auf seinem Bauch, lag die Katze, die ungefähr genauso schwer war wie der

Säugling. Dem Kind war nichts passiert. Trotzdem hätte sie es danach eigentlich besser gefunden, die Katze abzugeben, sagt Barbara. »Aber das hätte ich Wolfgang nicht antun können.«

Claudia hat noch länger ohne Haustiere gelebt als Wolfgang und Barbara. »Als Kind hatte ich ein Kaninchen«, erzählt sie in ihrer Küche in einem Haus am Dorfrand. »Aber vom zwölften Lebensjahr an hatte ich dann kein Haustier mehr.« Das ist dreißig Jahre her. Vor ein paar Jahren begannen Claudias Söhne dann, sich ein Haustier zu wünschen. »Das fing mit dem Grundschulalter an«, sagt Claudia. »Lange habe ich gesagt: Ihr müsst erst älter werden, damit ihr die Verantwortung übernehmen könnt. Und dass ich auch keine Lust habe, die ganze Arbeit zu machen.« Lange reichte das. Dann kam die Sache mit den fleischfressenden Pflanzen. Die Kinder waren inzwischen zehn und zwölf. »Sie haben recht dicht hintereinander Namenstag und hatten sich beide eine fleischfressende Pflanze gewünscht. Wir sind also losgefahren, aber in zwei verschiedenen Pflanzenmärkten hatten sie keine fleischfressenden Pflanzen. Nachdem wir aus dem zweiten Pflanzenmarkt kamen, machte sich im Auto allgemeine Frustration breit. Der Jüngere sagte: »Und wir dürfen nicht mal ein Tier haben.« Danach überlegten Claudia und ihr Mann noch eine Woche. »Dann rief ich beim Tierheim an und fragte nach Meerschweinchen.«

Die beiden Meerschweinchen, die man ihnen verkaufte, leben inzwischen in der Plastikunterschale eines anderthalb Meter langen Käfigs im Zimmer des älteren Sohnes. »Das Gitter haben wir abgemacht, weil sie ohnehin nicht rauskönnen«, erklärt Claudia. Bisher haben die Kinder die Tiere immer abwechselnd in ihren Zimmern beherbergt. »Aber der Jüngere will sie jetzt schon nicht mehr zurück«, sagt Claudia. »Wenn es nach ihm ginge, wären sie schon wieder im Tierheim. Ihm ist das zu viel Arbeit, man muss sie ja auch regelmäßig ausmisten.« Und Claudia, die sich so lange gegen Haustiere gewehrt hat? »Ich finde es eigentlich ganz gut«, sagt sie und lächelt etwas verlegen. »Es ist mir nicht lästig. Ich würde sie auch nicht wieder abgeben wollen. Der Hauptgrund dafür ist komischerweise, dass ich sicher bin, dass sie nirgendwo anders so gutes Futter bekommen würden wie bei uns.« Claudia pflückt im Sommer Gras und Kräuter und beschafft sogar Zweige von Obstbäumen zum Knabbern, im Winter kauft sie Grünfutter. Wenn sie das Zimmer betritt und den Meerschweinchen einen Arm Heu, Gurken oder Äpfel in den Käfig legt, hüpfen die Tiere vor Freude. »Ich liebe es, sie glücklich zu machen«, sagt Claudia. »Bei Freunden habe ich mal zufällig einen Blick in den Meerschweinchenkäfig werfen können. Da lagen drei Stück Möhren und ein paar Halme Heu. Bei uns haben die Meerschweinchen immer eine große Auswahl.«

Wie viele Meerschweinchen, Hamster, Kaninchen und Rennmäuse in den Einfamilienhäusern mit den gepflegten Vorgärten und den rauchenden Schornsteinen wohl leben? Zahlen gibt es dazu nicht, anders als zu den Hunden. Es muss sie aber geben, die Katzen und die kleinen Heimtiere: Das Bürgerbüro hat im gerade vergangenen Jahr zwei Hunde, drei Wellensittiche, ein Kaninchen und vier Katzen registriert, die als Fundtiere aufgelesen worden waren.

Ein solcher Streuner liegt in Karins Wohnzimmer unter dem Sofa. Von der Tür aus sieht man nur etwas in Grau- und Goldtönen Gestreiftes, das sich eingerollt hat. Im ersten Moment hat man den Eindruck, dass etwas ganz Wildes, Urtümliches in Karins gepflegtes Wohnzimmer mit dem camelfarbenen Ledersofa eingedrungen ist. Es könnte bei flüchtigem Hinsehen auch ein Python sein. In Wirklichkeit ist es nur die streunende Katze, die jeder im Ort kennt. Karin und ihr Mann Jürgen lassen sie im Winter jeden Morgen in ihre Küche, wo sie sich auf dem geheizten Natursteinboden sofort erleichtert ausstreckt, während die beiden frühstücken. Später am Tag legt sie sich meist unter das Sofa im Wohnzimmer. »Sie liegt da stundenlang und schläft«, sagt Karin. Abends schicken sie sie wieder vor die Tür. Sie füttern sie auch nicht, um sie nicht von ihnen abhängig zu machen, damit sie auch mal in Urlaub fahren können, ohne sich Sorgen machen zu müssen. Karin weiß, dass verschiedene Familien im Ort der Katze Futter hinstellen.

Karin und Jürgen haben nach ihrem Cockerspaniel ein paar Jahre keinen Hund gehabt, danach einen Golden Retriever, der vor sieben Jahren gestorben ist. Im Moment überlegen sie immer wieder, ob sie wieder einen Hund haben möchten. Sie haben sich sogar schon einen Wurf Golden-Retriever-Welpen bei einem Züchter in der Nähe angesehen. »Wir kommen nicht zum Zuge, weil wir uns nicht einigen können«, sagt Karin. »Ich hätte gern einen kleinen oder mittelgroßen Hund, Jürgen einen großen. Aber ich weiß noch, dass man unseren Golden Retriever, als er alt war, in den Kofferraum heben musste. Wir werden ja auch älter und wissen nicht, wie lange wir einen großen Hund noch heben können.«

Wohin wird sich die Tierhaltung entwickeln? Werden die Tiere mehr – so wie es die Gemeindeverwaltung des Dorfes erlebt, die die Hundesteuer-Statistik auswertet? Oder werden die Menschen zögerlicher, so wie Karin und Jürgen, Barbara und Wolfgang, die sich die Entscheidung für ein Haustier nicht leicht machen? Und wenn ein Tier erst einmal da ist, wächst dann der individuelle Einsatz der Halter, wie man es annehmen könnte, wenn man die Geschichten der Menschen in dem kleinen Dorf hört, die ihre Tiere jahrelang für viel Geld behandeln lassen, wenn sie chronisch krank sind?

An einem Ort mehrere hundert Kilometer von diesem Dorf entfernt hat man auch noch keine abschließenden Antworten auf alles. Aber hier wird immerhin systematisch verfolgt, wie sich die Lebensbedingungen von Haustieren und die Interessen, die Sehnsüchte und das Konsumverhalten ihrer Halter verändern. Es ist ein glühend heißer Tag, aber in der Eingangshalle der elfenbeinfarbenen Villa nahe des Wiesbadener Hauptbahnhofs ist es angenehm kühl. Drei braune Chesterfield-Sessel stehen hier, auf einem liegt eine Hundeleine. Auf der Fensterbank ein riesiger Kübel mit blühenden Aturien, in einer Nische des Foyers zwei mannshohe Porzellanvasen mit Blumenmuster. Der Zentralverband Zoologischer Fachbetriebe, kurz ZZF, hat das repräsentative Gebäude im Jahr 2007 gekauft, um das Geld anzulegen, das über Jahrzehnte durch die »Interzoo« in Nürnberg, die weltgrößte Messe der Heimtierbranche, in seine Kassen gespült worden war. Vorher residierte hier die hessische Architektenkammer.

Antje Schreiber, die junge, blonde Pressesprecherin des Verbandes, führt durch das Haus mit seinen stuckgeschmückten Wänden und geschmackvollen orientalischen Teppichen. Unter dem Dach waren früher die Stuben für das Gesinde, sie sind einen halben Meter niedriger als die Salons im Rest des Hauses, aber noch immer großzügig. Schreiber und eine Kollegin arbeiten hier für die Presseabteilung. In den vergangenen Wochen hat Antje Schreiber hier Daten sortiert, sie zu Säulendiagrammen geordnet und in Powerpointfolien verpackt. Es sind die Ergebnisse einer großen Studie zur Haustierhaltung in Deutschland, der wohl größten und am besten durchdachten bisher.

Antje Schreiber erzählt, dass man jetzt zumindest eines relativ genau weiß: Wie viele Tiere heute wirklich in den deutschen Haushalten leben. Bis vor Kurzem waren noch nicht einmal diese Daten sicher. Immer wieder gab es zwar Studien, meist repräsentative Befragungen, bei denen ein Marktforschungsinstitut tausend oder etwas mehr Leute abtelefonierte und nach Haustieren, Konsumverhalten und noch ein paar Dingen fragte; das Ergebnis wurde dann hochgerechnet auf 80 Millionen Deutsche. »Aber in vielen dieser Studien wurde nur gefragt: Haben Sie Haustiere? Und, wenn ja: Mehr als eins? Die genaue Anzahl wusste man dann immer noch nicht«, sagt Schreiber. »Wir hatten bei bestimmten Zahlen immer große Fragezeichen. Gerade im Bereich der Aquaristik, Terraristik und der Kleinsäuger erschienen uns die Daten nicht plausibel. Wir wissen, dass Besitzer von Aquarien und Terrarien meist mehrere Tiere und auch mehrere Becken haben, weil es Bestandteil des Hobbys ist, Nachzucht zu produzieren.« Die bisherigen Zahlen waren im Hinblick darauf viel zu gering. Die Resultate der verschiedenen Studien widersprachen sich außerdem oft. Erst im Jahr 2012 überlegte man sich beim ZZF genau, wie eine repräsentative Datenlage beschafft werden könnte, und gab dann eine Studie in Auftrag, für die mehr als 2000 Haushalte telefonisch kontaktiert wurden. Man ging sehr viel exakter vor als bei früheren Untersuchungen: Zum Beispiel befragte man deutschsprachige Haushalte statt ausschließlich deutschstämmige – also Bürger mit deutschem Pass – wie viele Studien zuvor.

»Das Ergebnis ist auch noch nicht die letzte Wahrheit, aber eine Annäherung«, sagt Schreiber. 36 Prozent der Haushalte halten demnach mindestens ein Haustier. Das beliebteste Haustier ist mit 12,3 Millionen Tieren (in 16,5 Prozent aller Haushalte) die Katze, danach folgt mit 7,4 Millionen (in 13,4 Prozent aller Haushalte) der Hund. »Mit diesen Zahlen haben wir den Markt aufgemischt«, sagt Schreiber. Zuvor war man von wesentlich weniger Hunden und Katzen ausgegangen, zuletzt, im Jahr zuvor, hatte der Industrieverband Heimtierbedarf (IVH) 5,4 Mio Hunde und 8,2 Mio Katzen ermittelt. Schreiber schließt nicht aus, dass die neuen Daten noch Fehler enthalten. »Es kann sein, dass wir Haushalte, die züchten, falsch gewichtet haben. Die Antwort der Umfrageteilnehmer lautete etwa: Wir haben acht Katzen. Aber die Marktforscher haben nun nicht nachgefragt, ob gerade ein Wurf geboren worden war. Das wurde aber mit hochgerechnet und würde dann die Aussage verfälschen.« Deshalb soll jetzt noch einmal neu befragt werden; die Frage »Halten Sie die Tiere, um zu züchten?« wird dann auch gestellt werden.

Schon jetzt kann man allerdings die Zahlen der unterschiedlichen Tierarten in den Haushalten der Deutschen ungefähr beziffern. Auf Hund und Katze folgen die Kleinsäuger mit 7,6 Millionen Tieren, die in gut 6 Prozent der Haushalte leben, darunter vor allem Kaninchen, die etwa die Hälfte ausmachen, gefolgt von Meerschweinchen, Hamstern, Mäusen, Ratten, Chinchillas und Degus. Die Deutschen halten 3,7 Millionen Ziervögel – vor allem Wellensittiche, Kanarienvögel, Großpapageien und Finken –, haben 2,3 Millionen Aquarien, 2,6 Millionen Gartenteiche und 800.000 Terrarien. In den Aquarien werden vor allem Süßwasser-Warmwasserfische und Süßwasser-Garnelen gehalten, selten Meerwasserfische. In den Gartenteichen schwimmen in erster Linie Goldfische, gefolgt von Koi-Karpfen. In den Terrarien sitzen vor allem Schildkröten, gefolgt von Eidechsen und Schlangen.

Der Verband wollte mit seiner Untersuchung aber vor allem auch soziodemografische Daten über die Halter gewinnen. Es geht schließlich um die Einschätzung von Konsumenten und ihrer Marktkraft. Deshalb wurden die Halter unterschiedlicher Tiere nach Geschlecht, Alter, Einkommen und einigen anderen Kriterien sortiert. Halter von Katzen, Kleinsäugern und Ziervögeln sind demnach eher Frauen. Unter den Hundebesitzern halten sich Frauen und Männer ungefähr die Waage. Katzenhaltung ist in einer mittleren Altersgruppe zwischen 30 und 59 Jahren verbreiteter als bei den Jüngeren und Älteren. Hunde finden sich vorwiegend bei den noch Älteren, den über 40-Jährigen. Kaninchen und andere Kleinsäuger dagegen werden eher von Personen unter 50 gehalten, häufig leben diese Tieren in Familien mit Kindern. Ziervögel leben im Gegensatz dazu bei Singles, die meist Frauen sind. Aquarianer sind jünger als andere Gruppen und haben häufig Kinder. Terrarianer sind ebenfalls jung, meist unter 40; gleich viele Frauen wie Männer sind darunter. Ein hohes Nettoeinkommen findet sich vorwiegend – und logischerweise – bei einer ganz bestimmten Gruppe: den Gartenteichbesitzern.

Trends lassen sich an einer solchen Momentaufnahme nicht ablesen. Aber der Industrieverband Heimtierbedarf hat schon zuvor über Jahre hinweg die Haustierpopulation und ihre Halter beobachtet. Steil nach unten, das belegen die Zahlen der IVH-Studien, geht die Tierhaltung vor allem bei den Dreißig- bis Vierzigjährigen, in der »Rush Hour« des Lebens also. Die Zahl der über 60-jährigen Tierhalter schoss im vergangenen Jahrzehnt dagegen steil nach oben. In den anderen Gruppen blieb die Zahl überwiegend stabil.

In der Heimtierbranche hofft man derzeit auf diese Rentnergeneration, die immer zahlreicher werdenden Alten. Dass sie häufiger Tiere halten als früher, hat wohl auch mit dem demografischen Wandel an sich zu tun: Ältere Menschen machen einfach einen größeren Anteil der Bevölkerung aus als früher.

Beim ZZF beobachtet man aber nicht nur die Demografie der Tierhalter. Mit besonders kritischem Blick wird die Zahl der Tiere registriert, die überhaupt gehalten werden. Sorgen bereitet beispielsweise das sinkende Interesse an der Ziervogelhaltung. Den Deutschen ist nicht mehr zu vermitteln, einen Käfig in der Wohnung zu haben. »Der Käfig hat immer noch den Nimbus eines ›Knasts‹«, heißt es im Mai 2013 in einem Artikel im *Zoologischen Zentral-Anzeiger*, dem Mitteilungsblatt der Zoobranche. »Gitterstäbe erzeugen beim Verbraucher negative Emotionen.« Und selbst große Volieren machten den Haltern ein schlechtes Gewissen. Die Vogelhaltung entspricht einfach nicht mehr dem Zeitgeschmack. Beim ZZF spekuliert man, ob Bedenken durch Beratung ausgeräumt werden können, man hat auch Studien gefunden, die zeigen, dass Menschen blaue Vögel lieber mögen als grüne, große lieber als kleine. Den Zoohändlern wird empfohlen, diese Erkenntnisse zu nutzen, wenn sie Vögel in ihren Geschäften präsentieren.

Doch der Abstieg der Vögel scheint nicht mehr aufzuhalten. Er findet sich in allen westlichen Industrieländern. In den Vereinigten Staaten ist die Zahl der Haushalte, die Ziervögel halten, in den vergangenen zwanzig Jahren um fast 50 Prozent gesunken. 4,5 Millionen Haushalte hielten 2006 noch einen Vogel. Bis 2011 ging diese Zahl auf 3,7 Millionen zurück.

Die Zahl der meisten anderen Tierarten, die in Deutschland gehalten werden, stagniert seit Jahren. Die neue Studie des ZZF hat diesen Eindruck verwischt. Mit früheren Erhebungen ist sie aufgrund der neu gewählten Befragungsmethode nicht vergleichbar. Trotzdem haben Journalisten die neuen Zahlen als plötzlichen Anstieg interpretiert. Die Zahl der Hunde sei in den letzten 12 Jahren von 5 auf mehr als 7 Millionen gestiegen, staunte die *Bildzeitung* und befragte dazu den Sozialwissenschaftler Klaus Hurrelmann, der missbilligend sagte: »Tiere sind den Deutschen inzwischen wichtiger als Kinder. Das macht mir Sorgen.«

In Wirklichkeit werde die Zahl der Tiere in den kommenden Jahren wohl kaum wachsen, wagt Detlev Nolte vom Industrieverband Heimtierbedarf eine Prognose. »Die demografische Entwicklung lässt das nicht zu. Aber die Beziehung zwischen Menschen und Tieren wird sich intensivieren.«

Marktforscher und Wissenschaftler haben immer wieder Zahlen geliefert, die diese Entwicklung schon jetzt belegen. Drei Viertel der Deutschen Haustierbesitzer lassen ihre Katzen und Hunde auf die Couch, hat beispielsweise eine Studie im Auftrag einer Tierhaarfusselroller-Marke erbracht. Fast jede zweite Katze und ein Drittel der Hunde darf nachts mit ins Bett. Die Zahl der Tierbestattungen in Deutschland hat sich seit 2010 um rund 74 Prozent auf jährlich etwa 160.000 erhöht. 14 Prozent der Hundehalter telefonieren aus dem Urlaub mit dem Hund, sechs Prozent schreiben eine Postkarte, fünf Prozent skypen mit ihm. Fast zwei Drittel der deutschen Hundehalter, 60 Prozent der Katzenhalter sowie mehr als die Hälfte der Aquarienbesitzer und der Halter von kleinen Heimtieren wie Hamstern und Kaninchen schenken ihren Tieren etwas zu Weihnachten.

Es gibt Trends über die nackten Prozentzahlen hinaus. Diese Trends haben etwas damit zu tun, wie sich die Gesellschaft insgesamt verändert. An einem Wintertag in Berlin lassen Trendforscher einen Blick in ihre Welt zu. Sie sind sicher, dass Menschen von einem Leben mit Haustieren heute vor allem eines erwarten: Tiere sollen ihnen helfen, mit Stress, Einsamkeit und den Ansprüchen der Leistungsgesellschaft besser umgehen zu können.

2. Die großen Trends

Die Hunde- und Katzenhaltung begann erst im 19. Jahrhundert zu boomen. Schon bald gab es Fertigfutter, Kleidung und Ausstellungen für Tiere. Doch die Zeiten, in denen Futtermittelkonzerne Werbung für Haustiere machen konnten, indem sie darstellten, dass man mit dem Champion aus der Superzucht Pokale gewinnen kann, sind endgültig vorbei. Die Marktstrategen der großen Futterkonzerne sind überzeugt, dass die Haustierhaltung nur Bestand haben wird, wenn man potenziellen Haltern suggeriert, das Tier diene als Bollwerk gegen die Widrigkeiten des Lebens, gegen Stress, berufliche Überforderung, psychische Krankheit und Vereinsamung.

Peter Wippermann sitzt rechts außen hinter einem hellgrauen Pult, auf der einen Seite neben ihm die anderen Podiumsgäste, auf der anderen Seite die Leinwand, auf die in ein paar Minuten seine Präsentation projiziert werden wird. Wippermann, dunkler Anzug, weißes Hemd, die grauen Locken zurückgegelt, schwarz gerahmte Werberbrille, ist 63 Jahre alt, er erklärt den Deutschen seit einem Vierteljahrhundert die Trends ihres Alltaglebens. Der gelernte Schriftsetzer, der später als Layouter arbeitete, gilt als der Mann, der die Trendforschung Ende der Achtzigerjahre nach Deutschland geholt hat. Wippermann wird angerufen, wenn Journalisten zum Beispiel wissen möchten, warum junge Menschen plötzlich Bench-Jacken tragen und Levi's out sind oder weshalb die Zwanzigjährigen spießiger denken als ihre Eltern, gegen nichts aufbegehren und vom eigenen Reihenhaus im Grünen träumen.

An diesem Mittwoch im November hat ihn der Futtermittelhersteller Mars PetCare gebucht, um auf einer Veranstaltung des Konzerns in Berlin zu sprechen. Die Firma hat einen Raum im Haus der Bundespressekonferenz gemietet, einem Bau, der mitten im Regierungsviertel liegt und in dessen glasüberdachtem Innenhof Olivenbäume wachsen. Der Tag ist für die Jahreszeit überraschend warm. Die Journalisten haben sich schnell ihrer Mäntel entledigt, bevor sie den Veranstaltungsraum betreten. Man tut gut daran, sich früh einen Sitzplatz zu suchen, denn es wird voll werden. »Die Deutschen und ihre Heimtiere«, heißt die Pressekonferenz, die hier anberaumt wurde. Mehrere Leute haben große Hunde mitgebracht, zwei nervös hin und her tänzelnde Rhodesian Ridgebacks sind darunter und ein brauner Labrador, der dösend auf dem Fußboden liegt.

Der Ort ist mit Bedacht gewählt, er verleiht den Informationen, die hier gleich an Journalisten von Zeitungen, Fernsehen und Radio weitergegeben werden, einen beinahe offiziellen Charakter. Und auch die Podiumsgäste sind wohlüberlegt zusammengestellt worden: eine Wissenschaftlerin ist dabei und eine Sozialpädagogin, die mit Tieren und schwer erziehbaren Jugendlichen arbeitet, Peter Matuschek, der beim Marktforschungsunternehmen Forsa die Abteilung für Politik- und Sozialforschung leitet – und natürlich Wippermann, der Trendforscher. Begrüßt werden die Gäste von Loïc Moutault, dem Geschäftsführer der Tierfutterabteilung des Lebensmittelriesen Mars. »Im Fokùs steht das Tier«, sagt Moutault mit seinem französischen Akzent über die Firma, für die er arbeitet. »Als ein Unternehmen wir glauben in die positive Rolle, die Tiere haben in unsere Gesellschaft.« Dann erzählt er einen kurzen Schwank aus der Grundschule seiner neunjährigen Tochter. »Die Lehrerin brachte Anfang des Schuljahres einen Hamster mit. Seitdem ist es eine große Diskussion unter den Kindern: Wer wird Speedy haben am Wochenende, um sich zu kümmern?«

Am Ende des Vormittags wird ein edel und modern gestaltetes Buch mit vielen Fotos, Texten, Grafiken und Infokästen verteilt werden, es heißt »Die Deutschen und ihre Heimtiere«. Wissenschaftler und Verbandsvertreter haben dazu beigetragen. Es wird aus Doktorarbeiten und aus Studien zitiert, die in internationalen Fachmagazinen erschienen sind. Viel ist darin von der Digitalisierung unserer Gesellschaft die Rede, von Burn-out und Leistungsdenken.

Eigentlich wird an diesem Tag nur eine Meinungsumfrage vorgestellt, ein Stimmungsbild, das die Firma Mars in Auftrag gegeben und bezahlt hat. In dem dicken dunkelblauen Buch bestreiten die Umfrageergebnisse ein Kapitel. Tausend Deutsche hat das Meinungsforschungsinstitut Forsa befragt, und die meisten waren der Meinung, dass man mehr Tiere in Schulen bräuchte, dass sie helfen, Stress zu bewältigen, und dass Kinder von Haustieren profitieren. »31 Prozent finden, dass Heimtierhaltung in Seniorenheimen generell erlaubt sein sollte«, sagt Matuschek. »73 Prozent sagen, dass Heimtiere in unserer Gesellschaft zu wenig wertgeschätzt werden.«

Wenn Matuschek von Forsa die Ergebnisse vorstellt, wirkt das sehr nüchtern. Deshalb bringt die Moderatorin es noch einmal auf den Punkt: »Die Tendenz der Studie ist sehr klar: Wir brauchen mehr Tiere in Schulen und Seniorenheimen. Tiere helfen. In der Erziehung von Kindern. Gegen Einsamkeit.«

Dann ist Wippermann an der Reihe. Auf der Leinwand erscheint ein Bild, es ist überbelichtet und zeigt zwei junge Pärchen an der Rosenthaler Straße in Berlin-Mitte, nicht weit von hier. Die vier tragen Sonnenbrillen und sitzen vor dem Café Oberholz, das als Treffpunkt einer neuen digitalen Boheme bundesweit bekannt wurde. Wippermann spricht davon, dass mehr als ein Fünftel der unter 25-Jährigen nicht mehr in einem geregelten Tagesablauf ist. Er erwähnt die »Individualisierung der Arbeitswelt« und sagt: »Die Selbstbestimmung in Beziehungen hat zugenommen. Der Anteil der Single-Haushalte steigt.« Im Jahr 1900, zeigt eine Folie, gab es in Deutschland 7 Prozent Single-Haushalte. Im Jahr 2010 waren es in Berlin 54 Prozent. Wippermann blendet eine Statistik ein, aus der hervorgeht, dass es zwar noch 5,5 Millionen »klassische Familien« gibt, aber auch schon 4 Millionen Alleinerziehende, Wochenend- und Patchworkfamilien. Und zudem schrumpfe die deutsche Bevölkerung pro Stunde um 17 Personen. Eine andere Folie zeigt ein Kleinkind, das mit einem iPhone spielt. »Wir leben mehr in einer virtuellen Welt. Wir sind mental überfordert«, sagt Wippermann. »Da können uns Tiere einiges zurückgeben an sinnlicher Erfahrung.«

In die Welt, die Wippermann in seiner Präsentation zeigt, scheinen Haustiere allerdings nicht unbedingt zu passen, und sie kommen auch erst mal nicht vor. Doch dann zeigt er doch ein Tier: ein Foto von einer französischen Bulldogge, die ein lila Stirnband und ein rosa Mäntelchen trägt, an dem eine eigene kleine zusammengerollte Yogamatte befestigt ist. Ein Symbol dafür, wie nah sich der Mensch seinen Haustieren inzwischen fühlt. Immerhin. Aber sein Fazit wirkt dann doch etwas gewagt: »Wir brauchen in Zukunft mehr Tiere im Haushalt als in der Gegenwart.«

Moutault sagt im Anschluss, dass er Gespräche mit Politikern führen will. »Was könnte passieren konkret in drei Jahren, wie sieht die Zukunft aus?«, fragt er und antwortet gleich: »Dass die Hundesteuer abgeschafft ist, das wäre mein Traum.«

Aber Moutault hat noch weitere große Pläne: Er möchte erreichen, dass die Krankenkassen tiergestützte Therapie bezahlen, Hundetrainer ein zertifizierter Beruf wird und die Mensch-Tier-Beziehung als Forschungsgebiet an deutschen Universitäten fest verankert wird. Und er schließt: »Deutschland ist eine tolle Gesellschaft heute. Es könnte besser sein, wenn jeder ein Tier im Haushalt hätte. Das macht uns zu besseren Menschen.«

Ganz kurz ist es still. Dann meldet sich eine Journalistin und sagt, das sei ihr alles zu positiv: »Mir kommt das Negative zu kurz: Hunde in Familien, die sich nicht drum kümmern können, Kampfhunde, Tierhaarallergien. Gerade hier in Berlin hat man oft den Eindruck, dass vieles im Argen liegt und es eigentlich viel zu viele Hunde gibt.«

Die Podiumsgäste müssen sich kurz verständigen, wer diese Frage beantworten soll. Die Aufgabe fällt Wippermann zu, dem Trendforscher. »Tiere sind ein Statussymbol geworden, aber der Status wird ganz unterschiedlich interpretiert«, erklärt er. »Bei einigen ist es das Vermenschlichen, bei anderen Aggression als Waffe. Wie andere Lifestyle-Entwicklungen in den Städten wird sich auch die Tierhaltung polarisieren. Wir haben eine Polarisierung in der Gesellschaft.« Er erinnert an den Armutsbericht, der in derselben Woche veröffentlicht worden ist und große Unterschiede zwischen den gesellschaftlichen Schichten zutage treten ließ. »Wir haben ein Absinken der Mittelschicht«, sagt Wippermann. »Tiere in Oberschicht und Unterschicht – Extreme überall.«

Es wird die letzte kritische Frage an diesem Tag bleiben. Heute sind nicht nur Journalisten, sondern auch viele Vertreter von Tierschutzorganisationen und aus der Dienstleistungsbranche im Raum, etwa Hundeausbilder. Zustimmendes Gemurmel entsteht, als Moutault davon spricht, man setze sich dafür ein, dass die Hundesteuer abgeschafft wird und mehr Arbeitgeber das Mitnehmen von Hunden erlauben. »Das wäre zumindest mal 'n Anfang«, flüstert eine ältere Frau ihrem Nachbarn deutlich hörbar zu.

Mars PetCare ist einer der größten Futtermittelkonzerne der Welt. Die Firma hat Marken wie Whiskas, Chappi und Kitekat im Portfolio. Setzt ein solcher *Global Player* den Schwerpunkt seines Marketings auf ein bestimmtes Thema, dann tut er das nicht ohne Grund. Tiere werden von Mars PetCare als eine Art Bollwerk gegen die Widrigkeiten des Lebens beworben. Sie werden in Stellung gebracht gegen die Geißeln der Gegenwart: die flexibilisierte Arbeitswelt, digitale Überforderung, gegen Vereinsamung und psychische Krankheiten wie Burn-out. Man will die Menschen in dem Glauben bestärken, dass es mit einem Haustier möglich ist, der Leistungsgesellschaft zu entfliehen.

Vor mehr als hundert Jahren, als die ersten Hunde und Katzen in den Haushalten gehätschelt wurden wie Familienmitglieder, wollte man mit ihnen sozial aufsteigen und gewinnen. Die frühe Haustierhaltung orientierte sich an der Leistungsgesellschaft. Als die ersten Futtermittelkonzerne Maßnahmen erdachten, die ihren Umsatz steigern sollten, mussten sie diese Vorstellungen aufgreifen. Und das taten sie: Die Futtermittelindustrie ist der Erfinder von Hunde- und Katzenschauen, auf denen Ahnentafeln begutachtet, Schnauzenlängen gemessen und Pokale verteilt werden.

Für viele Historiker wurzelt die heutige Form der Haustierhaltung mit ihrer großen Nähe zwischen Mensch und Tier im Viktorianischen England. In jene Epoche, die nach der langen Regentschaft von Queen Victoria – 1837 bis 1901 – benannt wird, fielen die Industrialisierung und eine wirtschaftliche Blüte des Königreichs. Viele Moden, die in diesen Jahrzehnten in Großbritannien entstanden, wurden in anderen Teilen der westlichen Welt übernommen – darunter auch die Art, wie man Hunde und Katzen zu betrachten begann.

»Wenn wir über die Geschichte der Haltung von Tieren innerhalb von Haushalten nachdenken, dann neigen wir dazu, die Bedingungen, die wir heute täglich beobachten, einfach in die Vergangenheit zu übertragen«, schrieb die Harvard-Historikerin Harriet Ritvo, die den Aufstieg der Tierhaltung im Viktorianischen Zeitalter erforscht hat. Doch das würde ein völlig falsches Bild ergeben. Noch im 18. Jahrhundert gaben sich Menschen der Lächerlichkeit preis, wenn sie sich dabei beobachten ließen, wie sie Hunde und Katzen so versorgten und hätschelten, wie es heute üblich ist – sie beispielsweise im Bett schlafen ließen oder nach ihrem Tod begruben.

Wissenschaftler gehen davon aus, dass der Aufstieg der modernen Medizin im 19. Jahrhundert den Tieren den Weg in die Häuser und Wohnungen der Menschen ebnete. Seit dem Mittelalter waren Tiere als Seuchenverbreiter und hygienisches Risiko wahrgenommen worden. Insbesondere von Hunden, die in halbwilden Rudeln frei umherstreiften, fühlten sich die Menschen bedroht. Angesichts der verheerenden Seuchenzüge von Lepra und Pest, Pocken und Syphilis wollten sie keine weiteren Hygienerisiken in der Nähe ihrer Wohnstätten dulden.

Es hatte zuvor schon einmal Schoßhunde gegeben und Hunde, die wie echte Familienmitglieder behandelt wurden – im Römischen Reich. Als es unterging, verwilderten die Hunde in den verlassenen Siedlungen und Städten. Hunde wurden nur als Arbeitstiere geduldet – sie zogen Karren oder begleiteten die Feudalherren zur Jagd. Im Adel und an den Höfen entwickelte sich zwar schon vor dem 19. Jahrhundert und der Industrialisierung eine engere Beziehung zu Hunden. Im Bürgertum kam der Hund erst als Hausgenosse infrage, als lebensbedrohliche Infektionskrankheiten weitgehend bezwungen waren.

Charles Cruft, ein britischer Vertreter, der Ende des 19. Jahrhunderts für den Hundekuchenhersteller Spratt arbeitete und eine gute Nase für den Zeitgeist hatte, kam auf die Idee, dass man die Hundehaltung in diesen Kreisen fördern könnte durch Schauen, bei denen Auszeichnungen vergeben werden. Er glaubte, dass mehr Wert auf Fütterung und Equipment gelegt werden würde, wenn man die Tiere wertvoller erscheinen ließe. 1886 organisierte er die erste Hundeschau im Londoner Regent's Park. Später zog die Ausstellung um in die Agricultural Hall, sie wurde nach ihm »Crufts« benannt und ist bis heute die bedeutendste Hundeausstellung der Welt. Cruft, der erste Trendforscher der Heimtierindustrie, sollte recht behalten: Sein Arbeitgeber Spratt wurde zu einem globalen Tierfuttergiganten und begann Leinen, Halsbänder, Hundekörbe, Seife, Shampoo und Kleidung für Hunde herzustellen. Auch Katzenausstellungen wurden lanciert. Die erste fand 1871 in London statt. Rasch entstanden Moden; zunächst wurden langhaarige Importkatzen, etwa Perser, populär, schließlich, ab den Neunzigerjahren des 19. Jahrhunderts, auch Siamkatzen.

Die strengen Kategorien für die Zucht kamen den aufstrebenden Mittelschichten entgegen; sie hatten den Eindruck, durch eigene Leistung etwas erreichen zu können, indem sie beispielsweise selbst züchteten oder ein Tier erwarben, das den Vorstellungen der Zuchtstandards in besonderer Weise entsprach. Mit einem Rassehund oder eine Rassekatze konnten sie sich den Anschluss an privilegierte Kreise erkaufen. Tiere aus bekannten Zuchten waren Statussymbole. Hierarchien, Rassismus, Klassenschranken: Die Regeln der damaligen Zeit ließen sich problemlos auf die beginnende private Haltung von Tieren anwenden.

Rückblickend sprechen Historiker vom »Dog Fancy« und »Cat Fancy« dieser Zeit, einer neu aufgekommenen Schwärmerei, einem modischen neuen Hobby. Plötzlich wurden Bücher geschrieben über Hundezucht im Allgemeinen, Hundepflege, einzelne Rassen – Themen, an die man noch wenige Jahrzehnte zuvor keine Tinte verschwendet hätte. Es entstand ein Markt für hochwertige Halsbänder, Hundehütten, Kämme und Bürsten, ja sogar Kleider für Hunde. Queen Victoria selbst soll einen kleinen Cavalier King Charles Spaniel zu ihrem vierzehnten Geburtstag geschenkt bekommen haben, dem sie ein scharlachrotes Jäckchen und blaue Hosen anzog. Erste Futtermittelfirmen entstanden; sie buken Hundekuchen und »Fleischzwieback« aus Fleisch und Gemüse in Steinöfen, weil das zunächst die einzige Möglichkeit war, fleischhaltiges Tierfutter haltbar zu machen.

Das alles klingt so, als ob die Bedürfnisse der ersten »Hobby-Tierhalter« nicht allzu stark von denen heutiger Halter abwichen. Und doch gab es deutliche Unterschiede. Harriet Ritvo analysierte alte Texte und fand heraus, dass, obwohl immer schwärmerisch von Liebe und Bewunderung für die Schönheit der Hunde und Katzen die Rede war, unterschwellig ein anderer Ton herrschte: Es ging den Pionieren der Haustierhaltung im 19. Jahrhundert um Macht und Kontrolle. Viele Menschen hielten nicht einfach nur einen Hund oder eine Katze, sie züchteten auch selbst. Ritvo sieht das Züchten als Dominanzgeste. Zu bestimmen, ob Fortpflanzung gestattet wird, mit welchen Partnern, wann und wie oft, ist in ihrer Sicht ein besonders konkreter und körperlicher Weg, Kontrolle über andere Lebewesen auszuüben. Promenadenmischungen waren im Viktorianischen Zeitalter verpönt, weil sie demonstrierten, dass sich das Tier den Vorgaben des Menschen entzogen und Partnerwahl und Fortpflanzung auf eigene Faust organisiert hatte.

Zumindest bei den Hundehaltern haben sich manche dieser Vorstellungen heute sogar ins Gegenteil verkehrt. Ein langer Stammbaum und eine mit Preisen bedachte Zuchtlinie beispielsweise scheinen für viele Menschen bei der Auswahl kein Kriterium mehr zu sein. Die American Veterinary Medical Association ermittelt jährlich Trends in der Tierhaltung, die sich ökonomisch auswirken. Derzeit ändern sich offenbar vor allem die Quellen, aus denen Halter ihre Tiere beziehen. Auf die Frage, woher sie ihren nächsten Hund bekommen würden, gaben 45 Prozent der Hundehalter Tierheime an, 40 Prozent Tierschutzvereine. Erst danach kam mit 19 Prozent der Hundezüchter. Inzwischen haben die amerikanischen Tierheime Schwierigkeiten, diese Nachfrage zu befriedigen.

Dieser neue Hype habe einen komplexen Hintergrund, sagt der amerikanische Psychologe Harold Herzog, der an der Western California University die Mensch-Tier-Beziehung erforscht. »Die amerikanische Mittelklasse begann direkt nach dem Zweiten Weltkrieg, sich gezielt Rassehunde zuzulegen. Die Zahl der gehaltenen Rassehunde erreichte Mitte der Neunzigerjahre einen Gipfel.« Seitdem ist sie dramatisch gesunken. Zum einen hätten die Menschen langsam Notiz davon genommen, dass viele Rassen genetisch festgelegte gesundheitliche Probleme haben, etwa Bulldoggen, die unter einem ganzen Bündel von Krankheiten leiden, von Dermatitis bis Gelenkschäden. Zum anderen griffen die Kampagnen von Tierschutzverbänden: »Den Leuten wurde der Eindruck vermittelt: Wenn du losgehst und einen Welpen vom Züchter holst, bringst du einen Hund in einem Tierheim um«, sagt Herzog. »So entwickelte sich schließlich die Meinung, dass es moralische Überlegenheit bedeutet, wenn man einen Hund aus einem Tierasyl aufnimmt.«

Der Wandel in den Wertvorstellungen wurde bald in der ganz alltäglichen Kommunikation deutlich. »Gerade noch hatten die Leute gesagt: Sie ist ein reinrassiger Chihuahua, wir haben sie von einem bekannten Züchter. Jetzt sagen sie: Wir haben sie aus dem Tierheim. Sie ist ein Rescue Dog.« Rescue Dog: In den Vereinigten Staaten ist das so etwas wie eine eigene Rasse. Wer einen Rescue Dog besitzt, kann sich damit genauso schmücken, wie man sich noch vor wenigen Jahrzehnten mit einem eleganten Weimarer oder einem sympathisch-goldglänzenden Golden Retriever schmücken konnte. Nur steht jetzt dahinter eine andere Aussage: Der Besitzer des Streuners aus dem Tierheim hat Gutes getan.

Herzog hat die Entwicklung im Jahr 2009 in der *Washington Post* analysiert. Die Zahl der unerwünschten Hunde und Katzen, die in Tierheimen eingeschläfert werden, habe sich von 1970 bis heute von 24 Millionen auf ein Bruchteil von nur 4 Millionen im Jahr vermindert, schrieb Herzog damals, und das liege am Erfolg der Kampagnen von Tierschutzverbänden, die zur Kastration von Haustieren aufriefen. Doch die Verbände waren in den Bundesstaaten im Norden der USA viel erfolgreicher. Hier gibt es deshalb kaum noch attraktive und vom Wesen her freundliche Streuner. Nur noch die nicht mehr sozialisierbaren Tiere bleiben übrig, während die Tierheime im Süden voll mit gutmütigen Familienhunden sind. Die Tierheime im Norden sind so leer, dass Hunderte Hunde beispielsweise von Heimen in North Carolina zu solchen in Connecticut verschickt werden. Ohne diese Lieferungen bliebe der Nachschub aus – während die Nachfrage steigt.

In Deutschland hat sich ein ähnlicher Trend entwickelt. Auch hier gibt es seit einigen Jahren eine neue Kategorie von Hunden: den Südhund oder Südeuropahund. In der Hundeszene geht dieser Begriff den Leuten inzwischen so leicht von der Zunge, als würden sie eine Rasse nennen. »Er ist ein Südeuropahund«, sagen sie genauso flüssig wie: »Wir haben einen Hovawart.« Die Hunde stammen vorrangig aus beliebten Urlaubsregionen der Deutschen, von Mallorca oder Kreta, aus Italien oder Spanien, aber auch aus Ungarn und Rumänien. In einem Gutachten der Tierärztlichen Vereinigung für Tierschutz heißt es: »Die importierten Hunde erfreuen sich in der Regel großer Beliebtheit bei den Hundehaltern. Sie sind häufig von mittlerer Statur, zeigen ein unproblematisches Sozialverhalten gegenüber Artgenossen und vermitteln dem neuen Halter das Gefühl, mit der Aufnahme des Hundes etwas Gutes getan zu haben.« Professionelle Hilfsorganisationen bringen die Tiere gegen Gebühren nach Deutschland. Dabei kommt inzwischen immer häufiger der Eindruck auf, dass die Tiere in Südeuropa keine Streuner sind, sondern von Händlern, die sich als Tierschutzorganisation ausgeben, bewusst produziert werden, um genügend Welpen von Deutschen »retten« lassen zu können.

Die heutigen Hundeausstellungen passen sich an diese neuen Trends an. Auf vielen geht es nicht mehr um Rasse, Körpermaße, Fellqualität und Ahnentafel. Auf der alljährlich stattfindenden Messe »Dog Live« im westfälischen Münster beispielsweise paradieren Hunde und Halter zwar noch über einen Laufsteg, wie man ihn seit den ersten Ausstellungen im 19. Jahrhundert kennt. Doch hier bekommt den lautesten Applaus die anrührendste Geschichte. Es geht darin um eine gegenseitige Rettung – der Hund ist für den Halter da, selbst in den schwärzesten Stunden. Und umgekehrt.

15.000 Besucher zählt die Messe »Dog Live« in der westfälischen Universitätsstadt jedes Jahr. An diesem eiskalten Sonntag im Januar treibt der Wind auf dem Parkplatz den Schnee vor sich her. Taxis stoppen, Menschen eilen zu den großen Flügeltüren der Veranstaltungshalle.

Drinnen ist es warm, es riecht nach Hund. An der Garderobe liegen Flyer einer TV-Produktionsfirma: Man suche dicke Haustiere für eine Abspeck-Dokusoap. Es gibt Stände, an denen man individuelle Hundesofas aus Kunstleder in Auftrag geben kann, andere verkaufen Hundebetten aus italienischen Brokaten, gefrorene Frischfleischmenüs und selbst gebackene Hundekekse. Auch Tierschutzvereine sind vertreten. Der Verein Galgos in Not verkauft Postkarten mit Hundefotos und Sprüchen wie »Hunde sind nicht unser ganzes Leben, aber sie machen unser Leben ganz«. Galgos sind spanische Windhunde. Sie werden nach der Jagdsaison in Spanien oft ausgesetzt. Der Verein hat Flyer ausgelegt, die über die Probleme informieren; die Mitglieder haben schon mehrfach Hunde gerettet, die im Wald an einem Baum aufgehängt wurden. Gesucht werden immer deutsche Adoptiveltern, die einen solchen Hund aus Spanien ausfliegen lassen und ihm ein neues Zuhause geben.

Viele der Messebesucher haben große, extravagante Hunde bei sich: Greyhounds, riesenhafte Doggen, Neufundländer, Bernhardiner, Collies, die mit ihrer frisch gewaschenen Haarpracht wie aufgeplustert wirken. Die Menschen sind dagegen auffallend wenig gestylt, sie tragen billige, alte Kleider, was vermutlich vernünftig ist, denn viele haben engen Körperkontakt zum Hund. Auf einer Bank sitzt ein Mann und umarmt minutenlang glückselig lächelnd einen großen Barsoi, der ihm die Vorderpfoten auf die Schultern legt.

In der kleineren der beiden Ausstellungshallen findet gerade die Wahl zum »Dog-Live-Model« statt. Hier spazieren Halter mit ihren Hunden einen kurzen Laufsteg entlang, erzählen, wie sie zueinandergefunden haben, führen kleine Tricks und Gehorsamkeitsübungen vor. Eine Jury wählt den Sieger aus, es zählen Talent und Originalität. Ins Finale geschafft haben es beispielsweise Jacqueline und Lilli. Lilli ist ein winziger Mischling aus verschiedenen Schoßhundrassen, schwarz-weiß gefleckt. Das Publikum raunt anerkennend, als die beiden die Bühne betreten. »Ja, Jacqueline sieht selbst aus wie ein Model«, sagt die Moderatorin. Jacqueline ist vielleicht siebzehn, sie trägt knallenge ausgewaschene Jeans und hat lange Haare, aus denen die blonde Farbe schon fast rausgewachsen ist. »Ich hab Lilli, seit sie sechzehn Wochen ist, sie war schon sechzehn Wochen, weil, irgendwie wollte sie kein anderer haben«, sprudelt sie aufgeregt ins Mikro, das ihr die Moderatorin hinhält. »Ich hab sie in einer sehr traurigen Lebensphase gekriegt und sie hat mir sehr geholfen.« Donnernder Applaus. Die Tricks, die Lilli zeigen soll, gelingen nur leidlich, aber das Publikum klatscht trotzdem frenetisch, als die beiden zum Abschluss noch einmal über den Laufsteg federn. Als Nächstes kündigt die Moderatorin »Alisa und Kim« an, es bleibt unklar, wer welchen Namen trägt, ob der Hund, ein gestromter Doggenmischling, Alisa ist und seine junge Besitzerin Kim heißt oder umgekehrt. Der Hund zeigt, dass er sich auf Kommando die Schnauze lecken kann.

Am anderen Ende der Halle findet sich abgeschirmt hinter einigen Paravents eine zweite, kleinere Bühne; hier werden Fachvorträge gehalten, sie heißen »Leben mit blindem Hund«, »Hundephysiotherapie« oder »Einer geht noch – Mehrhundehaltung«. Gerade spricht die Tierärztin und Buchautorin Maria Hense über Hyperaktivität beim Hund. Vierzig Zuhörer haben sich eingefunden, aber die Paravents schirmen den Vortragsraum nur unzureichend ab. Hense muss gegen Bellen, Heulen, Discomusik und die Moderatorin der Dog-Live-Modelshow anschreien. »Ich lebe mit zwei Hunden zusammen, mit Lise und Max«, erzählt Hense, während sie hinter einem Pult aus Sperrholz steht. In ihrer Laufbahn als Verhaltensberaterin sei sie immer bei bestimmten Hunden nicht weitergekommen, sagt sie: bei sehr lebhaften Hunden, die niemals zur Ruhe kommen, immer bellen, an Menschen hochspringen, mit dem Maul nach dem Arm oder der Kleidung greifen. »Manche Hunde sind immer in Gang, immer in Gang«, sagt Hense. Inzwischen nennt man sie »hyperaktiv«, wie Kinder, die ein ähnlich ruheloses Verhalten zeigen. Manchmal sei es eine lebenslange Aufgabe, mit einem solchen Hund umzugehen, sagt Hense. Patentlösungen gebe es nicht, sie plädiert für Kreativität. Eine ihrer Folien heißt »Überleben im Alltag«. Man müsse die besonders lästigen Situationen managen, sagt sie. Wenn der Hund beispielsweise immer beim Telefonieren belle, solle man versuchen, diese Situation zu vermeiden. Sei das nicht möglich, könne man ihm zu fressen geben, wenn man telefonieren wolle, um das unerwünschte Verhalten erst einmal zu verhindern. Und helfe das alles nicht, dann könne man immer noch mit dem Telefon in einen anderen Raum flüchten, wo es nicht störe, dass der Hund bellt. »Wir müssen wissen, dass wir einen besonderen Hund zu Hause haben«, sagt Hense. »Dann können wir damit glücklich werden.«

Ein Charles Cruft unserer Zeit müsste wohl ganz anders vorgehen. Der Mensch will das Tier nicht mehr kompromisslos beherrschen. Und es geht heute auch nicht mehr um Wettbewerb – im Gegenteil: Das Tier hilft, den Ansprüchen der Leistungsgesellschaft zu entfliehen. Würde die Industrie Hunde, Katzen und andere Haustiere als Statussymbole darstellen, könnte sie damit heutige Halter nicht mehr erreichen. Mit Tieren will man nicht mehr gewinnen, sondern entspannen und dabei eins der höchsten Güter des Menschen bewahren: die eigene psychische Gesundheit.

Diese Entwicklung bestätigt Detlev Nolte, der Sprecher des Industrieverbands Heimtierbedarf. Der Jurist begleitet die Heimtierindustrie als PR-Stratege seit mehr als zehn Jahren. Er glaubt, dass ein massiver Trend die Hundehaltung der kommenden Jahre bestimmen wird: der wachsende Ansturm auf sogenannte Besuchsdienste. Halter möchten mit ihrem Tier, meist dem Hund, Seniorenheime besuchen oder nachmittags an Schulen Kindern mit Leseschwäche während Förderkursen Kontakt zu einem Hund ermöglichen. »Es geht dabei um soziale Teilhabe, ohne dass man eine Qualifikation besitzen muss«, erklärt Nolte. »Die Fähigkeiten liegen allein im Tier. Sie müssen nur ein Tier haben, ansonsten brauchen Sie keine Qualifikation, um willkommen zu sein und Kontakte zu haben, um gebraucht zu werden. Wenn man ohne Tier im Altenheim hilft, muss man geschickt sein. Will man Nachhilfe geben, muss man gut in dem Fach sein. So aber brauchen Sie nur einen Hund.« Die Versuche verschiedener Verbände, Prüfungen für solche Halter und ihre Hunde zu etablieren und Nachweise über die Eignung zu fordern, erwiesen sich als »ziemlich dickes Brett«, sagt Nolte: »Sich prüfen lassen: Das ist für die meisten schon wieder zu sehr Leistungsgesellschaft.« Und gerade damit wollen die Halter von Begleithunden nichts zu tun haben: »Ihnen sagt das Konzept zu, weil sie immer nur Geber sind, nicht Nehmer, sie wollen kein Geld dafür, es hat nichts mit Leistung zu tun, ihre bloße Anwesenheit – sie begleiten nur den Hund – wird schon geschätzt. Als Sozialphänomen«, fügt Nolte hinzu, »ist das schon ganz interessant.«

Und die Extreme, die in Berlin angesprochen wurden, bevor man schnell wieder zu den positiven Seiten zurückkehrte? Luxus auf der einen, Vernachlässigung auf der anderen Seite?

Tatsächlich sind auch hier Trends zu verzeichnen. Fast 90 Prozent aller Veterinärämter in Deutschland hatten schon mit Fällen von Animal Hoarding zu tun, ergab eine Studie der Veterinärmedizinerin Tina Sperlin im Jahr 2013. Animal Hoarding bezeichnet ein auch in anderen westlichen Ländern beobachtetes Phänomen: das zwanghafte Sammeln von Tieren, bis große, verwahrloste Herden herangewachsen sind, die in völlig verschmutzten Wohnungen und Häusern beengt und unterversorgt mit dem Tier-Messie zusammenleben. Tier-Messies sind überwiegend Frauen, ergaben schon zuvor Studien aus den USA. Die Veterinärmedizinerin Sperlin fand heraus, dass auch in Deutschland zwei Drittel der Messies Frauen sind. Im Durchschnitt hielten Messies nicht weniger als 44 Tiere, es kamen jedoch auch Haltungen mit mehreren hundert Tieren vor. Am häufigsten waren Katzenhaltungen auffällig, gefolgt von Hundehaltungen. Auf den

Plätzen drei bis fünf befanden sich Kaninchen-, Ziervögel- und Pferdehaltungen. Die meisten Halter, nämlich fast 40 Prozent, wollten ursprünglich mit den Tieren Geld verdienen, etwa durch Zucht, Schlachtung oder eine Reitschule. 33 Prozent ließen sich einem »Rettertyp« zuordnen, sie nahmen alte und herrenlose Tiere auf. 20 Prozent verbanden nur private Interessen mit der Tierhaltung. Die meisten Hoarder lebten nicht allein, sondern mit Familienmitgliedern zusammen, schreibt Sperlin in ihrer Studie, die sie als Dissertation an der Tierärztlichen Hochschule Hannover anfertigte und für die sie Veterinärbehörden in ganz Deutschland befragte. Sperlin verglich ihre Daten mit denen einer amerikanischen Studie aus dem Jahr 1999 und kam zu dem Schluss, dass die Zahl der derartig außer Kontrolle geratenen Tierbestände in Deutschland deutlich höher liegt. Sie leitet aus ihren Ergebnissen einen Trend ab: Fälle von Animal Hoarding seien zukünftig häufiger zu erwarten.

Das andere Extrem, ein Überschütten der Tiere mit Luxus, hält zumindest Detlev Nolte nicht für ein Massenphänomen. »Natürlich gibt es die Hundeboutique in Eppendorf, die Hundekeksbäcker, die Dirndlschneider für Hunde«, sagt Nolte. »Aber das ist noch die Ausnahme, es ist nicht das richtige Leben.« Nolte glaubt, dass Luxus für Tiere als Massentrend angesehen wird, weil die Medien so gern darüber berichten. Er hat gerade in diesen Tagen wieder einen solchen Zeitungsausschnitt eingesammelt: Das Magazin *Euro*, eine Wirtschaftszeitschrift, berichtet in einem eigenen Dossier über den Heimtiermarkt. Auch hier geht es um Bäckereien für Haustiere, Hochzeitskleider für Hunde. Ausführlich wird vom Haustierspa im Londoner Harrods berichtet, in dem man auch seiner Schildkröte eine Entspannungsmassage gönnen kann. Das Tier wird mit Olivenöl eingerieben, Kostenpunkt: 35 Euro. Die Fotos zu dem Artikel zeigen eine Bulldogge, deren Krallen türkisblau lackiert werden, eine durchnässte Katze, die in einem Schönheitssalon shampooniert wird. Ein bisschen ist es so, als ob diese Skurrilitäten vom Wesentlichen ablenken. Von Fragen wie: Wer hält Tiere? In welcher Form und mit welchen Konsequenzen? Was sagt das über unsere Gesellschaft? Was also ist das richtige Leben?

Will man mehr darüber in Erfahrung bringen, dann muss man bei den Futterschüsseln der Tiere anfangen. Es gab schon in der Vergangenheit Anzeichen dafür, wie wichtig Tierhalter die Fütterung ihrer Hausgenossen nahmen. In den ersten Jahren nach dem Zweiten Weltkrieg machten sich Hundehalter in Deutschland unbeliebt, die über die geringen Rationen der »Futterkarten« für Hunde lamentierten oder das für Menschen bestimmte Essen an den Hund weiterreichten, während die Bevölkerung hungerte. In der Überflussgesellschaft ist die Fütterung von Haustieren zu einem massiven Trend avanciert – und zu einem Spiegel der engen und widersprüchlichen Beziehung zwischen Mensch und Haustier.

3. Die Chappi-Verschwörung

Was in den Napf gefüllt wird, ist Tierhaltern wichtig geworden. Sie definieren sich über ihren Fütterungsstil, sind stolz, wenn sie nur roh füttern, kaufen Kräuterzusätze und backen Kekse aus Dinkel und Straußenfleisch. Es geht ihnen um die Gesundheit ihrer Tiere – und sie misstrauen der Futtermittelindustrie. Swanie Simon, die das »Barfen« – Füttern von rohem Fleisch statt Dosen – nach Deutschland holte, vermutet, dass den Haltern das Ritual hinter alldem wichtig ist. Und sie hat recht – Füttern ist Kommunikation, sagen Wissenschaftler.

Es gab eine Zeit, als sich Tierärzte nicht mehr für Mangelkrankheiten bei Hunden und Katzen interessierten, nicht für Rachitis und Knochenerweichung, nicht für Haarausfall wegen fehlenden Zinks oder schwere Hautschäden durch Nicotinsäuremangel. »Ausgelacht hat man uns, wenn wir auf Tagungen Seminare darüber anbieten wollten, wie man eine Ration für einen Hund oder eine Katze richtig zusammensetzt«, erinnert sich Ellen Kienzle, Professorin für Tierernährung an der Ludwig-Maximilians-Universität München, an diese Zeit, die Achtzigerjahre. »Damals konnte man einen Hörsaal mit einer Vorlesung über Rationsberechnung oder eine Kongresshalle mit einem Symposium über Vitaminmangel ganz schnell leerkriegen.« Das industriell erzeugte Dosenfutter schien ein altes Problem der Veterinärmedizin ein für alle Mal gelöst zu haben: Die Halter kratzten nicht mehr die eigenen Essensreste zusammen, sie behalfen sich auch nicht mit Hüttenkäse und Pansen. Nein, man machte eine Dose auf und löffelte dem Hund den Inhalt in den Napf – fertig.

Ellen Kienzle hält kurz inne, als sie an diese Jahre zurückdenkt, in denen sie ihre wissenschaftliche Laufbahn begann, in den Instituten für Tierernährung in München und Hannover. Anfang der Achtzigerjahre legte sie ihr Examen als Tierärztin ab, 1988 war sie habilitiert. Heute sitzt Ellen Kienzle an einem runden Tisch im Speisesaal eines Hotels nahe der Essener Messe. Es ist spät am Abend, Gespräche und Lachen an den umliegenden Tischen füllen den Raum. Sechzig Tierärzte sitzen hier zusammen, es ist der Referentenabend eines großen Kongresses über Pferdemedizin. Am nächsten Tag wird Kienzle einen Vortrag über Salz in der Pferdeernährung halten, auf der Equitana, der großen Essener Pferdemesse, auf der alle zwei Jahre auch die deutschen Pferdetierärzte tagen. Ernährung ist den Pferdebesitzern wichtig geworden, sie folgen Trends und Moden, kaufen heute Dinkelspelz, halten morgen Haferkleie für das Nonplusultra, überlegen dann, ob man zur Ernährung der Urwildpferde zurückkehren und Knollen und Zweige verfüttern sollte. Manchmal vergessen sie darüber, was Pferde am dringendsten brauchen: Salz zum Beispiel.

Darüber wird Ellen Kienzle sprechen. Sie ist eine der profiliertesten Wissenschaftlerinnen auf dem Gebiet, hat viele Auszeichnungen erhalten, dafür gesorgt, dass Tierärzte in Bayern eine spezielle Weiterbildung absolvieren können, an deren Ende sie ihr Praxisschild mit einer offiziellen Zusatzbezeichnung »Kleintierernährung« schmücken dürfen.

Denn die Vergangenheit hat Halter, Tiere und Veterinäre eingeholt. Inzwischen füllen sich die Seminarräume bei Kongressen langsam wieder, wenn es um die Zusammenstellung von Futterrationen für Hunde und Katzen geht. Tierärzte wollen – und müssen – wieder wissen, wie man eine Ration für die Klienten so berechnet, dass ein Hund sie täglich verzehren kann, ohne dass der Tierhalter Bedenken haben muss. Mehrere hundert Halter von Katzen, Hunden, Pferden und Nagern melden sich jedes Jahr zu einer Ernährungssprechstunde an, die an Ellen Kienzles Lehrstuhl angeboten wird. Hier kann man das, was man nach Gutdünken zusammenmischt, daraufhin überprüfen lassen, ob es für das Tier gesund ist. Dosen, Snacks, Säcke voller Trockenfutter gibt es zwar immer noch in den Supermärkten und Zoofachgeschäften und dazu noch in einer nie da gewesenen Vielfalt. Doch eine wachsende Zahl von Haltern kauft sie nicht mehr. Sie kochen und backen stattdessen für den Hund oder sind auf das sogenannte »Barfen« umgestiegen, das Füttern von rohem Fleisch und anderen rohen Zutaten. »Konvertiert«, sagen manche Barfer und lassen damit ganz offen durchblicken, dass sie ihren Fütterungsstil als Religion betrachten, sich und andere Halter, die barfen, als Glaubensgemeinschaft. Längst sind die Futter-Konvertiten keine spleenige Splittergruppe mehr, sondern machen einen großen Anteil der Halter aus.

Das hat gerade erst eine von Ellen Kienzles Mitarbeiterinnen in München mit einer aufwendigen Studie gezeigt. Die junge Tierärztin Nicola Becker untersuchte, wie die Deutschen ihre Hunde und Katzen füttern. Becker entwarf einen Fragebogen, mit dem sie und ihr Team 865 Hunde- und Katzenbesitzer aus fünfzehn Bundesländern befragten. Sie baten in Hundeschulen, Tierkliniken, Parks, Fußgängerzonen und beim Tag der offenen Tür in Tierheimen um Auskunft. Es stellte sich heraus, dass meist die Frauen für die Fütterung zuständig waren. Knapp 60 Prozent der Hunde- und 90 Prozent der Katzenhalter gaben zu Protokoll, ausschließlich Fertigfutter aus dem Handel zu verwenden. 35 Prozent bzw. knapp zehn Prozent kombinierten das Dosenfutter mit zusätzlichen Produkten, und knapp acht Prozent der Hundehalter bereiteten die Rationen selbst zu, ein Viertel davon bezeichnete sich als Barfer. Bei den Katzenbesitzern bereiteten etwas weniger als ein Prozent die Rationen selbst zu.

Die internen Marktforschungsdaten der großen Futtermittelfirma Mars PetCare weichen etwas davon ab, ergeben aber ebenfalls einen beachtlichen Anteil von Haltern, die ihren Tieren eine individuelle Ration zusammenbasteln: Zwar füttern nach wie vor 85 Prozent der Hundehalter ihren Hunden Fertigfutter. Doch neun Prozent bereiten das Futter inzwischen selbst zu, und sechs Prozent barfen. Bei den Katzen barfen schon zwei Prozent, drei Prozent kochen, backen und mischen selbst zusammen.

Warum hat das, was den Haustieren in den Napf gefüllt wird, so viel Bedeutung bekommen? Die *New York Times* beleuchtete das Phänomen schon 2011. Porträtiert wurde eine Frau aus Warwick im Staat New York, die für ihre drei Katzen und zwei Hunde regelmäßig ein Menü aus Biozutaten kocht, in einer Menge, die zehn Tage hält. Sie verwendet dafür vierzig Pfund Kükenhälse aus Weideaufzucht, zwanzig Pfund Hühnerklein, fünf Pfund Karotten, einen ganzen Kohlkopf, Bioobst und -kräuter. Das ähnelt den Rezepten, die sich in deutschsprachigen Kochbüchern für Hunde finden, die meisten sind erst in den vergangenen fünf Jahren erschienen. Auf den Fotografien sehen die Mahlzeiten fast aus wie für Menschen angerichtet, und entsprechend lauten auch ihre Namen: Hirsehähnchen mit Ei, Buchweizenterrine, rohes Rindfleisch mit Polentaschnitten zum Beispiel. Die Autorin des Artikels in der *New York Times* sieht die neue Kochlust der Tierhalter zum einen als Teil eines allgemeinen gesellschaftlichen Trends: Schließlich seien auch andere Do-it-yourself-Hobbys en vogue, etwa Urban Gardening, das Gärtnern auf den Dächern der Großstädte; trendige Großstädter in Brooklyn wecken inzwischen eigenhändig Gurken, Johannisbeeren und Kirschen ein. »Sich für vierzig Pfund Tierfutter abzurackern, wirkt da inzwischen nur wie ein weiteres spaßiges Wochenendprojekt«, heißt es in dem Artikel. Zitiert wird aber auch der amerikanische Hundeflüsterer und Fernsehstar Cesar Millan mit der Ansicht, Tierhalter, die selber kochten, wollten damit ihre Liebe zu ihren Haustieren ausdrücken, was mit gekauftem Fertigfutter nicht in gleicher Weise möglich sei.

Ellen Kienzle ist Wissenschaftlerin, sie will dem Phänomen auf den Grund gehen. Immerhin ist nicht nur ihr Fachbereich, die Tierernährung, gravierend betroffen, sondern die Tiermedizin allgemein, von der Chirurgie und der Orthopädie über die Innere Medizin bis zur Geriatrie, denn als Nebeneffekt der neuen Lust am Füttern wird Übergewicht zu einem grassierenden Problem unter allen Haustierarten. In Nicola Beckers Studie wog der schwerste Hund, ein Bernhardiner, 95 Kilo, die schwerste Katze 11. Mehr als die Hälfte der Hunde und Katzen hatte Übergewicht. Je älter und kränker ein Tier, desto wahrscheinlicher war es übergewichtig. Und auf die Fettsucht folgen Diabetes, Herz-Kreislauf-Leiden und Gelenkprobleme. Um die Ursachen der Überfütterung zu erhellen, fertigte Kienzle gemeinsam mit dem Bonner Psychologen Reinhold Bergler zwei Studien an, die im amerikanischen *Journal of Nutrition* erschienen. Sie befragten 120 Katzenbesitzer in Tierarztpraxen – 60 Katzen waren fettleibig, 60 hatten Normalgewicht. Viele der Halter gaben auf dem Fragebogen an, nur durch Zufall zu einer Katze gekommen zu sein, etwa, weil Freunde einen Wurf Kätzchen hatten, die ein Zuhause suchten. War die Katze allerdings übergewichtig, antworteten die Halter signifikant häufiger, sie seien unglücklich gewesen, bevor sie die Katze hatten, und hätten sich das Tier gezielt zugelegt, um ihr Leben heiterer werden zu lassen. Kienzle und Berger schließen daraus, dass Halter, die ihre Katzen übermäßig füttern, eine engere Beziehung zu ihrer Katze haben und die Katze eher als Ersatz für menschliche Gefährten sehen. Auch andere Unterschiede zwischen den beiden Gruppen weisen darauf hin: Für Halter dicker Katzen ist es ihrem subjektiven Empfinden nach wichtiger, mit der Katze zu entspannen, sich mit ihr gegen Einsamkeit zu wappnen, in ihr einen Freund zu sehen, mit anderen Menschen über die Katze sprechen zu können – und mit der Katze selbst zu sprechen. Zwar sprachen alle befragten Halter mit ihrer Katze. Die Halter der übergewichtigen Tiere allerdings wurden dabei persönlicher: Ein höherer Anteil von ihnen unterhielt sich mit der Katze über Angelegenheiten rund um den Job, über die Familie und über Freunde und Bekannte. Halter normalgewichtiger Katzen hingegen spielten häufiger mit ihrem Tier. Kienzle glaubt nicht, dass das Jagen von Bällchen und Wollknäueln den Tieren so sehr hilft, Kalorien zu verbrauchen, dass sie aus diesem Grund schlanker bleiben. Die Antwort ist simpler: »Fütterung ist ein Mittel zur Kommunikation und zur Stärkung der Mensch-Tier-Beziehung«, sagt sie. »So lieb ist er nie, Fiffi oder Mohrle, wie in dem Moment, wenn er gefüttert wird. Halter, die mit ihrer Katze spielen, haben im Gegensatz dazu noch eine andere Möglichkeit zur Kommunikation, etwas abseits vom Füttern, was sie mit ihrer Katze teilen können.« Eine zweite Studie mit den Besitzern von 60 übergewichtigen und 60 normalgewichtigen Hunden bestätigte die Ergebnisse: War der Hund übergewichtig, sahen die Besitzer in ihm meist so etwas wie einen menschlichen Freund. Übergewichtige Hunde schliefen häufiger mit im Bett, die Halter sprachen mit ihnen über eine größere Vielfalt von Themen, und die Tiere waren häufiger anwesend, wenn der Halter sein eigenes Essen zubereitete, wobei stets Häppchen abfielen. Die Halter dicker Hunde sahen ihren Tieren außerdem gern beim Fressen zu, ein Viertel von ihnen verbrachte mehr als eine halbe Stunde am Tag damit, den Hund dabei zu beobachten, wie er die Leckereien aus dem Napf schlang. Der Kontakt, der sich beim Füttern ergibt, ist offenbar eine absolut positive Form der Kommunikation zwischen Mensch und Tier, ein Moment ohne jede Trübungen – zu diesem Schluss muss man kommen, legt man die Forschung von Ellen Kienzle zugrunde. Das erklärt auch, warum das Füttern von Enten im Park so beliebt ist, warum

Streichelzoos Futterautomaten mit kleinen Graspellets aufstellen und warum wir den bettelnden Möwen neben dem Strandkorb nicht widerstehen können. Der Fütterungsmoment, der Augenblick, in dem das Futter von der Hand zum Tier wechselt, löst offenbar Glücksgefühle bei vielen Menschen aus. Wenn Tierhalter kochen oder der Ernährung ihrer Tiere immer mehr Raum in ihrem Leben geben, dann wollen sie dieses Glück festhalten und ausweiten.

Das Füttern von Haustieren hatte allerdings nicht immer dieselbe Bedeutung für Tierhalter wie heute. Erst in den vergangenen zwei Jahrzehnten ist eine wachsende internationale Gemeinschaft von Futterkonvertiten entstanden. Ende der Achtzigerjahre lancierten Tierärzte aus Sydney das Konzept der Rohfütterung, das damals »Raw Meaty Bones« hieß: rohe, fleischige Knochen. Sie propagierten, Hunde so zu füttern, wie ihre Vorfahren, die Wölfe, sich in freier Wildbahn ernähren: mit ganzen Beutetieren, was in der Welt der Städter am ehesten mit Knochen und anhaftendem Fleisch zu realisieren wäre. Die Idee, die in Australien schnell Freunde gewann, war in Wirklichkeit mehr als ein Futtertrend: Sie bedeutete den Auftakt für eine offensive Auseinandersetzung mit den Fertigfutterkonzernen, die bis heute nicht beendet ist. Im Rückblick mutet der Vorstoß der australischen Veterinäre auch wie ein Versuch an, sich wenigstens eine kleine Scheibe abzuschneiden von dem globalen Milliardengeschäft der Futterindustrie. Sie verkauften zwar keine essbaren Produkte, dafür aber eine neue Ideologie, in Form von Büchern, Vorträgen und Medienbeiträgen, und auch dafür gab es willige Abnehmer. Schon sehr bald konkurrierten die Gründer der jungen Szene untereinander um die Fans.

Einer der damals beteiligten australischen Tierärzte war Tom Lonsdale. Heute behauptet er auf seiner Homepage, dass ein Kollege, der in der Anfangszeit mit den frühen Rohfütterungsexperten in Sydney zusammenarbeitete, der Tierarzt Ian Billinghurst, die Idee stahl, veränderte und für seine eigenen Zwecke benutzte. Fakt ist, dass Ian Billinghurst 1993 das Buch *Give your dog a bone* veröffentlichte und damit zu einer Galionsfigur der Szene wurde. Die Ur-Barfer werfen ihm aber vor, ihre urspünglichen Ziele und Ideale schon sehr bald verraten zu haben: Nach Lonsdales Angaben schickte er den Kollegen einen Brief, mit dem er seinen Rückzug von der »Raw Meaty Bones«-Community bekanntgab. Vor allem mit der »politischen Auseinandersetzung« wolle er nichts mehr zu tun haben, schrieb Billinghurst und meinte damit die aufkommende Feindschaft zwischen Knochenfütterern und der Tierfutterindustrie. Tatsächlich war damals sogar von einem »Silent Spring« der Hunde und Katzen die Rede, auch in den Medien. Damit erinnerte man an das Buch *Silent Spring* der amerikanischen Biologin Rachel Carson, das 1962 erschien und die weltweite Umweltbewegung begründete. Carson prangerte darin den Gebrauch von Pestiziden und Herbiziden an, die die Artenvielfalt von Tieren und Pflanzen zugrunderichten und das ökologische Gleichgewicht zerstören würden. In den Neunzigerjahren standen nun plötzlich Fertigfutterproduzenten unter dem Verdacht, Haustiere so krank zu machen wie die chemische Industrie die Wildtiere. Billinghurst wollte nicht in diesen Konflikt hineingezogen werden. Er wolle in Zukunft eine intermediäre Position einnehmen und bei Interesse auch die Futtermittelindustrie beraten können, schrieb er den Kollegen. Es gehe ihm auch darum, einfach weiter seinen Lebensunterhalt zu verdienen. Das gelang ihm: Er schrieb ein zweites Buch, hielt Vorträge überall auf der Welt und hat heute eine Firma, die gefrorene Barfprodukte für Hunde und Katzen vertreibt, vor allem handliche kleine Fleischburger, die einzeln aufgetaut werden können.

Ab Ende der Neunzigerjahre hatte Ian Billinghurst eine Form der Rohfütterung propagiert, bei der nicht nur Fleisch und Knochen, sondern auch Gemüse, Obst, Getreide, Milchprodukte und Zusätze für die Ration von Hunden verwendet werden. »Er benutzte seine Glaubwürdigkeit, um die Halter zu überzeugen, dass Hunde Allesfresser wären«, lautet Lonsdales verächtlicher Kommentar. Billinghursts Konzept war allerdings durchschlagend erfolgreich, die Tierhalter liebten seine Idee, Futter mit viel Aufwand und wechselnden Zutaten individuell zu mixen. Seine Fans übernahmen für sich selbst den zunächst leicht spöttisch für sie gebrauchten Begriff »Born-Again Raw Feeders«, den sie zu dem Akronym Barf abkürzten. Die Idee schwappte nach Amerika; zwischenzeitlich fand man zur Übersetzung von »Barf« die Begriffe »Biologically Appropriate Raw Food« und »Bones and Raw Food«, die etwas seriöser und weniger nach Sekte klangen. »Barf« ist außerdem ein Wortspiel, das Verb *to barf* bedeutet im Englischen erbrechen.

Nach Deutschland kam das Barfen mit Swanie Simon, einer Deutschen, die im Alter von anderthalb Jahren mit ihren Eltern nach Amerika ausgewandert war. Sie wuchs in den Sechzigerjahren auf Long Island auf und kehrte erst 1991 nach Deutschland zurück. 2001 gründete sie das Internetforum *Gesunde Hunde*, das seitdem eines der größten Portale für den Austausch von Tierhaltern untereinander ist.

Sie übersetzte das Akronym Barf für die Deutschen als »Biologisch Artgerechte Rohfütterung« und schrieb drei Bücher über das Barfen, dünne Heftchen mit dicht beschriebenen Seiten, die sie im Eigenverlag herausgibt. Alle acht Wochen muss sie 5000 Exemplare nachdrucken, so emsig werden die Bände bestellt. »Drei Hunde Nacht« heißt ihr Verlag, und so nennt sie auch ihren Bauernhof im Saarland, in einer winzigen Ortschaft mit verstreuten Häusern und einzeln liegenden Aussiedlerhöfen, einer strukturschwachen Gegend mit viel Wald, in der wenig Industrie zu finden ist, nur ab und an ein Sägewerk. Eine »Drei Hunde Nacht« bezeichne bei den Aborigines eine besonders kalte Nacht, in der man es am besten mit drei Hunden dicht bei sich aushalte, erklärt Simon auf ihrer Homepage. Den saarländischen Hof kaufte sie 2005 und erfüllte sich damit einen Lebenstraum. Hier lebt sie mit ihrer zehnjährigen Adoptivtochter, einem guten Freund, Hunden, Katzen, Pferden, Ziegen und Hühnern. In den Vereinigten Staaten, schreibt sie auf ihrer privaten Homepage, sei sie in den Achtzigerjahren Hundetrainerin und Zwingermeisterin in großen Zwingeranlagen gewesen. »Ich bildete Hunde aus für so ziemlich alles: Unterordnung, Schutzhunde (nicht Sporthunde), Polizei- und Rauschgifthunde.« Seit 1982 habe sie die Hunde in den Zwingern und ihre eigenen mit rohem Futter gefüttert, doch damals habe es noch keine Vorbilder und keine Literatur zu dem Thema gegeben. Zu vielen Themen rund um die Hundehaltung hat Simon entschiedene Ansichten: Auf ihrer Homepage steht auch, dass sie vor einiger Zeit damit aufgehört hat, Schäferhunde zu züchten, weil sie den Eindruck hat, dass die Zucht immer mehr »in Richtung Schutzhund-Sportgerät« geht. Für die Fertigfutterindustrie hat sie bestenfalls sarkastische Kommentare übrig. Heute beschäftigt sich Swanie Simon viel mit Kräuterheilkunde und mit alten Heilkünsten. Sie bezeichnet sich selbst als »Heilerin«. Und dann folgt eine ganze Liste der Kurse über schamanisches Heilen, die sie schon besucht hat, sie heißen: »Besprechen, der alte Weg zu heilen«, »Heilungsgeheimnisse und Rituale aus dem Himalaya« oder »Mütternacht im Labyrinth«.

An einem Junimorgen sitzt Swanie Simon auf einer Holzbank vor ihrem Haus, unter einem Kastanienbaum. Hinter dem Schuppen gackern Hühner. Ihre Hunde Blue, Tessa, Cosmina und Benito springen um sie herum. Vier von vierzehn, die sie auf ihrem Gehöft in der winzigen saarländischen Ortschaft hält. »Ich schreib gerade einen Artikel, der heißt Menschlein-Hund«, sagt sie. »Da geht es um die Vermenschlichung von Hunden, um diese esoterische Vermenschlichung. Diese ganze esoterisch angehauchte Richtung bei Hunden hat stark zugenommen, Heilsteine, Tierpsychologie, das Schamanische. Das alles hat auch seine Berechtigung, und es gibt sicher Menschen, die einen besonderen Bezug zu Tieren haben, aber zu einem großen Teil finde ich diesen Trend supersuper-bedenklich.« Sie nimmt einen Schluck Kaffee. »Wenn ich den Hund vermenschliche, werte ich ihn auf. Was mich stört: Man will ihm sein Hundsein nicht lassen. Was steckt hinter diesem Bedürfnis? Es sind ja nicht Menschen mit Pelzmänteln. Es sind Hunde.«

Swanie Simon ist eine sehr große Frau, über 1,80 Meter, die graublonden Haare trägt sie hochgesteckt, dazu eine hellblaue Jeans und eine graue Sweatjacke mit Kapuze. Das Erste, was an diesem Morgen von ihr sichtbar wird, ist ein gewaltiger Jeep mit geräumiger Ladefläche und Anhänger, den sie mit großer Routine und beeindruckender Schnelligkeit rückwärts einparkt. Dann springt sie heraus, ein Händedruck, schnell holt sie sich aus dem Haus einen Kaffee, dann setzt sie sich auf die Bank. Anderthalb Stunden hat sie Zeit für ein Gespräch, anschließend muss sie ihre Tochter aus der Schule abholen. »Mein Leben besteht aus Rumrennen«, wird sie später mit einem Seufzer sagen.

Alles an Swanie Simon wirkt lebenspraktisch, zupackend und vernünftig, selbst ihr eloquentes Deutsch mit dem ganz leichten, kaum hörbaren amerikanischen Akzent passt dazu. Ein wenig ist man im ersten Augenblick irritiert, man hat sich etwas anderes vorgestellt, nachdem sie im Internet über indianische Lebensweisheit, Schamanismus und das enge Zusammenleben mit Hunden schrieb. Im wirklichen Leben ist sie Landwirtin, berufstätige Mutter und muss noch zusätzlich die Verantwortung für sechs Angestellte schultern, die im Bauernhaus drinnen Bestellungen entgegennehmen und Pakete packen. Swanie Simon betreibt auf ihrem Hof eine Firma für Naturprodukte für Hunde und Katzen, sie hat Pflegeöle, Seifen, Halsbänder und Spielzeug im Angebot, aber natürlich auch alles, was man ins Futter mischen kann, Kräuterauszüge und Blütenessenzen zum Beispiel, außerdem Trockenpansen und gedörrte Hähnchenmägen als Leckerli für zwischendurch. Inzwischen hat ihre Firma Vertretungen in Frankreich, Spanien und der Schweiz. Außerdem arbeitet Simon als Tierheilpraktikerin, schreibt Bücher über Hundeernährung und Naturheilkunde für Tiere und bietet Seminare an, beispielsweise über Kräuter für Katzen und Hunde. Ihre Kurse sind immer sofort ausgebucht, meist noch bevor sie sie über das Internet ankündigt. Sie glaubt, dass den Haltern vor allem das Ritual rund um die Fütterung wichtig sei. Um zu demonstrieren, was sie meint, setzt sie die Kaffeetasse ab, fasst ihren Hund Cosmina ins Auge, einen kleinen Spanielmischling. »Na, komm mal her«, gurrt sie und gibt ihrer Stimme einen infantil-einschmeichelnden Klang. »Möchtest du Leckerli?« Cosmina kommt neugierig heran. »Mach mal schön Sitz für Mama«, lockt Swanie Simon. »Na kuck mal lieb. Zeig mal Zähnchen.« Swanie Simon setzt sich wieder gerade hin und sagt in normalem Tonfall: »Dieses Ritual meine ich.« Man brauche ja eigentlich all diese Fragen, das Zwiegespräch mit dem Hund nicht. »Natürlich will er ein Leckerli, er ist ein Hund.«

Während Simon in den vergangenen Wochen an ihrem Artikel »Menschlein-Hund« schrieb, der entweder auf ihrer Website oder in einem Buch erscheinen soll, hat sie sich immer wieder mit den Wünschen und Gefühlen der Menschen befasst, die hinter solchen Ritualen stehen. Nur ein schmaler Grat, sagt sie, verlaufe zwischen der Anerkennung, dass Tiere Gefühle haben, und deren Vermenschlichung. Es liegt ihr am Herzen, ihre Sorge über die Vermenschlichung von Tieren zu äußern, und sie scheint sich damit von einem Trend absetzen zu wollen, von dem sie selbst profitiert. Sie hat als Erste diesen Trend erkannt, vor über zehn Jahren. Damals, um die Jahrtausendwende, arbeitete sie in einem deutschen Callcenter für die Kundenhotline eines Computerherstellers. »Nach acht Uhr abends war dort tote Hose«, sagt sie. In dieser Zeit entdeckte sie das Internet. »Da habe ich gesehen, dass die Art, wie ich Hunde füttere, einen Namen hat, nämlich Barf, und dass es das in Deutschland gar nicht gibt.« Ihre Kollegen, junge Computernerds, bauten eine Website für sie. Heute hat das Forum 15.000 Mitglieder, die meisten sind Hundehalter; seit seiner Gründung verzeichnete Simon mehr als acht Millionen Zugriffe. Regelmäßig bekommt sie Angebote von Firmen, die das Forum kaufen wollen, doch sie lehnt immer ab. Es geht in den Beiträgen der Mitglieder vor allem viel ums Heilen, um Hunde, die krank oder verhaltensauffällig sind. Dann kommt meist das rohe oder zumindest selbst gekochte Futter ins Spiel, das die Mitglieder sich gegenseitig empfehlen; sie geben auch Adressen von Homöopathen und Tierheilpraktikern weiter. Eine Fütterungsumstellung, hoffen viele Nutzer, könne therapeutisch auf den Hund wirken, ihn beispielsweise doch noch von einer schweren Neurodermitis befreien, wenn Tierärzte nur noch mit den Schultern zucken und Cortison verschreiben. Eine 36-Jährige schreibt hier, bei ihrem Zwerghund sei, als er 15 Jahre alt war, ein Leberschaden diagnostiziert worden. Durch eine Umstellung auf »Diät-Barf« sei er dann noch 17 Jahre alt geworden.

In manchen Beiträgen wirkt die Beschäftigung mit dem Futter wie ein Hobby; so tauschen Tierhalter sich etwa darüber aus, ob es sinnvoll sei, einen Dörrautomaten anzuschaffen, in dem man Fleisch als Snack für unterwegs selbst trocknen kann – um völlig unabhängig von der Futtermittelindustrie zu sein. Eine Frau schreibt begeistert, ihr Automat laufe »meist mehrmals die Woche mit Lunge und Rinderherz, Hühnerhälsen, Hähnchenherzen, Hähnchenmägen. Wenn Du die leuchtenden Hundeaugen siehst und die Begeisterung, wenn

Dir andere Hunde draußen fast die Jacke ausziehen, kannst Du es verstehen.« Andere Threads ähneln eher einem glühenden Bekenntnis zum Barfen, das wenig Toleranz für andere Fütterungsstile lässt. In Beiträgen zu dem Thema »Barfen im Campingurlaub« wird eifrig darüber diskutiert, ob man es verantworten könne, während einer Reise und mangels Kühlschrank auf eine Chappi-Dose zurückzugreifen und ob man das gekochte Biogemüse durch ein Babygläschen aus dem Reformhaus ersetzen könne. Für einige überzeugte Rohfütterer undenkbar: »Ich füttere immer frisch, sogar auf meiner Jakobswanderung wurde gebarft«, heißt es einmal. Die Unterzeichner der Forenbeiträge sind fast ausschließlich Frauen. Ähnlich wie in den gängigen Mutter-und-Baby-Foren unterschreiben sie mit »Andrea mit Farina, Princi und mit Bengy für immer im Herzen«, manch eine gibt auch die Geburtsdaten ihrer Hunde an. Mitglied im Forum zu werden ist nicht ganz einfach; zunächst wird man als Gast zugelassen, erst nach zwanzig sinnvollen Beiträgen kann man sich auch darum bewerben, in den Mitgliederbereich vordringen zu dürfen.

Hier machen sich manchmal auch Menschen in Lebenskrisen Luft. Drei Administratoren und zehn Moderatoren lesen in ihrem Forum mit, sagt Swanie Simon, und es kommt vor, dass sie gemeinsam beraten müssen, ob sie nicht besser eingreifen – dann zum Beispiel, wenn ein Nutzer Suizidgedanken zu erkennen gibt. Swanie Simon sagt offen, dass sie viele ihrer »Foris« für psychisch stark belastet hält. Sie ist mit den Jahren zu dieser Erkenntnis gekommen. »Bei vielen hat der Hund enormen Stellenwert: Das ist der Partner, das Kind, die Eltern, weil die Menschen vereinsamen«, sagt sie. »Wir haben schon mal nachts telefoniert und überlegt, ob da einer hinfährt.« Auch andere »Foris« fahren manchmal zu einem Mitglied, dem es schlecht geht. Diese Anteilnahme schätzt Simon nach wie vor an ihrem Forum, in dem sie nur einen höflichen Umgang der Mitglieder miteinander duldet. Doch die Schattenseiten werden ihr immer deutlicher bewusst. Manchmal wundert sie sich, dass die Nutzer sich im Internet ganz anders geben, als sie in Wirklichkeit sind, wenn sie sie dann einmal trifft. »Ich bin immer überrascht, wenn ich Leute kennenlerne mit einer tollen Website, auf der sie schlau über Kräuter schreiben. In Wirklichkeit erkennen sie dann keine einzige Pflanze. Sehr viele Leute erfinden sich neu im Internet. Mir war das lange nicht klar, ich hab das lange für bare Münze genommen.« Einige nutzen das Forum auch aus, indem sie um Geld für ihre Tiere betteln. »Viele schnorren sich da durch, weil sie so arm sind und der Hund dies und das braucht. Diese Typen gibt es in jedem Forum.«

Aus ihrer Sicht stehen Ängste und Einsamkeit hinter den psychischen Schwierigkeiten der Nutzer, mit denen sie und ihre Administratoren sich konfrontiert sehen. »Das Dorf existiert nicht mehr. Die Welt hat sich sehr verändert durch das Internet, sehr viele Menschen haben inzwischen Sozialkontakte hauptsächlich durch das Internet. So entsteht bei vielen eine krankhafte Beziehung zum Hund.« Für viele Menschen sei auch die Zukunft beängstigend. »In zwanzig, dreißig Jahren kommen achtzig Rentner auf zwanzig Arbeitende. Hunde aber denken nicht über die Zukunft nach. Sie freuen sich immer, wenn man kommt, das ist schon mal viel wert. Man kann körperliche Nähe haben, ohne Angst zu haben – vor was auch immer man Angst hat.« Simon ist in den flachen Schuppen gegenüber dem Haupthaus getreten, hier empfängt sie Patienten in ihrer Tierheilpraktikerpraxis. Cosmina und Benito, die beiden Hunde, die Swanie Simon aus einem Tierasyl in Rumänien gerettet hat, lassen sich auf einem dunkelbraunen Schaffell zu ihren Füßen nieder.

Holzregale säumen die Wände, darin stehen dicht an dicht Gläser voller getrockneter Heilpflanzen: Frauenmantel, Eukalyptus, Malve, Herzgespann, Weißer Salbei. Klettenwurzel. Poke, eine hochgiftige amerikanische Staude, die sie bei lymphatischem Krebs einsetzt. In manchen Kreisen gilt Swanie Simon als letzte Rettung, wenn ein Tier sterbenskrank ist. Die verzweifelten Halter glauben, dass sie wunderheilen kann. »Ich kann aber nicht wunderheilen«, sagt sie. »Leider habe ich trotzdem viele, die von weit her kommen. Neulich rief eine Frau aus München an, mit einem siebzehnjährigen Hund mit Krebs. Ich wär ihre letzte Hoffnung. Ich hab gesagt, liebe Frau, an irgendetwas muss ein Hund auch sterben.« Manchmal hat sie aber bei Tieren Erfolg, die alle schon aufgegeben haben, und das spricht sich dann herum. Anfang des Jahres brachte man ihr die Französische Bulldogge Toni, elf Monate alt, das Tier wog nur noch neun Kilogramm, fünf weniger als normal gewesen wären. Toni erbrach und hatte Durchfall, der Tierarzt verschrieb Antibiotika und Omeprazol gegen die Magensäure, schlug schließlich, als nichts half, vor, ihn einzuschläfern. »Schenkt mir den Hund, ihr könnt das nicht bezahlen, was ich mache«, sagte sie den Besitzern. Sie setzte alle Medikamente ab, fütterte ihn stündlich mit Kräutern, kolloidalem Silber und einer Spezialdiät, wärmte ihn, hatte ihn rund um die Uhr bei sich. Toni erholte sich und kam zurück zu seinen Besitzern. Was er hatte? »Er hatte in jeder Hinsicht einen absoluten Mangelzustand«, meint

Simon. »Ich vermute, dass er eine Magenentzündung und eine Unverträglichkeit hatte, die Darmflora war von den Antibiotika zerrüttet.«

Schon als Kind auf Long Island hatte Swanie Simon Tierärztin werden wollen »Ich hab mir 'n Hund gewünscht seit ich reden konnte. Ich hab jeden freilaufenden Hund eingefangen, aber durfte ihn nie behalten. Meine Eltern waren im Besitzerfinden genauso gut wie ich im Hundeeinfangen.« Mit Hunden umzugehen, habe ihr früh gelegen: »Ich konnte das einfach. Ich wusste immer, was ein Hund gleich macht, in welche Richtung er abbiegt.« Ihre Eltern blieben trotzdem hart, bis sie 14 war und endlich ihren ersten eigenen Hund bekam. Auch in anderen Fragen waren sie kompromisslos: »Meine Eltern haben mich gezwungen, Deutsch zu sprechen«, erzählt sie. Gegen ihren Willen: »Es war ja klar«, sagt sie und grinst, »dass ich nie in Deutschland wohnen würde.«

Nach der Highschool studierte sie erst vier Jahre in North Carolina, im Hauptfach Englisch, Nebenfach Biologie. Eigentlich wollte sie danach Veterinärmedizin studieren, am liebsten in Cornell, einer der angesehensten veterinärmedizinischen Fakultäten Amerikas. »Ich glaube, ich wäre auch reingekommen«, sagt sie heute. Aber dann nahm sie einen ganz anderen Abzweig. »Ich denke, der Werdegang ist sehr ähnlich bei vielen, die so etwas machen wie ich. Dass man erst mal auf so eine Reise geht, wenn man etwas über Heilen und Gesundheit lernen will. In der Veterinärmedizin geht es eben oft nicht um Heilen, Ernährung und Spiritualität. In der Veterinärmedizin gibt es die Behandlung XY für die Krankheit XY, zum Beispiel eine Nierendiät, um Nierenwerte in Ordnung zu bringen. Mich interessiert aber das einzelne Symptom nicht, ich schau mir die Gesamtpathologie an.« Statt Veterinärmedizin zu studieren, reiste sie einige Jahre durch Nord- und Südamerika und Europa. »Ich habe überall Menschen getroffen, die sich mit Tieren und Heilmethoden auskannten, verschiedene Sachen gekonnt haben und mir das gezeigt haben.«

Als Schamanin möchte Swanie Simon sich nicht bezeichnen lassen. Das hat auch damit zu tun, dass Schamanismus, wie sie findet, heute oft missbraucht wird im Zusammenleben von Tieren und ihren Haltern. »Schamanismus, indianisch, geht so: Man nimmt Kontakt auf zu einer Büffelherde und bittet sie, einen Büffel zu spenden, damit er von den Menschen gegessen werden kann«, sagt sie. »Oder man fragt ein Pferd, ob es zum Wasser gehen, ob es trinken will. Man fragt aber nicht seinen Hund, ob er seinen roten oder seinen grünen Ball lieber hat oder ob er ein Wehwehchen hat.« Simon ist in diesem Punkt sehr kritisch, weil sie den Aufstieg der Tierkommunikatoren in Deutschland miterlebt hat, die ihre Fähigkeiten, über Telepathie Kontakt mit Tieren herzustellen und Gespräche zu führen, oft mit den schamanischen Ritualen der Indianer in Verbindung bringen. »Tierkommunikation ist ein rotes Tuch für mich«, sagt sie. Menschen, die sich als Medien bezeichnen, bieten Tierhaltern über das Internet ihre Dienste an und führen ein Gespräch mit einem Haustier. Man muss dafür nur ein Foto des Tieres an den Kommunikator schicken, dann nimmt er Kontakt auf. »Durch den Äther oder so«, sagt Swanie Simon und verdreht die Augen. Für ihren Artikel über die Vermenschlichung von Tieren hat sie drei verschiedene Tierkommunikatoren mit Fotos von drei verschiedenen ihrer Tiere konfrontiert, ohne sich zu erkennen zu geben. »Der eine hat gesagt, die Tiere möchten gern was anderes fressen«, grinst Swanie Simon. »Was hätten sie denn gern? hab ich gefragt.« Die Tierkommunikatorin antwortete: »Sie hätten gerne Barf!« Swanie Simon sagt, alle auf dem Hof »Drei Hunde Nacht« hätten sich kaputtgelacht. Aber schnell wird sie wieder ernst. Sie hat auch schon erlebt, dass eine Tierkommunikatorin einer Hundehalterin, die sie über das *Gesunde-Hunde*-Forum kennt, über deren Hund gesagt hat, er fresse nicht, weil er seiner Halterin mitteilen wolle, sie solle mehr für sich selbst tun. Die Frau, die selbst lebensbedrohlich erkrankt war, machte sich schwere Vorwürfe. In Wirklichkeit litt der Hund unter einer Darmerkrankung und fraß deshalb nicht. »Ein solches Psychoprofil zu erstellen und das jemandem mitteilen, ohne zu wissen, in welcher Situation dieser Mensch sich befindet« – Swanie Simon schüttelt den Kopf. »Das würde man nicht Schamanismus nennen. Das ist schwarze Magie.« Auch andere Versuche von Menschen, noch engeren Kontakt zu ihren Tieren aufzunehmen, findet sie zweifelhaft. Dazu gehören auch die diversen Theorien über das Hundeverhalten, die einander ablösen wie Moden und immer eine neue Generation von Hundehaltern beeinflussen. Konjunktur haben derzeit zum Beispiel »Calming Signals«, Beschwichtigungssignale. Der Hund leckt sich die Nase, er gähnt – das wird von Verfechtern der Theorie als Zeichen für Stress interpretiert. Die norwegische Hundetrainerin Turid Rugaas hat dieses Konzept im Jahr 2001 mit einem Fachbuch aufgebracht; sie empfiehlt, dass Hundehalter diese Signale beachten, um die Beziehung zu ihren Hunden zu verbessern. »Der Hund gähnt, also hat er Stress, also muss ich einen Bogen um ihn machen?«, grinst Simon. »Wenn ich das machen würde, käme ich nicht mehr zum Arbeiten. Das Leben ist nun mal stressig.« Sie seufzt und setzt hinzu: »An und für sich ist es ja gut, wenn jemand ein Buch schreibt, um die Ausdrucksweise von Hunden besser zu erklären. Aber was damit gemacht wird, das ist manchmal schlimm.«

Wenn man mit Swanie Simon spricht, dann geht es sehr schnell nicht mehr um das, was Hunde und Katzen fressen. Und dann geht es nicht einmal mehr um Hunde und Katzen. Aber über das Barfen hat sie die Herzen derjenigen Deutschen geöffnet, die mehr von der Tierhaltung erwarteten, als bis dahin, bis zum Beginn der Nullerjahre, im Angebot war: Nähe, Rituale, Kommunikation. Die vielleicht wirklich einen Partner aus ihrem Tier machen wollen. Simon sieht die Geister, die sie rief, heute mit kritischer Distanz und einer gehörigen Portion Besorgnis. Das hat auch mit ihrer eigenen Entwicklung zu tun. »Früher war ich ein Freak, der lieber mit Tieren zusammen war«, sagt sie. »Heute wollen viele so sein. Aber ich mag heute Menschen. Ich mag auch gern allein sein, aber es ist mir wichtig, Kontakt zu Freunden zu haben.« Nicht im Internet, sondern im realen Leben, fügt sie hinzu.

Um zwanzig vor eins am Mittag fährt ein gelbes Postauto den sanft gewundenen Weg zum Hof »Drei Hunde Nacht« hoch. Jeden Tag gehen siebzig bis achtzig Pakete raus zu den Hunde- und Katzenhaltern. Simons Angestellte haben dafür Kräuter gemischt und abgepackt, sie holen 500-Gramm-Dosen mit fein gemahlenen Hagebutten aus dem Lager, stellen Flaschen aus braunem Glas mit flüssigen Auszügen aus Spitzwegerich und Gläser mit Imkerhonig dazu. Swanie Simons Geschäft ist nicht die einzige Futtermittelfirma, die floriert.

Der Heimtiersektor entwickelt sich fast überall auf der Welt gut, vor allem das Segment Futter gilt als krisenresistent. Im Jahr 2012 zeigte der deutsche Haustierfuttermarkt wieder ein deutliches Plus von 2,5 Prozent im Vergleich zum Vorjahr. Mehr als 2,9 Milliarden Euro Umsatz erreichte das Segment »Heimtiernahrung«, also das Futter für alle Tierarten.

Noch mehr gestiegen ist die Nachfrage nach Snacks: Allein bei den Hunden legten sie um sieben Prozent zu. Marktexperten glauben, dass das Segment Snacks so stark wächst, weil den Haltern die Hundeerziehung immer wichtiger wird. »Der Halter eines unerzogenen Hundes gerät zunehmend unter gesellschaftlichen Druck«, heißt es Anfang 2012 im Branchenmagazin *Zoologischer Zentral-Anzeiger* (ZZA). »Die moderne Lehre der Hundeerziehung setzt auf positive Bestärkung und hier kommen die Leckerlis ins Spiel.« Als die traditionsreiche Futtermittelfirma Royal Canin 2012 in den Snackmarkt einstieg, tat sie es bewusst mit einem Belohnungssnack, der gezielt für das Training von Hunden gedacht ist und den man während der Erziehung beliebig oft einsetzen kann, denn er ist fast kalorienfrei. Das Produkt heißt »Educ« – von »Education«. Auch sonst ist die Vielfalt unter den Snackprodukten groß: Es gibt Knusperstücke aus Rinderhaut und Hähnchenfleisch mit Barbecue-Geschmack, gefüllte Hundekekse mit Leinsamen und Biotin, Snacks aus Pferdelunge für Allergiker, Kekse mit Malzpaste für Katzen, Sticks aus Lamm und Süßkartoffel, Müslikekse mit Karotten, Cookies mit Majoran und Känguru, Energyriegel mit besonders hohem Gehalt an kurzkettigen Fettsäuren für den aktiven Hund, Chicken-Snacks »für frischen Atem«, herzchenförmige Soft-Snacks und Hühnerfleisch in Würfeln, das durch Zugabe von warmem Wasser wieder die Form frischen weißen Filets annimmt. Sogar Hundeeis hat ein Wuppertaler Hersteller schon im Angebot, Geschmacksrichtung: Banane-Erdnuss-Honig.

All das zeigt: Fertigfutter hat noch lange nicht ausgedient, trotz allen Misstrauens, trotz Barf und der neuen Kochlust der Tierhalter. Allerdings muss es für eine wachsende Zahl von Haltern etwas Besonderes sein. Premium-Menüs, in Lebensmittelqualität, bei denen niemals der Eindruck aufkommt, dass minderwertige Schlachtabfälle oder gar künstliche Aromen und sonstige Chemie verwendet werden.

Wie erfolgreich man damit sein kann, zeigt sich an der Münchner Firma Terra Canis. Die Gründerin Birgitta Ornau war Ende zwanzig und hatte gerade ihr Betriebswirtschaftsstudium abgeschlossen, als sie das Unternehmen 2005 gründete: Dosenhundefutter in Lebensmittelqualität, mit Fleisch, das in einer normalen Metzgerei verarbeitet wurde – so sah das Konzept der Hundebesitzerin aus. Vor allem setzte sie auf eine absolut transparente Deklaration, um den Vorwürfen gegen Fertigfutter von vornherein zu begegnen. Niemand wollte ihr einen Bankkredit geben, und sie bekam weder staatliche Förderung noch fand sie einen Geschäftspartner, doch der Erfolg blieb nicht aus: Jedes Jahr verdoppelte sich der Umsatz, den sie mit dem Luxusfutter machte, schließlich konnte sie mit »Terra faelis« auch eine Katzenfuttersorte auf den Markt bringen. Der Durchbruch kam, als der Onlinehändler Zooplus sie ins Sortiment aufnahm. Heute beschäftigt Ornau zehn Mitarbeiter, ihr Sortiment umfasst Welpen-, Sensitiv-, Light- und Biomahlzeiten, Leckerlis und neben den Feuchtfutterdosen auch ein Trockenmüsli. Eine 400-Gramm-

Dose des Terra-canis-Standardhundefutters mit Pute, Gemüse, Birne und Kartoffeln oder mit Rind, Gemüse, Naturreis und Apfel kostet 2,70 Euro.

Auch das Barfen ist längst kommerzialisiert. Kleine Geschäfte gedeihen ebenso wie große Internetversandhäuser, die gefrorene Komplettmenüs anbieten: Pferdeherz mit Chinakohl, Ananas, Bioeierschalenpulver und Angelkalk zum Beispiel, fertig portioniert in der Schale. Zehn Schalen à 200 Gramm kosten 20 Euro. »Es ist einfach ein Hype geworden«, sagt Matthias Beyer auf der Hundemesse »Dog Live« in Münster und lehnt sich über die Kühltruhe, hinter der er steht. Die Truhe ist bis zum Rand gefüllt mit eckigen Klumpen einer braun-schwarz-rot melierten Masse, eingeschweißt in durchsichtiges Plastik. Beyer, der die Messestände der Firma »Pansen-Express« betreut, schiebt den Deckel zur Seite und holt einen der Klumpen hervor. Der »Pansen-Mix« ist das Standardprodukt der Firma und zugleich der bestverkaufte Artikel im Sortiment. Mit der Mischung aus gestückeltem Rindermagen, Muskelfleisch und Innereien, tiefgefroren, hat sich der »Pansen-Express«, Beyers Arbeitgeber, vor zwanzig Jahren einen Namen gemacht. Die Geschäfte liefen immer gut, 20.000 regelmäßige Kunden in ganz Europa hat das schleswig-holsteinische Unternehmen. Doch seit etwa zwei Jahren verspüre man nun zusätzlich einen deutlichen Anstieg der Nachfrage, sagt Beyer. Der Kundenstamm sei in dieser Zeit um dreißig Prozent gewachsen. »Die Leute wenden sich vor allem wegen Allergien an uns. Sie sagen, der Hund reagiere auf alles Mögliche allergisch, auf Weizen zum Beispiel, der in Fertigfutter ist. Und wir sagen dann: Probieren Sie reines Fleisch.«

Etwas Ähnliches erzählt Nicole Feldmann am Rande einer Landstraße im Nordwesten des Münsterlandes. Sie ist durch das 2007 erschienene Buch *Katzen würden Mäuse kaufen – Schwarzbuch Tierfutter* des ehemaligen *Spiegel*-Redakteurs Hans-Ulrich Grimm zum Barfen gekommen. Grimm war der Erste, der die Skepsis gegenüber der Futtermittelindustrie, die in Amerika und Australien schon seit den Neunzigerjahren eifrig gepflegt wurde, hierzulande aufgriff und in einem Enthüllungsbuch verarbeitete, das sich mit der Situation in Deutschland befasste. Er deckte einige unschöne Verflechtungen zwischen offiziellen Funktionären von Tierärzteverbänden und der Futtermittelindustrie auf und musste sich ansonsten auf Spekulationen stützen: Die modernen Zivilisationskrankheiten, unter denen Haustiere leiden, etwa Diabetes, Herzerkrankungen, Allergien und Krebs, seien auf die billigen Abfälle und chemischen Zusatzstoffe in der Chappi-Dose zurückzuführen, so Grimms These. Sein Buch wurde ein Longseller, es hält sich bis heute in den Top 1000 der meistverkauften Titel bei Amazon.

Nicole Feldmann las Grimms Buch, als ihr Hund Tim, ein Husky-Mischling, schwer krank war. »Er litt unter Hautekzemen und biss sich blutig bis aufs Fleisch«, sagt Feldmann. Das Diättrockenfutter vom Tierarzt mochte er nicht, Cortison half nur ein bisschen. »Wir wussten uns nicht zu helfen.« Dann sagte ein Freund, der einen Zerlegebetrieb hatte: »Hol deinem Hund bei mir mal 'ne schöne Beinscheibe.« Von da an »barften« Nicole Feldmann und ihr Mann. »Seitdem wir Fleisch füttern, ist alles okay.« Das Ehepaar hat drei Hunde und drei Katzen, alle werden gebarft. Und mittlerweile ist Nicole Feldmann selbst als Unternehmerin im Fleisch-Business tätig. Ihr Shop »Scharf auf Barf« befindet sich in einem kleinen Gartenhaus auf einem Parkplatz zwischen einem westfälischen Dorf, landwirtschaftlichen Flächen und einem Industriegebiet. Früher war an dieser Stelle ein Gebrauchtwarenhandel, seit dem Jahr 2010 verkauft Feldmann hier gefrorene Barfmenüs, die sie von einem Großhändler bezieht, sie liegen stapelweise in großen Gefriertruhen und heißen »Mager-Mix«, »Allerlei vom Geflügel« oder »Rosi's Spezial«. In der Mitte des Raumes stehen Plastiktüten mit lederähnlichen Rollen – das sind getrocknete Hautstücke und Hauptschlagadern vom Pferd. Draußen hängen Körbe mit Kalbshufen, Lammstrossen, Straußensehnen oder Rinderhoden. Die ungewöhnlicheren Tierarten wie Pferd und Strauß hat sie für Halter im Angebot, die bei ihren Hunden Allergien gegen herkömmliche Fleischsorten vermuten. Auf dem Parkplatz schmelzen Schneereste, die Autos der Tierhalter müssen durch eine riesige Wasserlache fahren. Gegen vier Uhr, die Februarsonne geht schon unter, wird es allmählich voll: Ein junger Mann will eine ganze Kühltasche füllen, auf der »Grillmeister« steht. Ein lesbisches Pärchen mit einer schwarzen Hündin kauft drei große Tüten voller gefrorener Schalen und getrockneter Tierteile. Eine Frau Mitte vierzig muss schnell weiter, um noch ihre Kinder abzuholen, in ihrem Einkaufskorb versenkt sie ein paar Gefriermenüs. »Der haut sich das rein, der inhaliert das einfach«, erzählt sie begeistert über ihren Hund. Ein Mann, der in einem silbern glänzenden Geländewagen direkt vor das Häuschen fährt, kauft Kopfhaut mit anhaftendem Fell für seinen Labrador. »Zur Darmreinigung«, erklärt Nicole Feldmann. Ihre Kunden, sagt sie, legten viel Wert darauf, dass die Waren nicht aus Asien kommen.

Gepresste Kauknochen und importierte Tierreste in bunten Tüten, deren Herkunft man nicht zurückverfolgen könne, würde sie niemals anbieten.

»Bestimmte Bevölkerungsgruppen haben einfach relativ viel Geld zur Verfügung, um ihre Tiere zu füttern«, sagt die Münchner Professorin Ellen Kienzle. »Diese Leute barfen oder kaufen das Schickimickifertigfutter.« Das Beste für die Tiere sei das aber trotzdem nicht immer. »Wir sehen häufig kranke Tiere, die unter einer Fehlversorgung mit Kalzium und Phosphor leiden. Solche selbst zusammengestellten Rationen müssen wirklich sauber durchgerechnet werden. Wenn jemand einen Welpen barft, ohne das durchzurechnen, dann ist das ein ungenehmigter Tierversuch.« Aber haben nicht Hunde bis vor wenigen Jahrzehnten immer nur Tischreste und Fleischabfälle bekommen? »Das ist durchaus vollständig richtig«, sagt Kienzle. »Ich kann mich aber noch erinnern, dass in meiner Studienzeit die Hälfte der Krankheiten in den Lehrbüchern Mangelkrankheiten waren. Jetzt feiern diese alten Leiden wieder fröhliche Urstände. Man sieht Kalziummangel, Phosphormangel gibt es wieder, Jodüberschuss, weil die Tiere massenhaft Schilddrüsen von Schlachttieren fressen.« Sie schüttelt den Kopf. »Ich bin nicht der Meinung, dass Fertigfutter das Nonplusultra ist. Sie müssen mal bei Stiftung Warentest schauen: Da findet man vitaminfreie Alleinfutter. Und es gibt Leute, die sich mit Premiumfutter selbstständig machen und Lebensmittelqualität eindosen – ohne Sinn und Verstand.« Auch Fertigfutter kann dem Hund also schweren Schaden zufügen – auch die vielbeschworenen Allergien? Die können sich tatsächlich bessern, wenn man das industrielle Futter absetzt. »Die Zusatzstoffe sind es wahrscheinlich nicht. Aber Dosenfutter ist stark processed, die Erhitzung verändert die Proteine, sie gehen Verbindungen mit den Kohlenhydraten ein. Diese Komplexe können Allergikern Schwierigkeiten bereiten.« Barfen ist trotzdem nicht für jeden die ideale Lösung, findet Kienzle. Viele Studien weisen darauf hin, dass gebarfte Hunde Salmonellen ausscheiden. Eingefleischte Barfer werfen den Autoren dieser Studien vor, mit der Futtermittelindustrie zusammenzuarbeiten. Es ist ein Krieg, der nicht entschieden werden kann. Ellen Kienzle sagt dazu: »Es ist durchaus eine Frage der Sauberkeit in der Küche. Wenn man einen Säugling oder einen Immunsupprimierten im Haushalt hat und sich dann die durchgedrehten Hühnerkarkassen für den Hund kauft, ist das gefährlich.« Man holt sich die Keime so direkt in Küche und Kühlschrank, auf Tischplatten und Messerschneiden.

»Ernährung ist immer etwas irrational geprägt«, bilanziert Kienzle. Sie ist froh, dass immer mehr Halter, wenn sie schon selbst kochen wollen, wenigstens ihre Sprechstunde in Oberschleißheim aufsuchen und sich die Ration durchrechnen lassen. Dabei muss nicht nur die Frage beachtet werden, ob alle Nährstoffe in ausreichender Menge vorhanden sind. Auch der Energiegehalt wird zunehmend wichtiger, Tiere werden auf Diät gesetzt. Oft allerdings kann der Halter dann einfach doch nicht widerstehen. Auch das zeigen Studien: Bei ihrem Besitzer nehmen viele übergewichtige Katzen trotz der Diätempfehlung eines Tierarztes nicht ab. Unter Laborbedingungen ist es allerdings durchaus möglich, das Gewicht von Katzen durch eine konsequente Diät zu reduzieren.

Kienzles Mitarbeiterin Nicola Becker hat in ihrer Studie über die Deutschen und ihre Fütterungsstile herausgefunden, dass die meisten Halter es nicht einmal bemerken, wenn Hund oder Katze dick werden. Gerade beginnendes Übergewicht wird noch als völlig normal angesehen. Becker förderte auch ein paar Daten zur Demografie »überfütternder« Halter zutage: Je geringer die Schulbildung, desto größer die Wahrscheinlichkeit, dass Hund und Katze übergewichtig sind. Das lege nahe, dass diese Besitzer »genussorientierter« seien, schreiben Becker und ihre Kollegen. Also alles die Schuld von Herrchen und Frauchen, die sich unvernünftig verhalten?

Entlastung bieten Forscher um den Biologen Kurt Kotrschal von der Konrad-Lorenz-Forschungsstelle an der Universität Wien. Sie schrieben schon 2009 in einer Studie, dass Haustiere durchaus in der Lage sind, um Futter zu »verhandeln«. Durch Betteln und nonverbales Fordern können sie beeinflussen, wann, wie oft und womit sie gefüttert werden. Kotrschal und seine Kollegen stützen diese Hypothese mit dem Hinweis, dass auch Kleinkinder, die noch nicht sprechen können, zu solchen Verhandlungen über Essen fähig seien; auch andere junge Säugetiere manipulieren ihre Eltern auf diese Weise. Wird gebettelt, reizt das ein uraltes System beim Menschen. Er ist anfällig, denn er ist auf ein solches Ritual programmiert: Ursprünglich diente es nicht der Kommunikation mit dem Haustier, sondern dem Überleben seiner eigenen Kinder.

4. Warum halten Menschen sich Haustiere?

Eine beliebte These besagt, dass Menschen, die ein Tier halten, eigentlich ein Ersatzkind suchen. Tatsächlich gibt es Frühförderung und Tagesstätten für Welpen – genau wie für Kleinkinder. Kaninchen heißen heute Mia und Paul, Katzen Lilly und Felix – Vorbild sind die Hitlisten der beliebtesten Babynamen. Eltern und Tierhalter teilen dieselben Probleme, etwa das der Betreuung während Arbeitszeiten, Schichtarbeit und Dienstreisen. Doch nicht jeder Haustierhalter schlüpft am Ende in die Rolle von Eltern.

Ein Grillfest unter Tierärzten, auf dem Lande, spätabends im Juli. Man sitzt auf Bänken in einem Garten, bunte Glühbirnen sind zwischen Kirsch- und Apfelbaum gespannt. Die meisten Gäste sind Frauen Mitte dreißig, man kennt sich aus dem Studium. Das Examen liegt noch nicht zehn Jahre zurück. Immer wieder schleicht sich auch eine Anekdote aus dem Alltag in der Praxis in die Gespräche, obwohl man sich vorher versichert hat, an diesem Abend wolle man die »typischen Tierarztthemen« einmal ausblenden. Meist geht es um die »Patientenbesitzer«, wie die Kunden der Tierarztpraxen schon in den Vorlesungen während des Studiums ganz förmlich und distanziert genannt werden. »Es gibt diese typischen Pärchen, Anfang zwanzig, meist kommen sie mit einem Jack Russell Terrier oder etwas ähnlich Kleinem, Nervösem«, erzählt eine. »Ich schaue mir dann die Frau an und denke: Mädchen, du willst doch eigentlich ein Kind.«

Eine Frau in der Runde arbeitet nicht in der Praxis, sondern im Labor einer Pharmafirma, und fragt: »Warum, woran merkt man das?«

Das merke man schon, wenn das Paar das Wartezimmer betrete, antwortet ihre Kollegin. »Der Hund wird in einer Tasche reingetragen wie ein Baby, das Mädchen trägt die Tasche so, wie man einen Maxicosi mit einem Säugling tragen würde. Der Hund läuft also schon nicht mehr, er wird getragen.« Meist habe der Hund eine weiche Decke, »genau wie eine Babydecke, mit den gleichen Farben. Und dann merkt man es daran, wie das Mädchen den Hund hochnimmt, eng am Körper, wie ein Baby, und ihn dabei noch in die Decke einschlägt.«

Allein steht sie nicht, die Tierärztin, mit ihrer These, dass Haustiere, vor allem Hund oder Katze, als Ersatz herhalten für ein Kind, das eine Frau oder ein Paar nicht haben kann oder konnte, (noch) nicht will oder sich nicht zutraut. Es ist eine Sichtweise, die häufig vertreten wird, sie findet sich in wissenschaftlicher Literatur ebenso wie am Stammtisch, sucht man gezielt, häufen sich die Fundstücke. Und spricht man mit Menschen, die viel mit Tierhaltern zu tun haben, dann erwähnen auch die meisten von ihnen irgendwann die »Kindwerdung« der Haustiere von heute.

Ingo Nolte zum Beispiel. Der Veterinärmediziner, der 23 Jahre lang Direktor der Kleintierklinik der Tierärztlichen

Hochschule Hannover gewesen ist, sitzt an einem runden Konferenztisch in seinem Büro, vor ihm Stapel mit Kopien wissenschaftlicher Studien, und zitiert eine Redewendung: »Man sagt ja auch: Das letzte Kind hat immer ein Fell.« Alte Menschen, will Nolte damit sagen, sehen in einem Tier besonders häufig ein Kind. Er will diese Haltung nicht kritisieren, er unterstützt diese Entwicklung sogar mit einem Verein, der alte Menschen ermutigt, ein Tier aufzunehmen, und ihnen zusichert, dass es ehrenamtliche Hilfe geben werde, wenn der Besitzer das Tier irgendwann nicht mehr selbst versorgen könne.

Und Nicole Feldmann steht in ihrem Laden am nordwestlichen Rand des Münsterlandes, einem Gartenhaus neben einer Landstraße, umgeben von getrockneten Schafhoden, Kalbshufen und anderen Leckerbissen, mit denen besonders engagierte Tierhalter ihren Hunden und Katzen eine Freude machen wollen, und sagt über ihre Kunden: »Für viele ist das Tier eben wirklich ein Kindersatz. Die Kinder sind halt groß, und irgendwo muss die Energie ja hin.«

Ganz offensiv gehen die Autorinnen amerikanischer »Infertility Blogs« mit dem Thema um. Die Blogs, die meist von Frauen geschrieben werden und Namen tragen wie »Maybe If You Just Relax« oder »None in the Oven«, befassen sich mit ganz persönlichen Erfahrungen mit Unfruchtbarkeit und den oft jahrelangen Versuchen der Frauen, durch die Verfahren der Reproduktionsmedizin doch noch schwanger zu werden. Die Journalistin Julie Pippert schilderte in ihrem Blog, wie ihr Mann und sie sich einen Labradorwelpen zulegten, als es mit der Schwangerschaft nicht klappen wollte. »Wir waren so glücklich, gute Nachrichten mitteilen zu können, über ein bevorstehendes Ereignis«, schreibt sie. Auch ihre Familie und die Freunde seien erleichtert gewesen, Freude ausdrücken zu dürfen. Nur eine Freundin war geschockt. »Sag mir, dass du dir den Hund nicht als Kindersatz anschaffst«, forderte sie erschüttert. »Schaffen sich nicht alle Leute Haustiere als Ersatzkinder an?«, erwiderte Pippert.

Auch Brancheninsider der Heimtierindustrie lassen sich des Öfteren mit der Kindersatz-These zitieren. »Hunde und Katzen werden zum Kind- oder Partnerersatz«, sagte Detlev Nolte, Sprecher des Industrieverbands Heimtierbedarf, im Herbst 2008 der *Frankfurter Allgemeinen Zeitung*. »Der Hund ist heute Kindersatz«, sagte auch der Leiter des Instituts für Tierschutz und Verhalten an der Tierärztlichen Hochschule Hannover, Hansjoachim Hackbarth, einem Journalisten, der über den Boom von Hundetagesstätten recherchierte. Im angloamerikanischen Sprachraum hat es sich eingebürgert, von »Pet Parents« und »Furkids« zu sprechen; Letzteres wäre wohl mit »pelzige Kinder« am besten übersetzt.

Manche gehen noch weiter und sehen einen gesellschaftlichen Trend: weg vom Kind, hin zum Haustier. Martin Zips zum Beispiel, ein Redakteur der *Süddeutschen Zeitung*. Er beschrieb im März 2013 in einem Artikel seine Kindheit und Jugend als Sohn eines Tierarztes. Sein Vater habe den wirtschaftlichen Aufstieg seiner Praxis seit den Siebzigerjahren einmal so erklärt: »Das haben wir alles der Antibabypille zu verdanken. Wenn die Menschen kein Kind mehr zum Hätscheln haben, dann nehmen sie halt was anderes.«

Man hat das Ganze sogar schon quantifiziert. Das renommierte veterinärmedizinische Fachmagazin *Veterinary Record* berichtete im April 2013 über eine Studie der Pharmafirma CEVA, die Menschen befragt hatte, die sich einen jungen Hund zugelegt hatten. Fast 90 Prozent der frischgebackenen Halter waren der Meinung, einen Welpen zu halten, sei dasselbe, wie ein Kind aufzuziehen. Mehr als ein Drittel hatte sogar das Gefühl, Welpenaufzucht sei stressiger, als Kinder zu haben.

Fragt man sich weiter durch die Haustierszene, erkundigt sich bei Zoohändlern und Funktionären, Marktforschern und Veterinären nach der These, das Tier sei ein Ersatzkind, dann dementiert am Ende kaum jemand. Längst hat der Waren- und Dienstleistungssektor diese These aufgegriffen: In New York organisiert eine clevere Geschäftsfrau »Doggie Shower« für neu angeschaffte Welpen. Sie sind dem »Baby Shower« nachempfunden: Ein solches Fest ist in Amerika üblich, wenn ein Kind zur Welt kommt. Freunde werden zu einer Party eingeladen und überschütten die Eltern mit Geschenken für das Neugeborene. Eine italienische Firma brachte im Jahr 2012 Feuchttücher für Haustiere auf den deutschen Markt, mit denen man zum Beispiel schmutzige Pfoten reinigen kann. Es gibt sie in zwanzig verschiedenen Duftnoten, der Tierhalter kann die praktischen Packungen immer mitführen, so wie Mütter, die solche Tücher für das Baby stets in der Wickeltasche haben. Eins der populärsten Bücher zur Kleinkinderziehung in Deutschland ist *Jedes Kind kann schlafen lernen*. Ein beliebtes Buch zur Hundeerziehung trägt den Titel *Jeder Hund kann gehorchen lernen*. Die Zeitschrift *Hundewelt* fragte im September 2013 auf dem Cover: »Was kann mein Welpe wann?« Der Artikel erinnert stark an die Orientierungshilfen in Elternmagazinen, in denen Mütter und Väter darüber aufgeklärt werden, wann ein Baby zu lächeln beginnt, wann es sich selbst auf den Bauch drehen kann und ob man sich Sorgen machen muss, wenn es das Krabbeln überspringt und gleich nach dem Robben schon aufstehen und laufen will. Auch Tipps zur »Frühförderung« von Welpen sind zu finden. Und die Tiermedizin diskutiert inzwischen Störungen und Therapien, die vormals nur in der Kinderheilkunde und in der Kinder- und Jugendpsychiatrie ein Thema waren. ADHS beispielsweise, die Aufmerksamkeits- und Hyperaktivitätsstörung. Und ebenso wie unter Eltern und Ärzten tobt auch schon unter Haltern und Tierärzten ein Glaubenskrieg über die richtige Behandlung.

Namensforscher haben außerdem herausgefunden, dass Tier- und Kindernamen sich immer mehr angleichen. Melissa Holzschuh von der Universität Mainz erreichte mit einer Online-Umfrage mehr als 1000 Kaninchenbesitzer, die die Namen ihrer Tiere angaben. Sie stellte dabei eine »sehr starke Anthroponymisierung« fest: Die Stallhasen tragen Menschennamen. Dabei sei eine »gewisse Vorliebe« für die beliebtesten Babynamen zu finden, etwa Paul, Mia und Lilly. Vormals typische Kaninchennamen wie Mümmel oder Hoppel sterben aus. Holzschuhs Kollege Peter Kraß untersuchte Katzennamen. Über Jahrhunderte beliebte Namen, die sich auf das Miauen der Tiere beziehen, wie Minka oder Mieze, werden immer seltener. Stattdessen sind die häufigsten Namen Felix und Lily, daneben kommen auch Paul und Leo oft vor.

Es ist also verständlich, dass die Behauptung, ein Tier sei ein »Ersatzkind«, inzwischen eine der populärsten Thesen zur modernen Haustierhaltung ist. Sie wird immer wieder bemüht, wenn Begründungen gesucht werden für den offensichtlichen Rollenwechsel der Haustiere, dafür, dass Tierhalter heute so viel Geld ausgeben für ihre Tiere und ihre Tiere so viel Raum in ihrem Leben einnehmen. Man hat auf diese Weise eine schnelle und einleuchtende Erklärung für die Existenz von Wachsmäntelchen für Schoßhunde, Welpenschwimmkursen und luxuriösen Hundehotels, dafür, dass immer mehr Biofutter verkauft wird und manche Halter Geburtstagspartys für Hunde ausrichten und krebskranken Katzen eine Chemotherapie ermöglichen, für Scheidungsprozesse um Haustiere oder Gerichtsurteile über den Hund am Arbeitsplatz. Verweist man jedes Mal auf die Kindersatz-These, erklären sich solche Entwicklungen wie von selbst.

Zutreffen muss die These deshalb noch lange nicht. Beschäftigt man sich länger mit ihr, stößt man zunächst einmal auf die Frage, warum sich Menschen überhaupt Haustiere zulegen. Die Unterschiede zwischen Haltern und Nicht-Haltern sind selten untersucht worden. In den Neunzigerjahren haben britische Wissenschaftler sich einmal das Thema vorgenommen. Befragt wurden dabei nicht Tierhalter im Allgemeinen, sondern Menschen, die entweder über die Anschaffung eines Tieres nachdachten oder für die das kein Thema war. Im Frühjahr 1996 stellten sich Mitarbeiter der britischen Psychologin June McNicholas einige Wochen lang regelmäßig vor Supermärkte und Volkshochschulen rund um die Industriestadt Coventry in den West Midlands und verteilten Fragebögen an Passanten. Die Bögen enthielten die Fragen eines strukturierten Interviews, mit dem Psychologen die Beziehungen von Probanden zu ihrem sozialen Umfeld analysieren. Am Ende war es eine eher kleine Studie, denn nur 228 Probanden schickten ihren Fragebogen auch tatsächlich an die Wissenschaftler zurück, aber es ist eine der wenigen, die weltweit je Unterschiede festgehalten hat zwischen Menschen, die sich so sehr für Tiere interessieren, dass sie mit dem Gedanken spielen, sich ein Haustier zuzulegen – und solchen, die das nicht tun. Die britischen Forscher fanden heraus, dass Menschen, die planen, sich ein Haustier zuzulegen, ihre bestehenden Beziehungen zu Menschen als weniger stabil und weniger zuverlässig schilderten, als es die Teilnehmer der Befragung taten, die sich nicht dafür interessierten, ein Haustier anzuschaffen. In den Teilen des Tests, der festhielt, ob jemand negative Gefühle mit seinen Beziehungen verband, erreichten die Teilnehmer, die sich ein Haustier anschaffen wollten, deutlich höhere Werte. Ihre Beziehungen zu ihrer Umwelt waren konfliktreicher und fragiler. Die Autoren mutmaßen, dass die Anschaffung eines Tieres als ein Versuch von Menschen zu sehen ist, eine neue Beziehung einzugehen und damit das eigene soziale Netzwerk zu erweitern. In dieser Sichtweise nimmt das Tier in derselben Art einen Platz in Netzwerken ein, wie es Menschen tun würden – es ist, wenn auch nicht unbedingt ein »Kind-Ersatz«, so doch ein »Menschen-Ersatz«.

Auch deutsche Wissenschaftler haben sich schon mit der Frage auseinandergesetzt, ob Tiere ein Ersatz sein können. Monika Vernooij, Professorin für Sonderpädagogik an der Universität Würzburg, kam im Jahr 2009 in einem Aufsatz für ein Fachbuch zur Mensch-Tier-Beziehung nüchtern zu dem Schluss: Ja, natürlich, fungierten Tiere als »Substitute«. Und zwar für Personen, aber auch, um ein Gefühl der Minderwertigkeit zu kompensieren, um die eigene Identität festzulegen oder Probleme in der Familie zu verschieben. Das heißt: Menschen halten Kampfhunde, weil sie sich ohnmächtig fühlen. Sie halten Schlangen und Vogelspinnen, weil sie glauben, ohne diese aufsehenerregenden Tiere nichts Besonderes bieten, mit nichts auffallen zu können. In Familien kann ein Tier, etwa ein schlecht erzogener Hund, so viel Aufmerksamkeit auf sich ziehen, dass man dem ständigen Streit zwischen Vater und Tochter oder den Schulproblemen des Sohnes plötzlich nicht mehr so viel Bedeutung beimisst. Dem Tier eine solche Ersatzfunktion zuzuweisen, sei eine »gleichgewichtserhaltende Maßnahme, eine Maßnahme zur Selbstbewahrung und Selbsterhaltung, die unter Umständen vor schweren psychischen Störungen schützt«, schreibt Vernooij in einem sachlichen Fazit.

Unter Wissenschaftlern wird also längst offen darüber diskutiert: Tiere übernehmen Ersatzfunktionen – auch für Menschen. Für den Rest der Gesellschaft handelt es sich noch um ein Tabuthema, das, wenn es doch einmal angeschnitten wird, regelmäßig für emotionale Debatten sorgt. Als die Klatschspalten 2011 meldeten, dass George Clooneys Freundin Elisabetta Canalis gesagt habe, sie halte lieber Hunde, als Kinder zu bekommen, hagelte es im Internet empörte, verächtliche oder sogar bösartige Kommentare – ein regelrechter Shitstorm. In einem Text für die Website der Partneragentur elitepartner.de beschreibt eine Kolumnistin, wie ihre Freunde sich nach und nach Katzen und Hunde zulegen und den neuen Hausgenossen in ähnlichen E-Mails vorstellen, wie man die Geburt eines Kindes anzeigen würde. »Er ist soooo süß, aber die schlaflosen Nächte sind schon anstrengend«, simste die frischgebackene Besitzerin eines Welpen der Kolumnistin. Die reagierte erst mit Befremden, dann mit Zynismus. »Die Brust gibst du ihm aber nicht?«, simste sie zurück.

Diese abwehrende Haltung hat einen kulturell-historischen Hintergrund: Interkulturelle Vergleiche ergeben, dass gerade Christen und Juden besonders tierfreundlich sind, etwa Hunden hohe Bedeutung einräumen. Aber westliche Gesellschaften ziehen auch besonders klare Grenzen: Tiere zu »vermenschlichen«, erscheint ihnen offenbar anrüchig. Das fand der amerikanisch-schweizerische Biologe Dennis Turner in einer Vergleichsstudie heraus. Christen und Juden distanzierten sich in seiner Untersuchung deutlicher als Angehörige anderer Religionen von der Aussage: »Tiere können denken wie Menschen«. Turner glaubt, diese Ergebnisse seien wahrscheinlich Ausdruck der verbreiteten Ansicht in westlichen Gesellschaften, dass Tiere nicht vermenschlicht werden sollten.

Es gibt allerdings auch Szenebeobachter, die überhaupt nicht den Eindruck haben, dass Hunde, Katzen und Kaninchen eigene Kinder ersetzen können. Diese Experten betrachten die Feuchttücher und Doggie Shower und die Halter, die besorgt sind, dass ihr Hund an ADHS leidet, und sagen fröhlich: Alles Quatsch. Hund und Kind, das sind zwei ganz verschiedene paar Schuhe.

Udo Kopernik ist so ein Insider, der eine ganz andere Meinung hat. Kann ein Hund Ersatz für ein Kind sein, Herr Kopernik?

»Nee. Überhaupt nicht«, sagt er und lacht. Kopernik ist seit mehr als zwanzig Jahren ehrenamtlicher Sprecher des

Vereins für das deutsche Hundewesen (VDH) und hat immer wieder Fragen zur Beziehung der Deutschen zu ihren zweitliebsten Haustieren beantworten müssen – nach der Gefährlichkeit von Kampfhunden, Beliebtheit von Rassen oder der Qualität von Hundeschulen. Die Frage nach der Kindersatz-These war noch nie dabei, aber Kopernik hat sofort eine Antwort parat. 36 Jahre lebe er nun mit einem Sohn zusammen und 33 Jahre mit wechselnden Hunden, sagt der Wirtschaftswissenschaftler. Die Beziehung sei etwas grundlegend Unterschiedliches. »Das Pflegeverhalten ist natürlich ähnlich, das Verhältnis insgesamt mag auch ähnlich sein, gerade beim Hund, weil er stark mit dem Menschen interagiert«, erklärt der 59-Jährige. »Aber beim Kind durchlaufe ich als Elternteil eine Entwicklung. Ich muss die Fähigkeiten des Kindes schärfen, damit es irgendwann selbstständig wird, damit die nächste Generation flügge werden kann. Den Hund halt ich ja mit Absicht blöd, der soll mich nur lieben, sein ganzes Leben lang.« Deshalb fällt beim Hund etwas Entscheidendes weg, was die Beziehung zwischen Eltern und Kindern prägt, was sie zugleich schwierig und beglückend machen kann: das Begleiten bis zum Erwachsenwerden. »Beim Hund hat man es permanent mit unter Dreijährigen zu tun. In dieser Zeit geht es vor allem um das Grenzensetzen, darum, auch mal Nein zu sagen.« Autorität sei deshalb das dauerhafte Thema zwischen Hund und Halter, das bei Eltern und Kind rasch durch andere Erziehungsfragen abgelöst werde. »Der Hund ist auch sehr viel resistenter gegen Ungerechtigkeit in der Erziehung«, sagt Kopernik. »Solche Fehler in der Erziehung werden nicht das ganze Leben beeinflussen wie bei einem Kind.«

Aber nicht nur die fehlende Entwicklung prägt die Beziehung zwischen Hund und Halter. Auch ganz charakteristische Ängste und Frustrationen, die Eltern zur Verzweiflung treiben, bleiben in der Beziehung zwischen Mensch und Tier aus. »Es gibt natürlich beim Hundehalter auch Frustrationen, die mit den Fähigkeiten des Hundes zusammenhängen«, sagt Kopernik. »Wenn ein Hundebesitzer erlebt, dass der Nachbar einmal kurz pfeift und dessen Hund dann sofort kommt, und beim eigenen Hund funktioniert das nicht, dann ärgert sich der Hundehalter natürlich. Aber nur kurz. Dann führt er seinen Hund eben an der Leine und sagt vielleicht mal im Scherz, mit dem Lernen hat es meiner nicht so. Beim Kind sähe das anders aus. Wenn das Nachbarskind beim Fußball ein Crack ist und das eigene trifft das Tor nicht – das kostet dann Eltern schon Kraft.« Es ist ein simples Beispiel, das Kopernik formuliert, um den Urkonflikt von Eltern zu veranschaulichen.

Nichts ängstigt Mütter und Väter mehr als eine ungünstige Entwicklung ihrer Kinder. Es gibt viele Untersuchungen über den Stress, den Eltern von Kindern erleben, die unter Störungen wie Autismus, Blind- oder Taubheit oder dem Down-Syndrom leiden oder von Entwicklungsverzögerungen betroffen sind. Die Stresslevel der Mütter solcher Kinder sind höher als die der Mütter sich normal entwickelnder Kinder, sie leiden häufiger unter Depressionen und Schlafstörungen. Und auch wenn sie Verhaltensweisen ihrer gesunden Kinder nicht akzeptieren können, etwa Schüchternheit und soziale Ängste, sind Eltern gestresst. Das zeigte beispielsweise eine Studie im amerikanischen *Journal of Family Psychology* im Jahr

2013. Bei Müttern zwei Jahre alter Kleinkinder schnellte demnach der Gehalt des Stresshormons Cortisol im Speichel nach oben, wenn sie erlebten, wie die Kinder in sozialen Situationen schüchtern reagierten. Die Niederlagen der Kinder sind die Niederlagen der Eltern, die Handicaps der Kinder werden wie eigene empfunden.

Auch unabhängig von der Entwicklung des Kindes sind Eltern extremem Stress ausgesetzt. Der Londoner Herzspezialist Mike Scott zeichnete für eine Studie 24 Stunden lang die Herzfrequenz von Müttern von Kleinkindern auf und verglich sie mit der Stressbelastung von Berufstätigen. Das Ergebnis: Mütter hatten eine Frequenz von über 100, während Berufstätige an ihrem Arbeitsplatz auf einen Puls von 80 kamen. Scott erklärt den Unterschied mit der ständigen Alarmbereitschaft der Mütter: Sie müssen ihre Kinder jede Sekunde im Blick haben – und zusätzlich den Haushalt am Laufen halten. Selbst nachts können sie nicht entspannen und häufig nicht einmal durchschlafen. Die Mütter selbst empfinden sich als hochbelastet: Die körperlichen und psychischen Belastungen durch Kinder seien »groß« bzw. »sehr groß«, gab fast die Hälfte der befragten Frauen in einer Forsa-Studie im Mai 2013 an. »Besonderen Stress empfinden Mütter mit mehreren Kindern und mit jüngeren Kindern im Alter bis zu fünf Jahren«, heißt es in dieser Studie. Der größte Stressfaktor ist demnach die Mehrfachbelastung durch Erziehung, Haushalt und Beruf. Fast 40 Prozent finden aber auch die Sorge um Krankheiten oder Verletzungen der Kinder belastend.

Ängste um das Leben und Wohlergehen der Haustiere wird es auch bei Tierhaltern geben. So tief wie die Geburt eines Kindes greift aber ein Haustier nicht in die Physiologie ein. Die meisten Studien zeigen, dass Stresssymptome sogar abflauen, wenn Menschen sich ein Haustier zulegen. Allerdings wird in den vergangenen Jahren mehr und mehr deutlich, dass der Alltag von Tierhaltern ähnlich wie der von Eltern zum aufreibenden Balanceakt werden kann. Denn Menschen, die Kinder haben, und Menschen, die Tiere halten, teilen ein Problem: das der Betreuung während der Arbeitszeit. Kinderkriegen sei für die Deutschen so unattraktiv wie nie zuvor, bilanzierte Ende 2012 eine Studie des Bundesinstituts für Bevölkerungsforschung, das sinkende Geburtenzahlen verzeichnet. Als Hauptgrund gilt die fehlende Vereinbarkeit von Beruf und Familie, die vor allem Frauen davon abhält, das Risiko eigener Kinder auf sich zu nehmen. Knapp ein Viertel der deutschen Frauen der Geburtsjahrgänge 1964 bis 1968 hat sich schon unumkehrbar dagegen entschieden, Kinder zu bekommen.

Auch die Zahl der Haustiere stagniert. Glaubt man Steffen Zoller, dem Geschäftsführer der Berliner Firma betreut.de, dann könnte das tatsächlich zusammenhängen mit der ungelösten Frage, wo das Tier während der Arbeitszeiten bleiben soll. Angebote in diesem Bereich würden in Zukunft florieren, prognostiziert Zoller, dessen Portal betreut.de das größte seiner Art in Deutschland ist und nicht nur Angebote für Eltern und Angehörige Pflegebedürftiger auflistet, sondern auch das Segment Tierbetreuung ausbaut. Im Jahr 2011 befragte Zoller für eine Studie mehr als 1000 Tierhalter und fand heraus, dass nur ein Drittel nie einen Tiersitter beschäftigt. 68 Prozent würden ihr Tier gern mit zur Arbeit nehmen, aber 70 Prozent glauben, dass ihr Arbeitgeber Tiere ablehnt.

Und damit haben sie wahrscheinlich recht. Mit Tierfreundlichkeit wollen Unternehmen sich nämlich noch nicht mal dann outen, wenn sie im Gegenzug hochbegehrte Fachkräfte anwerben könnten.

Diese Erfahrung machte die Marketingexpertin Sabine Sinzig, nachdem sie das erste deutsche Internetportal für die Vermittlung von Jobsuchenden mit Hund gegründet hatte, jobs-mit-hund.com. Es gibt sie natürlich, jene Unternehmen, in denen die Mitarbeiter wie selbstverständlich täglich von ihren Hunden ins Büro begleitet werden. Doch diese Firmen möchten damit auf keinen Fall an die Öffentlichkeit gehen. Sinzig hatte sich nach der Gründung ihres Portals auf die Suche nach Inserenten gemacht. Dabei geriet sie auch an Hinweise, welche Firmen schon jetzt Hunde akzeptieren, und rief dort an. Eine bayerische Großdruckerei bestätigte ihr: »Ja, hier laufen täglich zwanzig Hunde herum. Aber wir möchten das nicht publik machen.« Die Obergrenze sei erreicht. Und auch bei einem Softwarehersteller aus Nordrhein-Westfalen hieß es, in Fluren und Büros tummelten sich zwar 25 Hunde, »aber wir möchten damit nicht offiziell nach draußen gehen und Werbung machen.«

Als Sinzig die beiden Firmen kontaktierte, hatte ihre anfängliche Gründerinnen-Begeisterung schon einem gewissen Frust Platz gemacht. Anfang 2012 war ihr Portal »Jobs mit Hund« online gegangen. Innerhalb von drei Tagen hatte Sinzig 400 Fans bei Facebook. »Das Thema ist wirklich ein Selbstläufer, die Hundehalter lechzen danach«, sagt sie. »Es ist ein Riesenmarkt.« Es folgte eine Phase, in der Sinzig mit Feuereifer Unternehmen abtelefonierte, Bewerberanfragen beantwortete, mit der Industrie- und Handelskammer konferierte und Interviews gab: dem Haustierradio, der Zeitschrift *Dogs Today*, dem Magazin *Dogs*. Alle rissen sich um ihre Idee. »Das Thema ist heiß«, sagt Sinzig und hört sich dabei dennoch unzufrieden an. Zwar wollten Journalisten gern über ihr Projekt berichten. Ihre Website aber stagnierte rasch. Derzeit suchen dort nur ein paar Futtermittelhersteller nach neuen Mitarbeitern. »Ich dachte, die müssten mir die Bude einrennen, aber das war nicht so.«

Als Sinzig ihre Idee entwickelte, dachte sie daran, sich an kleine und mittelständische Unternehmen zu wenden, die auf begehrte und rar gewordene Fachkräfte angewiesen sind, zum Beispiel Ingenieure. »Diese Unternehmen können im Wettbewerb um Fachkräfte nicht mit Großkonzernen mithalten. Das Portal würde ihnen die Chance geben, sich einen Wettbewerbsvorteil bei Fachkräften zu verschaffen, die einen Hund haben.« Sinzig hatte vor allem kleine Verlage, Versicherungsbüros, kleine Konstruktionsbüros oder Sondermaschinenhersteller im Blick. Unter den ersten Zuschriften von Jobsuchenden, die sich auf ihrem Portal registrieren wollten, waren dann auch gleich wie erhofft viele Ingenieure. Nur die Stellenangebote blieben aus.

Auf kleine Firmen hatte sich Sinzig vor allem auch konzentriert, weil, wie sie sagt, Hunde eigentlich nur in Firmen eine Chance haben, in denen es keinen Betriebsrat gibt. In größeren Unternehmen müssen viel zu viele Interessen gleichzeitig integriert werden – natürlich auch die von Mitarbeitern, die Angst vor Hunden oder eine Allergie haben.

Sinzig hält den Bedarf an Arbeitsplätzen mit Hundeerlaubnis nach wie vor für hoch. Sie fragt sich, warum sie überhaupt bisher die Einzige war, die die Idee für ein solches

Portal für Hundehalter auf Jobsuche umgesetzt hat. »Für die großen Jobportale wie Monster oder Stepstone wäre das ja ein Leichtes, einen Button einzurichten, ›Hund erlaubt‹.« Doch die wollen sich damit nicht vorwagen. Womöglich ist die Angst, Bewerber abzuschrecken, die auf keinen Fall mit einem Hund auf demselben Flur arbeiten wollen, zu groß.

Für Tierhalter bleibt die Betreuung also ein Problem, das sie eigenständig lösen müssen. Das wird inzwischen von geschäftstüchtigen Menschen erkannt, oft von Hundetrainern, die ihren Service zu einer Hundetagesstätte ausbauen, einer »Huta« (in Anlehnung an den Begriff »Kita«). Mehr als 500 Euro im Monat kann ein solcher Service in Großstädten kosten, wenn man Vollzeit arbeitet. Perfektioniert hat dieses Angebot die 27-jährige Nadja Kopp in Berlin-Wilmersdorf. Die typischen Klienten der Hundetagesstätte »Amicanis« sind Vollzeitberufstätige. »Aber wir haben auch viele Leute, die wollen nur mal in Ruhe einkaufen gehen oder putzen oder die Kinder haben einen Termin oder sie müssen mal zum Arzt«, sagt Nadja Kopp. »Oder sie wollen einfach, dass der Hund mal soziale Kontakte hat und mit anderen spielen kann«, ergänzt Kopps Mitarbeiterin Marina von der Empfangstheke her.

Marina nimmt an diesem verschneiten Montag im Februar die Hunde entgegen, die nach und nach abgegeben werden, während draußen noch der Morgen dämmert. Eine junge Frau mit Pferdeschwanz und Brille schickt ihrem alten Spitz einen besorgten Blick, bevor sie sich endlich losreißen kann. Der Hund ist das erste Mal da, seine Besitzerin und Marina mussten gemeinsam ein wenig schieben, um ihn überhaupt hinter das hölzerne Absperrgitter neben der Empfangstheke zu bugsieren. Eine sorgfältig geschminkte Frau in schicker Skijacke ist dagegen schon lange Kundin und nimmt routiniert Abschied: »Okay, mein Mann holt sie ab. So zwischen fünf und sechs«, sagt sie knapp und winkt ihrem weißen Pudelmischling nur noch mal kurz zu.

»Viele Leute haben ein ganz schlechtes Gewissen«, sagt Kopp. »Wir müssen denen dann sagen: Das ist okay, wenn man einen Hund hat und trotzdem arbeiten geht. Es ist wirklich okay.«

Mehr als 1000 Hundehalter hat Nadja Kopp seit der Eröffnung im Jahr 2011 in ihre Kundekartei aufnehmen können. Inzwischen hat sie begonnen, über Expansion nachzudenken. Ein Dreivierteljahr nach dem Besuch in Wilmersdorf wird Kopp neue Räumlichkeiten in einer brandenburgischen Gemeinde südlich von Berlin eröffnen, in Großbeeren, wo sie den Hunden nicht nur sieben Hektar eingezäuntes Auslaufgebiet bieten kann, sondern auch einen Hotelservice, um Tiere Tag und Nacht betreuen zu können.

Hätte Nadja Kopp geahnt, wie massiv ihre Kunden sie mit Beschlag belegen würden, dann hätte sie von Anfang an größere Räumlichkeiten gesucht, sagt sie. Aber sie hatte hauptsächlich an Berufstätige gedacht. Inzwischen stellt sich heraus, dass Hundebesitzer in ganz vielen Lebenslagen Hilfe brauchen, nicht nur während der strengen Arbeitszeiten eines Nine-to-five-Jobs, sondern auch während ihrer Urlaube oder Dienstreisen. Und oft suchen sie auch ganz überstürzt und überfordert Unterstützung. »Ganz typisch ist, dass die Leute sich einen Welpen zulegen und ihn mit ins Büro nehmen«, sagt Nadja Kopp. »Mit dem Chef war alles vorher geklärt, er erlaubt den Hund. Aber sie haben nicht gewusst, dass ein acht, neun Wochen alter Welpe das nicht durchhält, neun Stunden lang ruhig zu sein. Die Besitzer sitzen dann verzweifelt bei uns und sagen: Der Chef macht mir die Hölle heiß. Und auch ich selbst kann schon nicht mehr arbeiten.«

Die neuen Kunden haben gegoogelt oder Freunde um Rat gefragt, manchmal erinnern sie sich auch selbst an einen der vielen Artikel, die über Nadja Kopp und ihre Firma veröffentlicht wurden, oder an eine Reportage, die sie im Frühstücksfernsehen gesehen haben. So finden sie schließlich zur Hundetagesstätte »Amicanis« in Berlin-Wilmersdorf.

Aber dann brauchen sie auch noch Glück. Nadja Kopp und ihr Team lehnen sechzig Prozent der Hunde ab. »Was wir nicht nehmen: Hunde, die dauerhaft ohne ersichtlichen Grund bellen«, sagt Kopp. »Unkastrierte Rüden, die überall markieren, und Hunde, die sich von uns nicht anfassen lassen.«

Kopp und ihr Team sehen es gern, wenn Hunde vom Welpenalter an zu ihnen kommen. Dann können sie die Hunde an alles gewöhnen. »Sie machen außerdem wichtige soziale Erfahrungen mit anderen Hunden bei uns«, sagt Kopp.

Martha ist so ein Fall. Ein Boxerbaby, gerade erst neun Wochen alt. Sie ist als Erste heute morgen gebracht worden. Immer wieder versucht sie, einen alten Dackel zum Spiel aufzufordern. »Martha sucht sich gerade den ältesten Herrn hier zum Spielen aus. Fünfzehn ist er. Ach, Martha«, sagt Kopp und nimmt den Welpen auf den Arm, »der kann doch kaum noch stehen. Wir finden jemand anderen für dich.«

Die Räume, durch die Martha tollt, wirken wie eine geschmackvoll eingerichtete Erwachsenen-WG: dunkler Holzoptik-Fußboden, die Wände in einem zurückhaltenden Dunkelrot gestrichen, an den Wänden vergrößerte Fotos von den täglichen Hundespaziergängen im Grunewald, die Kopp und ihre Mitarbeiter selbst geknipst haben. Im größten Raum stehen Sessel, Sofas und Polster, die auch in ein Wohnzimmer passen würden.

Einzig die riesigen Fenster nach draußen erinnern daran, dass es sich um ein Ladengeschäft handelt, eine ehemalige Bäckerei. »Amicanis – Ihr Hund bei Freunden« steht draußen an der großen Glasscheibe. Der Slogan, den sich Nadja Kopp ausdachte, als sie ihre Hundetagesstätte im Jahr 2011 gründete, klingt schlicht, doch er enthüllt einen tieferen Sinn, wenn man die Räume betritt. Andere Hundetagesstätten haben Kacheln, zerfetzte Sperrmüllsofas, vergitterte Zwinger, mit deren Hilfe die Hunde in verträgliche Gruppen aufgeteilt werden. Wegen der strengen Auswahl sozial gut angepasster Tiere können die Hunde in der Wilmersdorfer »Huta« frei herumlaufen und miteinander spielen. Wer seinen Hund morgens hier abgibt, fühlt sich tatsächlich, als überließe er ihn ein paar Stunden Freunden, die ihn in ihrer Wohnung beschäftigen und zwischendurch mal einen schönen Spaziergang machen. Es ist warm, gemütlich, es riecht hier nicht einmal nach Hund.

Das Konzept ist ein großer Erfolg in Berlin. Manche Hundehalter weinen vor Verzweiflung, wenn ihre Tiere abgelehnt werden.

Kopp hat mit ihrer Hundetagesstätte einen Nerv getroffen. Sie hat eine Lösung gefunden für Leute, in deren Leben ein Hund nicht passt, nicht mehr passt oder nicht immer passt, und die trotzdem mit einem Hund leben wollen. Sie brach ein Tiermedizinstudium ab, um ihrer Idee von einer

Hundetagesstätte eine Chance zu geben. Manchmal, sagt die 27-Jährige, staune sie noch selbst über ihren unternehmerischen Mut.

Eines ihrer Vorbilder war die Münchner Unternehmerin Birgitta Ornau, die im Jahr 2005, mit Ende zwanzig, die Futtermittelmarke Terra canis gründete: Hunde- und Katzenfutter in Lebensmittelqualität, hergestellt in einer Metzgerei, die ansonsten Lebensmittel für den menschlichen Verzehr erzeugt. »Sie hat sich auch nicht darum gekümmert, dass es riesige Konzerne gibt wie Hill's und Royal Canin und dass alle ihr abrieten«, sagt Kopp. Heute ist Terra canis eine etablierte Marke.

Wenn sich Hundefutter in Lebensmittelqualität verkaufte, warum sollte es dann nicht auch eine Chance für Hundetagesstätten in Kindergartenqualität geben? Kopp setzt auf hohe Qualität, auf einen 24 Stunden lang zuverlässigen Service, geschicktes Personal, das mit Menschen und Tieren umgehen kann, und auf Einsatz bei jedem Wetter: Sie und ihre drei Mitarbeiterinnen bieten für die Hunde täglich drei Auslauftouren an, egal ob im Hochsommer oder bei klirrendem Frost wie heute. »Ich habe damals erkannt, dass es einen Markt dafür gibt«, sagt Kopp. »Mir ist die Humanisierung des Hundes aufgefallen. Und dass es immer mehr kleine Firmen gibt, die in diese Nische reingehen.«

Mit Humanisierung meint Nadja Kopp nicht zwingend, dass Hunde ihren Haltern als »Ersatzkinder« dienen. »Wir haben bei uns natürlich zum einen das klassische Ding: Junge Pärchen, die sich einen Hund holen, um zu üben. Bei vielen geht es aber auch um eine emotionale Leere, die sie füllen wollen. Und die paar Prestigehunde gibt es natürlich auch noch.«

Aber den meisten Haltern, sagt Kopp, gehe es um etwas anderes, nämlich darum, soziale Kontakte zu knüpfen. »Der Hund ist ein soziales Bindeglied«, sagt sie. »Mit Hund kannst du jeden anderen Hundehalter im Wald einfach vollquatschen und dich anderthalb Stunden unterhalten. Über den Hund geht es immer. Er ist eine echte Brücke. Er löst sogar Schichtunterschiede auf. Das sieht man jeden Tag, wenn wir im Wald spazieren gehen. Die Menschen kommen schichtübergreifend ins Gespräch.«

Die Forschung zur Mensch-Tier-Beziehung kennt diese Motivation, ein Tier zu halten, unter dem Begriff *social lubricant*. Dass Tiere als »soziales Schmiermittel« funktionieren können, dass sie den Kontakt zwischen Menschen erleichtern oder sogar erst ermöglichen, ist ein anerkanntes Konzept innerhalb der Forschungsrichtung. Der Begriff wurde ursprünglich für Suchtmittel wie Alkohol und Tabak verwendet, die ebenfalls Sozialkontakte erleichtern. Klassisch für diese Sichtweise sind Studien wie die des Bonner Psychologen Reinhold Bergler, der hundert Altenheimbewohnern für acht Wochen einen Wellensittich zur Verfügung stellte. Eine Kontrollgruppe von weiteren hundert Bewohnern erhielt kein Tier. Die Wissenschaftler mussten auslosen, denn alle 200 Senioren wollten unbedingt einen Vogel. Nach acht Wochen hatten nicht nur die Arztbesuche der Teilnehmer, die einen Sittich in ihrem Zimmer halten und versorgen durften, deutlich abgenommen. Die Probanden fühlten sich auch weniger einsam und empfanden mehr Freude im Alltag. Vor allem aber erlebten sie es als Erleichterung, dass die Gespräche mit den Mitbewohnern nicht mehr nur um ihre eigenen Krankheiten und Schmerzen kreisten, sondern dass sie über die Erlebnisse mit ihrem Haustier berichten, also Gespräche mit positivem Inhalt führen konnten. Nach den acht Wochen wollten alle 100 Senioren ihren Wellensittich auf eigene Kosten behalten.

Nicht nur wissenschaftliche Studien, die den »therapeutischen« Nutzen von Tieren belegen sollen, fußen auf der Theorie des *social lubricant*. Auch für immer mehr »ganz normale« Menschen wird dieser Aspekt zur zentralen Motivation für den Tierbesitz. Detlev Nolte, der Sprecher des Industrieverbands Heimtierbedarf, sieht den »Begleit- und Besuchshund« als einen der größten Trends in der Tierhaltung an. Tierhalter – insbesondere Besitzer von Hunden – strömen derzeit in Verbände, die Besuche von Tieren in Kindergärten, Schulen und Seniorenheimen organisieren. Dabei gehe es für den Besitzer um soziale Teilhabe: Er ist unter Menschen und er ist willkommen – und zwar einfach nur, weil er ein Tier mitbringt. Andere Qualifikationen muss er nicht vorweisen, um am Sozialleben teilhaben zu können und geschätzt zu werden (siehe Kapitel 2).

Ist die These vom Ersatzkind also nur ein Mythos – oder ist sie doch ein brauchbares Erklärungsmodell? Vielleicht liegt die Wahrheit irgendwo dazwischen. Jeder Halter hat vermutlich andere Motive, manchmal auch mehrere zugleich. Hinter dem Impuls, Tiere wie Menschen zu behandeln, steht möglicherweise auch ein genetisches Programm, dem sich Menschen nur schwer entziehen können. In älterer wissenschaftlicher Literatur findet sich die These, dass der Mensch vielleicht gar nicht anders kann, als Tiere in denselben Kategorien zu betrachten wie Menschen. Die Strategie könnte durch jahrtausendelange Selektion entstanden sein. Möglicherweise hat sie schon den Vorfahren heutiger Menschen in der Wildnis geholfen, das Verhalten von Tieren vorherzusehen und zu kontrollieren.

Die Vorstellung, dass man Konzepte aus dem Umgang der Menschen miteinander auf das Zusammenleben mit Tieren übertragen könnte, gewinnt derzeit an Popularität, zumindest in manchen Bereichen. Die Pädagogin Maren Westensee hat für eine wissenschaftliche Arbeit Erziehungsratgeber für Eltern und Hundehalter verglichen. Sie schreibt, dass die Ratgeber für Eltern wesentlich häufiger empfehlen, Selbstständigkeit und freien Willen des Kindes in den Vordergrund zu stellen. Was Hunde betrifft, geht man noch immer anders vor – obwohl, räumt Westensee ein, sich auch hier die Vorstellungen im Wandel befinden.

Tierhalter sind, ähnlich wie heutige Eltern, die nicht mehr in Großfamilien aufwuchsen und nicht auf tradiertes Wissen zurückgreifen können, ratloser als frühere Generationen, was die Erziehung angeht. Sie suchen Unterstützung bei Menschen, die mehr Erfahrung oder eine besondere Begabung zu haben scheinen. So lässt sich der Aufstieg der Erziehungsgurus erklären, der Pferdeflüsterer, Hundecoaches und Katzennannys: Trainer werden heute zu Stars, die Bestseller schreiben, Veranstaltungshallen füllen und eigene Fernsehshows bekommen.

5. Der Guru-Faktor

Erst kamen die Pferdeflüsterer. Dann gab es auch Hundegurus und Katzennannys. Die Zahl der Hundeschulen in Deutschland explodierte. Erziehung von Tieren ist en vogue und bietet heute für alle etwas: berufliche Qualifikationen für Menschen, die selbst ein bisschen Guru sein wollen. Und eine Beschäftigung für Halter, von denen manche vielleicht auch froh sind, wenn sie ein Gesprächsthema haben: die Probleme ihrer Haustiere.

Studenten, in Bad Saarow? »Studenten hab ick hier noch nie jesehen«, sagt die Bedienung im Zwanzigerjahre-Café am Bahnhof. »Det sind allet Kurgäste.« Sie zeigt auf die Familien, die zwischen Grammofon und Gipsengeln auf Jugendstilsofas sitzen und zu Mittag essen. Auch in der Buchhandlung gegenüber weiß man nichts von einer Hochschule. Die Dame im Tourismusbüro ruft sogar ihre Chefin an. »Wir können dazu nichts Offizielles sagen«, sagt sie schließlich, reicht aber einen Faltplan über die Theke. Dort ist sie immerhin noch eingezeichnet, die Hochschule: »Pferdeakademie« steht in roten Buchstaben auf einem Areal, das inmitten ausgedehnter Golfplätze zu liegen scheint. Es ist sieben Jahre her, dass alle Zeitungen über die Gründung der Akademie in dem kleinen Ort in Brandenburg, eine Zugstunde von

Berlin entfernt, berichteten; zum »Pferdeflüsterer« mit akademischem Abschluss sollte man sich dort ausbilden lassen können.

Gegründet worden war der Studiengang im Jahr 2006 von Andrea Kutsch, Deutschlands bekanntester Pferdetrainerin, die zu diesem Zeitpunkt schon in mehreren Fernsehdokumentationen aufgetreten war und gezeigt hatte, wie verhaltensauffällige Pferde unter ihren Händen sanft und fügsam wurden. Gewaltfrei, an der Körpersprache der Pferde orientiert: so charakterisierte Kutsch ihr Konzept, das sie auch in Büchern beschrieb, die auf den Bestsellerlisten landeten. Kutsch, damals Ende dreißig, war attraktiv und eloquent. Sie trat nicht nur in ihrer eigenen Dokuserie auf, sondern auch in Talkshows und Wissenssendungen; in der dreiteiligen Teenie-Telenovela *Alinas Traum* spielte sie 2005 sich selbst. Bevor Kutsch mit ihrem eigenen Ausbildungskonzept für Pferde bekannt geworden war, hatte sie in verschiedenen PR-Agenturen gearbeitet und ein eigenes Marktforschungsunternehmen in Hamburg geleitet. Als Sportlerin war sie immer ein Ausnahmetalent gewesen und wohl auch deshalb körperlich von besonderer Präsenz: Seit ihrer Kindheit ritt sie, spielte Polo, zudem war sie professionelle Windsurferin mit einem vorderen Platz auf der Weltrangliste gewesen. Unter den deutschen Pferdetrainern genoss sie schon deshalb einen Sonderstatus, weil sie Schülerin des amerikanischen Star-Pferdeflüsterers Monty Roberts gewesen war. Dessen Philosophie im Umgang mit Problempferden durfte sie als einzige lizensierte Trainerin in Deutschland verbreiten. Damals war noch der Neunzigerjahre-Romanbestseller *Der Pferdeflüsterer* von Nicholas

Evans gut in Erinnerung, verfilmt mit Robert Redford und Scarlett Johansson. Der kalifornische Cowboy Monty Roberts war eines der Vorbilder für die Titelfigur des Romans gewesen.

Der neuen Schule in Bad Saarow haftete also etwas Glamourös-Wildromantisches an. Zugleich klang es ein wenig kurios, »Pferdeflüstern« studieren zu wollen, zu allem Überfluss noch für stolze Studiengebühren von 3400 Euro pro Semester. Die Journalisten stürzten sich auf die Geschichte. Andrea Kutsch war damals in Deutschland so etwas wie das teure Weltklasse-Dressurpferd Totilas heute: Selbst wenn man überhaupt kein Interesse an Pferden hatte, kam man nicht umhin, sie aus den Medien zu kennen.

Doch dann wurde es still um Kutsch und ihre Schule. Im Herbst 2010 schloss die Akademie plötzlich ihre Pforten. Ihr Ende blieb öffentlich quasi unbemerkt. Nur in einigen Pferdeforen im Internet kochten Gerücht über die Schließung hoch, es fielen hämische Kommentare. Ein paar Spekulationen machten die Runde: Hatte es wirtschaftliche Probleme gegeben? Oder waren etwa die Bewerber ausgeblieben?

Die Einzigen in Bad Saarow, die heute noch etwas über die Pferdeakademie erzählen können, sind die Taxifahrer. »Die Mädels hatten ein schweret Leben«, sagt einer von ihnen, während er seinen Wagen über die regennassen Alleen am Ufer des Scharmützelsees steuert. »Immer Schule, bis achtzehn Uhr, und danach noch Mist aufsammeln. Pferdeäpfel, Sie wissen schon.« Er hat »die Mädels« ein paar Mal in die Disco gefahren. Nach Fürstenwalde, zehn Kilometer entfernt. Gibt es denn keine Clubs in der Nähe? Er schüttelt spöttisch den Kopf. »Hier in Bad Saarow is nischt, und in Wendisch-

Rietz is ooch nischt.« Etwas Ähnliches hat schon Theodor Fontane vor mehr als hundert Jahren geschrieben: »Ist das eine Gegend!«, heißt es in der *Osterfahrt in das Land Beeskow-Storkow* von 1881. »In Saarow is nichts, das kenn ich, und hier in Pieskow is gar nichts.«

Daran hat sich bis heute nicht so sehr viel geändert. Zwar ist Bad Saarow inzwischen ein Badekurort mit heilender Thermalquelle, einige deutschlandweit bekannte Spa-Hotels haben sich angesiedelt. Aber wer hier Urlaub macht, sucht vor allem Ruhe, will um den See wandern und abends im Soleaußenbad den Sternenhimmel betrachten. Außer ein paar Touristencafés, einer kleinen Kunstgalerie und regelmäßigen Autorenlesungen gibt es nicht viel.

»Klosterähnliche Zustände« seien das gewesen, sagt Andrea Kutsch heute über ihre Zeit mit den Studenten in Bad Saarow. Zwei Studienjahrgänge – 2006 und 2007 – kamen zustande, aber nicht alle, die an der Ausbildung teilnahmen, hielten dann 2009 und 2010 auch ein Zeugnis in Händen. Schuld seien die Bologna-Reform und der damals gerade neu eingeführte Bachelor-Abschluss gewesen, sagt Kutsch. Das System sei unausgereift gewesen, der Studiengang überfrachtet, sogar Sprachen gehörten dazu und Tiermedizin, und zwar bis in die Einzelheiten: Die Studenten saßen über Mikroskopen und suchten Spulwurmeier in Pferdekot. Um die nötigen 180 Credit Points in sechs Semestern zu sammeln, hätte man das Ganze »knallhart durchziehen« müssen, sagt Kutsch, zumal auch praktische Anteile dazugehörten und man morgens um sechs im Stall erscheinen musste. Viele Studenten hatten nicht mit einem so umfangreichen Lernpensum gerechnet, sondern gedacht, sie würden nun »etwas mit Reiten« studieren. Frust blieb deshalb nicht aus. »Es war eine Überforderung für alle«, resümiert Kutsch.

Andrea Kutsch sitzt in einem Raum im Erdgeschoss der Hamburger International Business School, kurz ISS, einer privaten Hochschule in Hamburg-Uhlenhorst. Es ist August 2013, die Tür zu einer kleinen, mit dichtem Grün bewachsenen Terrasse steht offen. Draußen stehen Gartenmöbel aus Teakholz, ab und an dringt Vogelgezwitscher herein. Andrea Kutsch, inzwischen 45, ist hier, um die akademische Ausbildung von Pferdeflüsterern in Deutschland ein zweites Mal zu starten. Diesmal rechnet sie sich weitaus bessere Chancen aus: Der Bachelor ist etabliert, niemand schimpft mehr auf die Bologna-Reform. Vor allem aber hat sie ein Sicherheitsnetz aufgespannt: Während sie beim ersten Versuch bis 2009 warten musste, bis ihr Studiengang staatlich anerkannt war, ist das nun von Anfang an so. Dafür sorgt die Zusammenarbeit mit der etablierten privaten Hochschule in Hamburg. Ihre Studenten studieren eigentlich »BWL plus«, ein Fach, das an der ISS schon lange angeboten wird, kombiniert mit »Pferdekommunikation«. Im Studiengang »BWL plus« wird man gezielt für das Servicemanagement großer Unternehmen ausgebildet, die Studenten lernen Finanzbuchhaltung, Rechnungswesen, Jura, Controlling, Wirtschaftsenglisch. Unterbrochen werden die Blockkurse in Hamburg von Praxisphasen: in Pferdekliniken, in großen Gestüten wie dem von Paul Schockemöhle im Südwesten von Mecklenburg-Vorpommern, in Unternehmen der Pferdeindustrie – und auch an den neuen Standorten der Pferdeakademie in Aachen und Kalifornien, wo die Studenten den Umgang mit schwierigen Pferden lernen sollen. Später könnten sie beispielsweise als Betriebsleiter großer Gestüte, Event Manager bei Reitturnieren oder selbstständig mit eigenem Reitbetrieb arbeiten.

Andrea Kutsch hat diesen zweiten Versuch gewagt, weil sie noch immer daran glaubt, dass es einen Markt für ihre Absolventen gibt. Sie hat eigens eine Marktforschungsstudie in Auftrag gegeben, um das zu untermauern. 2000 Reitbetriebe und Gestüte wurden befragt, ob sie junge Leute mit Kompetenzen anstellen würden, wie sie in dem neuen Hamburger Studiengang erworben werden können. »85 Prozent haben diese Frage bejaht«, sagt Kutsch und wiederholt: »85 Prozent!« Sie sieht darin ein Symptom des voranschreitenden Wandels in der Pferdeszene, einen Beleg dafür, dass ein neues Konzept der Pferdeausbildung dringend etabliert werden muss. »Der Markt verlangt danach«, sagt sie – nach einem Konzept, das nichts mehr mit Gewalt zu tun hat, das sich von überkommenen Prinzipien verabschiedet und mit Pferden so umgeht, wie es in einer modernen Gesellschaft toleriert werden kann. »Meine Mutter hat in der Schule noch Schläge mit dem Rohrstock auf die Hände bekommen«, sagt Kutsch. »Wenn sie am Nachmittag ihr Pferd verprügelt hätte, dann hätten das alle für normal gehalten. Wenn Sie heute einem zehnjährigen Kind eine Peitsche in die Hand drücken, dann wundert es sich.«

Es ist noch nicht lange her, dass die Mädchen, die draußen vor dem Büro auf ein Gespräch mit Kutsch warten, zehn Jahre alt waren. Die meisten haben gerade Abitur gemacht, jetzt sind sie zum Auswahlverfahren für den neuen Studiengang eingeladen. Geritten sind alle schon als Kinder, gewundert haben sie sich häufig.

Laura, 19, hat neben der Schule in einem Reitstall zu Hause in Landshut junge Pferde ausgebildet. »Der Umgang mit den Pferden dort hat mir nicht so ganz gefallen«, sagt sie. »Es musste immer alles schon nach zehn Minuten passen.«

»Ich gehe auf die Turnierplätze, seh' mir das an und denk, so kann das nicht weitergehen«, sagt Katharina, 18, aus Villingen-Schwenningen. »Oft hört man: Blöder Gaul, jetzt muss man ihn da mal wegtreiben, Schenkel ran!« Sie findet: »Das kann's halt nicht sein.«

»Es war eine Qual für mich, beim Schulbetrieb zuzugucken und diese klassischen Sachen zu erleben«, sagt Isabel, 25, aus Frankfurt, die seit vierzehn Jahren reitet. »Ich habe viele Brüche erlebt mit dem Thema«, fährt sie fort, während sie Kutsch und Achim Gutowski gegenübersitzt, dem BWL-Professor, der mit zum Auswahlkomitee gehört. »Dabei ging es meistens um eine Person, die zwischengeschaltet war, zwischen mir und dem Pferd, eine Reitlehrerin oder der Besitzer. Irgendwann bin ich dann einmal weinend rausgegangen aus dem Reitstall und hab mir geschworen, erst wieder zu reiten, wenn ich ein eigenes Pferd habe und mit ihm so umgehen kann, wie ich es will.« Es läuft etwas vollständig schief in der Pferdewelt – auf diese Formel lassen sich die Erzählungen der jungen Frauen bringen.

Andrea Kutsch sucht im Bewerbungsgespräch nach Brüchen, wie sie Isabel schildert. Geraten die jungen Frauen ins Schwärmen, während sie ihre Kindheitserfahrungen mit Pferden schildern, fragt sie freundlich, aber bestimmt, ob man noch einmal etwas über die negativen Seiten sagen könne, die man wahrgenommen habe – im Motivationsschreiben, das in der Bewerbungsmappe gesteckt habe, sei ja schließlich die Rede davon gewesen. »Für uns ist es wichtig, dass Sie diese Offenheit mitbringen«, erklärt Kutsch der 19-jährigen Laura. »Dass deutlich wird: Jemand hat Ansätze gemacht und wollte etwas verbessern, aber kam nicht weiter. Das Problem liegt ja im System.«

Ein System, das Kutsch gemeinsam mit ihren ersten Studenten während der Zeit in Bad Saarow wissenschaftlich untersucht hat. Sie haben in Archiven recherchiert, alte Quellen ausgegraben, sind bei ihrer Suche bis ins Jahr 1500 zurückgegangen. Damals herrschte im Umgang mit Pferden etwas, was Andrea Kutsch heute die »Schule der Gewalt« nennt. Kutschs Ziel ist es, zu hinterfragen, ob die uralten Traditionen der Pferdeszene auch noch ihre Berechtigung haben, wenn man die modernen Naturwissenschaften zurate zieht. Etwa das Gebot, immer von links aufs Pferd zu steigen. Schon jetzt gibt es Hinweise darauf, dass Pferde die linke Gehirnhälfte nutzen, um Personen voneinander zu unterscheiden – diese Informationen verarbeiten sie schneller, wenn man sich ihnen so nähert, dass sie die Person mit dem rechten Auge betrachten können. »Könnte es vielleicht für das Pferd viel besser sein, wenn man von rechts aufsteigt? Also für die Beziehung besser? Für die Kommunikation?«, fragt Kutsch. Bisher allerdings macht man viele Dinge mit Pferden nur, weil es eben immer so war, schon zu Zeiten, als das Pferd noch Kriegsgerät war und nicht Familienmitglied und Freizeitpartner. Andrea Kutsch sagt, vieles davon passe einfach nicht mehr in die Zeit. Heute müsse man sich im Umgang mit Pferden fragen: »Ist das artgerecht? Und die Antwort darf nicht nur Ja lauten, weil es sich für uns gut anfühlt. Sondern weil wir es wissen.« Deshalb will sie nun auch die moderne Hirnforschung zugrunde legen, um ihre Methode weiter zu verfeinern. So will sie sich absetzen von den vielen anderen Pferdeflüsterern, die es in Deutschland gibt. Deren Boom begann Ende der Neunzigerjahre, zeitgleich mit dem Erfolg des Romans *Der Pferdeflüsterer*. Charismatische, meist männliche Experten wurden zu Gurus mit ausgebuchten Wochenendseminaren und umjubelten öffentlichen Shows auf Pferdemessen. Noch heute erzählt man sich in der Pferdeszene, wenn die Abende spät und die Gläser leerer werden, gern von den Ranches der Flüsterer in tiefer deutscher Provinz, wo oft eine Entourage weiblicher Fans die Vorstellungen atemlos verfolgte. Zur Blütezeit der Flüsterer scherzte beispielsweise die Reitsportjournalistin Regina Käsmayr in einem Artikel über einen der Gurus, die Pferde auf seinem Gehöft reagierten sofort auf die kleinste seiner Körperbewegungen – und das täten auch die Frauen. Von Anfang an war umstritten, worin das Geheimnis der Gurus bestand. Manche hielten die Stars der Pferdekommunikation schlicht für virile Blender, deren Stunde gekommen war, als der Redford-Film das Thema in die Schlagzeilen brachte. Eines war jedenfalls allen gemein: Ihre Philosophie beruhte darauf, sich von Trainingsmethoden zu distanzieren, in denen das Pferd mit Gewalt und mit brutalen Hilfsmitteln zum Gehorsam gezwungen wurde.

Andrea Kutsch sagt, der Boom dieser Gurus und ihrer gewaltfreien Methoden sei vorbereitet worden mit einer ersten Phase Anfang der Neunzigerjahre, als es modern wurde, bei der Ausbildung von Pferden Belohnungen einzusetzen und sie mithilfe der »Clicker«-Methode zu trainieren. Dabei werden Tiere auf Klicklaute konditioniert, die bei erwünschtem Verhalten ertönen. Das war der erste Abschied von der

»Schule der Gewalt«. Mit den Gurus nahm das Ganze dann gleichsam religiöse Züge an: Glaubensgemeinschaften bildeten sich, einzelne Richtungen grenzten sich gegeneinander ab, und auch erbitterte Feindschaften entstanden. »Ich war die Erste, die dann mit der Pferdeflüsterei gebrochen hat«, sagt Kutsch. »Ich konnte nicht akzeptieren, dass wir auf der einen Seite eine Riesenindustrie haben, die mit neuen Methoden versorgt werden will, und auf der anderen Seite alle sich gegenseitig bekriegen.«

Auch ihre Absolventen und künftigen Studenten, eine neue Generation, wollen nicht mehr so viel mit dem Begriff »Pferdeflüstern« zu tun haben. »Sie wollen nicht nur einen gewaltfreien Umgang mit dem Pferd, sondern auch ein konfliktfreies Umfeld. Niemand soll sagen: Da kommen diese Pferdeflüsterer.« Man will stattdessen eine hieb- und stichfeste Legitimation für die eigene Art, mit Pferden umzugehen, und die können nur die Naturwissenschaften liefern – deshalb Kutschs Bemühungen um die Forschung. »Die jungen Leute wollen wissensbasiert arbeiten und nicht sagen müssen: Das machen wir so, weil uns irgendein Guru das erzählt hat«, sagt Kutsch.

Also ein Ende der Gurus? Mitnichten. Als es in der Pferdeszene langsam ruhiger um die Flüsterer wurde, entdeckten die Hundebesitzer, dass auch sie Bedarf an Erziehungsexperten hatten. Der Wendepunkt war um das Jahr 2006. Damals waren die Flüsterer mit ihren Guruqualitäten in der öffentlichen Wahrnehmung noch fest mit der Pferdeszene verbunden. In der *Weltwoche* stellte ein Journalist im September 2006 den amerikanischen Hundetrainer Cesar Millan vor und staunte: »Eine Art Pferdeflüsterer für Hunde.«

In der Folgezeit explodierte die Zahl der Hundeschulen in Deutschland – von 765 im Jahr 2006, wie eine Studie von Göttinger Wirtschaftswissenschaftlern ergab, auf mehr als 2200 fünf Jahre später. Und auch in Deutschland bildeten sich Glaubensgemeinschaften um einzelne Trainer, etwa um Martin Rütter, der nach einem abgebrochenen Studium der Sportwissenschaften eine Ausbildung zum Tierpsychologen belegte und schließlich fürs Fernsehen entdeckt wurde. Auch andere Flüsterer bekamen Fernsehshows, schrieben Bücher, gingen auf Vortragsreisen, begeisterten auf Livebühnen. Inzwischen füllen sie Hallen und ganze Stadien.

Oder sie füllen Höfe. So wie Rainer Schröder in Waldems-Esch, einer Gemeinde in einem Tal des Hintertaunus. Es ist morgens halb zehn an einem Sonntag im Frühsommer. Die Straßen des kleinen Ortsteils sind menschenleer. Langsam steigt die Sonne hinter einem Discounter in die Höhe. Es wird ein sehr heißer Tag werden. Um kurz nach halb zehn fährt ein erstes Auto auf den Parkplatz gegenüber der Hundeschule. Ein Mann steigt mit seiner etwa zehnjährigen Tochter und einem Beagle-Welpen aus. Der Parkplatz ist groß, denn bis vor ein paar Jahren war das wassermelonenrot gestrichene Gebäude der Hundeschule eine Disco, der »Club 74«. Dann wurde es von der Tierärztin Katrin Voigt und dem Hundetrainer Rainer Schröder übernommen.

Bis zehn Uhr gesellen sich zu dem Beagle-Welpen weitere junge Hunde, keiner älter als sechzehn Wochen: ein Rhodesian Ridgeback, zwei Labradore – einer gelb, einer schokoladenbraun –, eine Bulldogge, ein Pudel-Australian-Shepherd-Mix. Meist werden die Welpen von Paaren begleitet. Rainer

Schröder, Inhaber der Schule und als Vorsitzender des Berufsverbandes der Hundetrainer und Verhaltensberater ein ausgewiesener Szenekenner, stellt am Rande des Hofes zufrieden fest: »Man geht heute in eine Hundeschule. Das ist, Gott sei Dank, so etwas wie etabliert. Die Zuwachsraten sind exorbitant.« Hundeausbildung, sagt er, sei »en vogue«.

Schröder ist ein großer, bulliger Mann mit Glatze und Vollbart. Er trägt eine leuchtend orange Weste, Outdoorhosen, offene Sandalen, eine Baseballkappe und sitzt auf einem der Plastikstühle im überdachten Teil des Hofes vor der Hundeschule, ungestört davon, dass er in die pralle Sonne blinzeln muss. Von hier hat er einen großartigen Blick auf das Geschehen. Geleitet wird die Welpenstunde heute von Julczi Barasz, einer jungen Frau, die zum ersten Jahrgang ausgebildeter »Hundefachwirte« in Deutschland gehört. Dass es diese Ausbildung gibt, dafür hat auch Rainer Schröder gesorgt.

Schröder, 56, betreibt seit einem Vierteljahrhundert Hundeschulen. Nebenbei, in seinen Verbandsfunktionen, versucht er, das Trainersein zu etwas Genormtem zu machen, es herabzuholen vom Guru-Olymp und zu einem Beruf werden zu lassen, zu dem man sich ausbilden lassen kann. Bislang darf jeder sich Hundetrainer nennen, auch ohne jegliche Ausbildung. Schröder möchte einheitliche Zertifizierungen, offizielle Anerkennung, politische Unterstützung des Vorhabens – eigentlich ähnlich wie Andrea Kutsch.

Schröder stammt aus Nordhessen. Er wuchs in den Sechzigerjahren auf, der Vater hielt einen Jagdhund. Die Tierliebe, sagt Schröder, hätten ihm seine Eltern vermittelt. Er wurde Polizist, 1981 Hundeführer bei der Polizei. Nach fünf Jahren als Hundeführer machte er sich 1986 mit einer Hundeschule in Wiesbaden selbstständig. Seine Schule war damals die einzige im Rhein-Main-Gebiet, heute gibt es mehr als hundert. Die Achtzigerjahre, erinnert er sich, waren eine Zeit, in der man viele Probleme von heute nicht kannte: aufmerksamkeitsheischendes Verhalten bei Hunden zum Beispiel. Und es gab auch keine Welpenstunden. »Damals hieß es noch, man muss dem Hund seine Jugend lassen. Das war auch richtig, weil die Methoden, die man anwendete, für Welpen nicht zumutbar waren.« Würge- und Stromhalsbänder wurden eingesetzt, Hunde wurden an der Angelschnur gehalten, wenn sie in die falsche Richtung schauten, dann wurde geruckt.

Heute findet er Welpenstunden zumutbar, denn zumindest seine eigenen basieren auf einer neuen Ideologie: gewaltfrei, positiv verstärkend. Julczi Barasz, um die sich alle Halter mit ihren Hunden im Kreis gruppiert haben, spricht in normaler Lautstärke. Ihre Lektionen lockert sie immer wieder mit Spielmomenten auf. Wenn sie »Leinen los!« befiehlt, flitzen die Welpen los und quirlen sofort durcheinander. Die Hunde sollen lernen, auf Zuruf zu ihrem Besitzer zurückzukommen. Bei den meisten klappt es auf Anhieb. »Freut euch!«, ruft Barasz. »Das ist so ein schönes Gefühl, ihr dürft das ausdrücken.« Schröder sagt: »Das Gejohle, das Sie jetzt hören, das hätten Sie früher auf dem Hundeplatz nicht gehört, dieses Aus-sich-Rausgehen gab es nicht. Es herrschte Drill. Da hieß es: Jetzt musste dich durchsetzen.« Der junge Mann, der den Rhodesian Ridgeback-Welpen mitgebracht hat, klopft seinen Hund und sagt: »Feiner Hundi.«

»Haben Sie das gehört?«, fragt Schröder. »Früher hieß es: Nicht geschimpft ist halb gelobt.«

Julczi Barasz geht von einem Pärchen zum nächsten, um ein paar Fragen zu klären oder das Verhalten des Hundes zu erläutern. »Die Welpen dürfen miteinander spielen und die Besitzer schlau machen«, kommentiert Schröder zufrieden. Die Besitzer ausbilden – das ist sein großes Steckenpferd, oder mehr als das: Er hält es für unabdingbar. »Ein Hund ist ein rigoroser kleiner Egoist«, erklärt er. »Die Besitzer lernen bei uns, auf sich selbst aufzupassen. Die eigenen Grenzen nicht fallen zu lassen.«

Dafür beim Hundehalter Verständnis zu erreichen, sei der schwierigste Teil seiner Arbeit, sagt er. »Ohne Hundeschule würden die Hunde ständig an der Leine ziehen, weil sie mit anderen Hunden spielen wollen. Die meisten Besitzer würden dem nachgeben. Und schon hat man diesen unerzogenen kleinen Vandalinski.« Die Welpenstunde hilft den Besitzern zu widerstehen. Schröder zeigt auf die Bulldogge und den gelben Labrador, die miteinander balgen. »Diese Welpen lernen ab dem ersten Tag im neuen Haushalt die Grenzen kennen. Lernen von klein auf, sich auf den Besitzer zu konzentrieren. Das ist die notwendige Vorbereitung auf das Hundeleben.«

Eine Hundeschule sieht er als Dienstleister, der Ergebnissen verpflichtet sei. Übrigens nicht nur gegenüber den Hundehaltern. Auch die Politik wolle »sichere Straßen«, sagt Schröder. Und dann erinnert er an den Vorfall, der in der deutschen Hundeszene alles verändert hat: Im Jahr 2000 wurde ein sechsjähriger Junge auf einem Schulhof in Hamburg von einem Pitbull und einem American Staffordshire Terrier getötet. Schröder sagt erst »der Hamburger Zwischenfall« und konkretisiert dann: »das, was mit dem kleinen Volkan passiert ist«. Er ist nicht der einzige Hundeexperte, der bis heute so von dem Kind spricht, als habe man es persönlich gekannt. Der Tod des Jungen führte zum Erlass strenger Hundegesetze und zur Festlegung von »Rassenlisten« in Deutschland, er hinterließ einen tiefen Riss zwischen Hundehaltern und Hundeskeptikern. Der Angriff wog besonders schwer, weil er sich an einem öffentlichen Ort zutrug. Andere Beißvorfälle mit tödlichem Ausgang haben keine vergleichbare gesellschaftliche Debatte nach sich gezogen, etwa der Tod eines dreijährigen Mädchens im Haus seiner Tante in Thüringen durch vier Staffordshire Terrier oder der tödliche Angriff auf ein Baby durch einen Husky im Garten der Familie, der der Hund gehörte, beides im Jahr 2010. In Niedersachsen ist inzwischen ein Hundeführerschein für alle Halter Pflicht. Auch die im Jahr 2000 begonnene, bis heute nicht beendete Debatte über gefährliche Hunde war ein Grund für den Aufstieg von Trainern und Hundeschulen. Rainer Schröder sagt: »In eine Hundeschule gehen heute Leute, die mit ihrem Hund in der Gesellschaft unauffällig bleiben wollen.«

In Waldems-Esch beginnt direkt im Anschluss an den Unterricht für Welpen die Junghundestunde, ein Kurs für Hunde ab sechzehn Wochen. Nach und nach tröpfeln sie durchs Tor herein, wieder werden die meisten Hunde von Paaren begleitet, wieder sind viele reinrassige Hunde und Trendrassen vertreten: Ein Rhodesian Ridgeback, ein Welsh Terrier, ein Leonberger, ein schokobrauner Labrador, ein Australian Shepherd, ein schmaler Mischling, adoptiert aus Südeuropa, wie Schröder erklärt, ein kleiner, dunkelbraun gestromter Continental Bulldog, Angehöriger einer Rasse, die man in der Schweiz vor einigen Jahren begonnen hat zu züchten. Man wollte damit die große Nachfrage nach drolligen, kurzschnäuzigen Bulldoggen bedienen und zugleich ein gesünderes Tier auf den Markt bringen, das nicht wie die schwer gebaute Englische Bulldogge unter Atemnot, Gelenkproblemen und Ekzemen in den üppigen Hautfalten leidet.

Der knapp 30 Wochen alte Australian Shepherd beginnt lauthals zu bellen, während er beobachtet, wie andere Hunde den Platz durch das Tor betreten. Seine Stimme überschlägt sich, er zieht aufgekratzt an der Leine. Hilfesuchend blickt sein Besitzer, ein großer junger Mann in Shorts, zu Schröder. »Einfach rechts am Tor anbinden«, sagt Schröder. »Einfach um die Stange rum und dann alleine lassen. Der soll alleine bellen. Wenn er fünf, sechs Sekunden ruhig ist, auch mal hingehen und ein Leckerli geben, sodass er lernen kann: Wenn ich die Babbel halte, mag mich der Alte.« Der junge Mann tut, wie ihm geheißen, und blickt nachdenklich zu seinem angebundenen Hund hinüber, der weiter bellt. Als er kurz still ist, nähert sich der junge Mann wieder. Doch plötzlich kläfft der Australian Shepherd von Neuem. »Weggehen, wieder weggehen«, ruft Schröder. »Der ist wieder ganz woanders.« Tatsächlich konzentriert sich der Hund auf einen heranwachsenden Berner Sennenhund, der sich gerade mit seiner Familie dem Hoftor nähert. »Ich mag einen Hund, der beim Menschen ist«, sagt Schröder. Auch das ist positive Verstärkung: Aufmerksamkeit gibt es nur für ein Verhalten, das gefällt. In einer Arbeit über die Mensch-Hund-Beziehung schrieb die Bielefelder Soziologin Katja Pohlheim schon vor mehreren Jahren, der Verzicht von Repressionen seitens der Machthabenden sei nach Foucault das Merkmal moderner Gesellschaften – und daher rühre auch der neue Umgang mit Hunden: »Wurden die Tiere früher durch Schläge und andere brutale Erziehungsmethoden gefügig gemacht, gibt es heute eine weitaus subtilere Art der Einflussnahme.« Jedoch, schreibt Pohlheim, gebe es keine herrschaftsfreie Beziehung zum Tier. »Trotz des humaneren Umgangs beansprucht der Mensch die Herrschaft für sich, es zählt nicht das bessere Argument.«

»Was denkt ein Hund, wenn er so bellt?«, fragt die Frau mit dem Continental Bulldog Rainer Schröder, während sie zu dem Australian Shepherd am Tor hinüberblickt. »Weil, das passiert auf den Spaziergängen ja häufiger.« Dann aber wird sie abgelenkt, weil ihre Bulldog-Hündin sich in die Arme der Journalistin wirft, wild wedelt und gestreichelt werden will. »Das macht die halt mit jedem, die schmust mit jedem«, seufzt die Besitzerin, eine Frau um die fünfzig mit verspiegelter Sonnenbrille, sorgfältigem Haarschnitt und Perlenohrringen. Sie klingt unzufrieden, denn genau mit diesem Problem wollte sie sich gerade an Schröder wenden: Der Hund, den sie erst ein paar Monate besitzt, springt auf Spaziergängen fremde Menschen an. Sie hat einmal erlebt, wie eine Trainerin Hundehaltern empfohlen hat, eine Klapperschelle zu verwenden, ein lautes Ding, das man wirft, um eine Handlung des Hundes abzubrechen. »Das kann ich doch ganz einfach mit einem Nein verknüpfen«, sagt sie zu Schröder. »Das ist der normale Quatsch«, sagt Schröder. Später wird er sagen: »Das ist ein sehr schönes Beispiel gewesen, wie sich der Hundehalter orientiert. Wenn der Rütter was macht, dann müssen wir das auch so machen. Und was der Hundehalter nicht bedenkt: Das Team vom Rütter dreht ein halbes Jahr und zeigt das dann in einer Folge.«

Die Hundehalterin blickt auf ihren Bulldog, dann auf Schröder und sagt: »Aber ...« Schröder schneidet ihr mit einer Handbewegung das Wort ab. »Lassen Sie's«, sagt er. »Machen Sie, was Ihr Trainer sagt. Reihen Sie sich ein.« Auf dem Hof beginnt die Junghundestunde. So kann Rainer Schröder auch sein: autoritär, und das halb augenzwinkernd, halb ernsthaft. Er sagt: »Mein Leitspruch ist: Bei mir darf jeder machen, was ich will.« In einem Interview mit der *Badischen Zeitung* hat Udo Kopernik, der Sprecher des Verbands für das Deutsche Hundewesen, einmal gesagt, dass Hundebesitzer sich auch an ihrem Trainer reiben müssen. »Als ich selber zur Schule ging, habe ich von den Lehrern mehr gelernt, die mir nicht sympathisch waren, als von everybodys darling«, sagte Kopernik. »Das gilt hier auch. Ich gehe nicht in die Hundeschule, um meine vorgefasste Meinung bestätigt zu bekommen. Dann kann ich mir das Geld sparen. Ich gehe dahin, um mich weiterzuentwickeln. Wenn ich dort auf eine Person stoße, an der ich mich auch etwas reiben kann, dann führt das dazu, dass ich eigene Positionen auch mal überdenke. Ich bin dann eher in der Lage, eigene Defizite zu erkennen.«

Was Schröder später über die Hundehalterin sagt, klingt dann wie eine Diagnose: »Die Leute offenbaren ihre Charakterzüge im Umgang mit dem Hund«, doziert er. »Was wir hier gesehen haben, ist Unreflektiertheit und Ungeduld.«

Schröder hat viel erlebt mit Hundehaltern. Manche Welpenbesitzer wissen nicht einmal, dass sie dem Hund bestimmte Dinge erst beibringen müssen. »Der muss doch hören, wenn ich das sage«, zitiert Schröder sie mit schiefem Grinsen. »Kein Witz. Die erwarten, dass der Hund Sitz macht, wenn sie das sagen.« Andere Hunde sind schwierig, aber nur, solange der Halter dabei ist. »Es gibt Hunde, die haben gelernt, mit dem Besitzer zusammen Randale zu machen. Ohne haben Sie einen ganz netten, freundlichen Hund.«

Besonders auf der Hut ist er, wenn er auf die Hundehalter trifft, die er als »Koryphäen-Killer« bezeichnet: »Es gibt Leute, die brauchen es, dass ihr Hund ein Problem hat, weil sie dafür Aufmerksamkeit bekommen. ›Herr Schröder, Sie sind meine letzte Hoffnung. Die letzten fünf Hundeschulen haben aufgegeben.‹ Ja, das ist das, was die wollen. Ich brauch aber auch keinen, der hinterher rumläuft und erzählt, der Schröder hat es auch nicht geschafft. Wenn ich so jemanden und sein Problem zu fassen kriege und beginne, das zu lösen, dann kann ich richtig zusehen, wie der sich an anderer Stelle 'ne neue Baustelle aufmacht.«

Aber Schröder ist auch selbstkritisch. Seinen eigenen Weg als Trainer bezeichnet er mit den Worten »vom Saulus zum Paulus«. In den Achtzigerjahren arbeitete er wie alle damals mit Strom- und Würgehalsbändern. Im Jahr 1992 lernte er durch ein Seminar in Dänemark Roger Abrantes kennen, einen portugiesischstämmigen Evolutionsbiologen. »Abrantes hat schon damals ganz konsequent gewaltfreie Hundeerziehung propagiert«, sagt Schröder. »Von ´86 bis ´92 hab ich das gemacht, was ich auf der Polizeischule gelernt hatte. Ab ´92 wusste ich nicht mehr, wie ich weitermachen sollte, weil er gesagt hat, Strafen bringt es nicht, sondern positive Verstärkung«, erinnert Schröder sich. »Wir saßen an der Hotelbar, und er sagte: Wenn ich dir hier ein Bier ausgebe, ist die Wahrscheinlichkeit, dass du hier wieder vorbeikommst, höher.« Aber so schnell war Schröder nicht überzeugt. Abrantes fragte: »Wie viele brennende Kerzen kennst du, an denen man sich nicht verbrennt?« Heute, zwei Jahrzehnte später, gibt Schröder die Antwort: »Keine. Die Kerze ist hundert Prozent konsequent. Menschen nicht. Wenn ich zum falschen Zeitpunkt strafe, ist die Beziehung in Gefahr. Leckerli zum falschen Zeitpunkt gefährdet die Beziehung nicht. Ich sag immer, das ist wie drei Richtige im Lotto. Das reißt's nicht raus.«

Schröder lehnt sich zurück. Er hat sich damals, Anfang der Neunzigerjahre, entschieden, dem neuen Konzept eine Chance zu geben. Andere konnten es nicht akzeptieren. »Uns wurde vorgeworfen, wir würden versuchen, die Hunde antiautoritär zu erziehen, dabei hätte das schon bei den Kindern nicht funktioniert.« Er schüttelt den Kopf. Mit antiautoritärer Erziehung habe positive Verstärkung nichts zu tun. »Wir erpressen den Hund genauso.« Schließlich gebe es nur Zuwendung für erwünschtes Verhalten. Und sie verwendeten ja auch Leinen – eine Leine sei auch Zwang. Doch die Vorwürfe von Trainern, die den dominanzbasierten Ansatz verfolgen wollen, haben bis heute nicht aufgehört. »Das ist die Kluft, die sich durch die Hundeszene zieht«, sagt Schröder. »Wie viel positive Verstärkung? Wie viel notwendiger Zwang? Das zu definieren hat mit dem Wissen des Trainers zu tun.«

Mit dieser Gratwanderung befasst sich Schröder seit nunmehr zwanzig Jahren. Er ist überzeugt, dass eine Hinwendung zu seiner Art der Ausbildung auch politisch gewollt ist, dass andere Konzepte sinnlos, ja gefährlich sind. Deshalb verfolgt er den Aufstieg der Gurus kritisch, die jeweils eigene Philosophien unters Volk bringen. Erst vor Kurzem war er mit einem Fall konfrontiert, bei dem eine Familie eine Trainerin gebucht hatte, die bei Anton Fichtlmeier ausgebildet worden war, einem ehemaligen Kleinkünstler, der es als Hundeguru ins Fernsehen geschafft hat und als Verfechter eines Ansatzes gilt, bei dem es darum geht, den Hund zu unterwerfen. Die Familie suchte Hilfe, weil der Hund die Frau anknurrte, während er den Mann und die Kinder akzeptierte. Die Ursache war, dass die Frau nicht da gewesen war, als der Hund vom Züchter geholt worden war; nun betrachtete er sie als Eindringling. »Sie müssen dem Hund zeigen, dass Sie der Chef sind«, riet die Trainerin der Frau. »Also wieder diese Rangordnungskacke«, sagt Schröder. Der Hund, derartig provoziert, biss die Frau. Erst als Schröders Kollegin Katrin Voigt die Situation analysierte, wurde klar, wo der Fehler gelegen hatte und dass der Hund keineswegs verhaltensgestört oder gefährlich war.

Die Konzepte der meisten prominenten Hundegurus hält Schröder für wenig fundiert, teilweise auch für grundfalsch. Einzig für Martin Rütter hat er Anerkennung übrig: »Martin Rütter hat die gewaltfreie Hundeausbildung populär gemacht. Die Bevölkerung ist sensibler geworden durch Leute wie ihn.« Rütter ist der Star unter den deutschen Hundetrainern. Die Frauenherzen fliegen ihm zu.

Bekannt geworden ist auch Michael Grewe aus Schleswig-Holstein, wie Schröder ein ehemaliger Polizist. Gerade in diesen Wochen steckt er ein bisschen in der Klemme. Im Internet ist ein Video aufgetaucht, das zeigt, wie ein Workshopteilnehmer in Grewes Beisein einen Hund mit einem Blechnapf gegen den Kopf schlägt. Die Empörung darüber ließ nicht lange auf sich warten. Schröder hat sich die Bewertungen des Youtube-Videos angesehen. »Zwei Prozent fanden's gut, 98 Prozent nicht«, sagt er und feixt. Autoritären

Umgang mit Hunden will man in Deutschland nicht mehr sehen. Grewe musste sich in der Hochglanzzeitschrift *Dogs* erklären, die ihn regelmäßig als Verhaltensexperte konsultiert. Blass und betroffen sitzt er auf den Fotos im Innern des Magazins neben dem Chefredakteur.

Auch über den Amerikaner Cesar Millan sagt man längst offen, dass er Hunde einschüchtert und sie über brutale Dominanzgesten kontrolliert. »Das ist Steinzeit«, meint Schröder abfällig. Dennoch ist der Mexikaner, der als junger Mann unter dem Grenzzaun hindurch in die USA robbte und dort seinen eigenen amerikanischen Traum verwirklichte – vom Toilettenputzer und Gassigeher in Los Angeles zum Bestseller schreibenden Millionär mit eigener Fernsehshow – nach wie vor ein Star; seine Bücher verkaufen sich auch in Deutschland. Vielleicht hat sein Erfolg gar nicht so viel mit seiner Kompetenz als Trainer zu tun. Millan ist ein schlauer Beobachter, ein Menschenkenner, der auch ohne Psychologiestudium interessanter über die Mensch-Tier-Beziehung sprechen kann als manch ein Wissenschaftler. Die Medien lieben ihn dafür. In einem Interview mit dem *Focus* hat er zum Beispiel die Frage, warum bestimmte Menschen sich bestimmte Hunderassen zulegen, originell und unerwartet respektlos beantwortet: »Menschen wie Paris Hilton wollen einen Hund, der süß aussieht, weil sie selbst süß aussehen wollen. Andere holen sich einen Hund, der fast genauso aussieht wie sie selbst. Das hat was mit Familie zu tun. Der Hund soll Teil der Familie sein, und wenn so eine Frau Locken hat, dann muss der Hund auch Locken haben, sodass er zur Familie passt.« Eine interessante Sichtweise – doch vielleicht auch ein Plagiat. Schon 1999, acht Jahre vor diesem Interview, veröffentlichte der kanadische Psychologe Stanley Coren im renommierten Fachmagazin *Anthrozoös* eine Studie, für die er 260 Frauen Fotos von zwei Hunderassen mit Schlappohren (Beagle, Spaniel) und zwei Rassen mit Stehohren (Husky, Basenji) vorlegte. Frauen mit langen Haaren bevorzugten die schlappohrigen Hunde, kurzhaarige Frauen die Hunde mit den spitzen Stehohren. Aber egal, ob Millan sich seine Gesellschaftsanalysen angelesen hat, er ist wohl ein exzellenter PR-Stratege. »Eine überzeugende Kommunikation ist das A und O«, erklärte die Frankfurter Sozialpsychologin Diana Boer der Hundezeitschrift *Wuff,* die mehr über das Geheimnis von Gurus wie Cesar Millan wissen wollte. »Wer seine ›Wahrheit‹ gut herüberbringen kann und authentisch dabei wirkt, hat gute Chancen, einen starken Einfluss auf andere zu haben.« Aber neben einem solchen überzeugenden Verkäufer und einer starken Philosophie, so Boer, spiele eben auch ein williger Käufer eine Rolle.

An diesem Markt wollen nach wie vor viele partizipieren. Rainer Schröder sagt, dass im Moment die unterschiedlichsten Konzepte ins Kraut schießen, mit denen selbst ernannte Hundetrainer versuchen, bekannt zu werden. »Alle suchen nach einem Alleinstellungsmerkmal«, erklärt er. Gerade erst wurde etwa in einer Hundezeitschrift die 3K-Methode vorgestellt: Konzentrieren, Kommunizieren, Koordinieren. »Das ist totaler Quatsch«, grinst Schröder. Außerdem ist es geklaut: Die La-Ko-Ko-Methode, die sich der Hundetrainer Thomas Baumann ausgedacht hat, gab es schon vorher. La-Ko-Ko steht für »Langsam, koordiniert, konzentriert.«

An solchen Konzepten erkenne man den Versuch von Trainern, einzigartig zu sein, sagt Schröder. »Die versuchen ein

Copyright auf etwas zu haben, auf das man kein Copyright haben kann. Der Trainer braucht Talent und Liebe zum Menschen. Man braucht Achtsamkeit und Präsenz.«

Mit Halbwissen habe man nur bisher weit kommen können, glaubt er. »Die Zeiten sind vorbei.« Schröder hat dafür gesorgt, dass sieben großen Verbände – sein BHV, aber auch der Verband der Tierpsychologen und fünf andere – sich zusammengeschlossen und auf gemeinsame Qualitätsstandards für Hundetrainer geeinigt haben. »Das wird den Markt aufräumen.«

Hin und wieder, gibt Schröder dann zu, tauche aber doch noch ein echter Flüsterer auf – mit einzigartigen Fähigkeiten, Charisma und der einen, bahnbrechenden Idee. Als Beispiel nennt er die Biologin Ute Blaschke-Berthold, die eine Hundeschule in der Nähe von Bonn gegründet und sich auf Entspannungstechniken für Hunde spezialisiert hat. Sie gilt in der Szene als Geheimtipp. »Entspannungstechniken: Das ist das, was noch gefehlt hat, was noch nicht genügend gewürdigt wird«, ist Schröder überzeugt. Es geht dabei darum, den Hund darauf zu konditionieren, dass er sich auf ein bestimmtes Signal hin entspannt. Relaxen auf Kommando also, um Phasen der Erregung zu stoppen. »Wenn ich ein Seminar etablieren würde, in dem es um Entspannungstechniken geht, könnte man Ute Blaschke-Berthold durch niemanden ersetzen«, ist Schröder sicher. »Das ist der Guru-Faktor.«

Für alle, denen er fehlt, gibt es die Ausbildung zum Hundefachwirt, die Schröder auf den Weg gebracht hat. Die Interessenten kommen aus allen möglichen Berufen, »von der Floristin bis zur Fußpflegerin«, sagt Schröder. Im Vordergrund stehe nicht nur ein überbordendes Interesse an einer

Arbeit mit Tieren. »Viele möchten vor allem Geld verdienen, weil das in ihrer eigenen Branche nicht mehr funktioniert.« Dieses Ziel hat auch ein junger Mann, Ende zwanzig, in T-Shirt und kurzen Hosen, der aus der ostdeutschen Provinz angereist ist, um in der Hundeschule in Waldems-Esch zu hospitieren. Er schreibt jedes Wort von Julczi Barasz mit. In der zweiten Hälfte der Junghundestunde gehen alle noch einmal unter Barasz Anleitung ein Stück spazieren. Dann ist die Stunde zu Ende. Barasz und der Praktikant nehmen sich zwei Plastikstühle, ziehen sich in den Schatten zurück und besprechen die Ereignisse des Morgens. Der junge Mann verbraucht seinen Jahresurlaub, weil er für den Abschluss als Hundefachwirt 500 Praktikumsstunden in einer Hundeschule sammeln muss. Ausbildung im eigentlichen Sinne darf man das Programm an der Industrie- und Handelskammer in Potsdam zwar noch nicht nennen. Aber, sagt Schröder, die Vorstellung, nach dem Abschluss eine Hundeschule zu eröffnen und davon zu leben, sei schon jetzt durchaus realistisch.

Ein Berufsleben lang mit Tieren zu arbeiten – davon träumen auch die pferdenärrischen Mädchen, die sich in Hamburg auf dem Balkon der ISS versammelt haben. Schon die Bedingungen für ein Auswahlgespräch sind hier schicker als an staatlichen Unis. Das Team der privaten Hochschule hat im Erdgeschoss ein Getränkebüffet aufgebaut, man kann sich an Stehtischen zusammenfinden oder auf einem zwanzig Meter langen Balkon warten, der auf die Alster hinausgeht. Der Blick fällt auf die Mühlenkampbrücke, am gegenüberliegenden Ufer ist ein Café, und auf dem Wasser glitzert die Nachmittagssonne.

Isabel, 25, hat gerade von Andrea Kutsch und Achim Gutowski erfahren, dass sie aufgenommen wird. »Ein Traum wird wahr«, sagt sie und strahlt. Laura, 19, begleitet ihr Vater ins Auswahlgespräch. Als das Urteil über seine Tochter wohlwollend ausfällt, erzählt er spontan von seinem älteren Sohn, der sich schon als Kleinkind nur für Autos interessiert habe – während es für die Tochter immer Pferde sein mussten. Heute ist Lauras Bruder 24 und studiert Automobilwirtschaft. »Dass beide Kinder ihre Passion zum Beruf machen können – mehr kann man sich nicht wünschen«, sagt der Vater sichtlich bewegt. Ein Mädchen hat sogar angefangen zu weinen, als Andrea Kutsch ihr mitteilte, dass das Gespräch positiv verlaufen sei. Vielleicht fühlt sich Gutowski, der sonst nichts mit Pferden zu tun hat, auch wegen dieser Gefühlsausbrüche an die Fernsehshow *Germany's Next Topmodel* erinnert. Ein bisschen käme es ihm so vor, als säße er neben Heidi Klum, witzelt er und setzt grinsend hinzu: »Heute haben wir leider kein Foto für dich.« Doch auch wenn Andrea Kutsch äußerlich Klum nicht ganz unähnlich ist: Sie ist netter und spannt die Kandidatinnen auch nicht so auf die Folter. Wenn ihr eine Bewerberin gefällt, sagt sie: »Ich bin ganz begeistert.« Und die Bewerberinnen sind selbstbewusster als die Topmodel-Kandidatinnen. »Ich möchte geschliffen werden«, sagt Isabel. »Ich möchte das alles vertiefen und ausarbeiten, was in mir liegt.« Und auf Gutowskis Frage, wo sie sich in zehn Jahren sieht, antwortet Laura: »Dass man mich dann kennt und dass ich gefragt bin.« Dieses Selbstbewusstsein rührt wohl auch daher, dass der Studiengang gebührenpflichtig ist. Bei 920 Euro pro Monat sind die ISS und die Andrea Kutsch Akademie auch Dienstleister. Man kann jedes Semester im

Voraus einzeln bezahlen oder gleich das gesamte sechssemestrige Studium auf einmal. 33.000 Euro wären das dann.

Für Isabel steht außer Frage, dass die Investition sich lohnt. Sie sieht das Bachelor-Studium als logische Fortsetzung ihres Werdegangs. Mit elf setzte sie durch, Reitstunden nehmen zu dürfen. »Von Anfang an hatte ich diesen Blick, dass da was nicht stimmen kann.« Früh hat sie sich um Problempferde gekümmert, man rief sie zur Hilfe, wenn Pferde nicht mehr reitbar waren. Das Geld sieht sie nicht als Problem. »Was du dafür bekommst, ist, dass du diesen Traum leben kannst.« Deshalb wird sie nun auch ihr Wirtschaftswissenschaften-Studium in Frankfurt ohne zu zögern abbrechen. Ihr Vater, ein selbstständiger Unternehmer, habe ihre Entscheidung, sich in Hamburg zu bewerben, begeistert kommentiert: »Endlich tust du mal was für dich, nicht nur für die Ehre der Familie.« Und auch Andrea Kutsch verweist noch einmal auf die enormen Möglichkeiten, die sich auf dem Pferdemarkt bieten. 14 Millionen reitsportbegeisterte Menschen gebe es in Deutschland. »Die meisten, die ein eigenes Pferd haben, lieben es und wollen das Beste dafür«, sagt sie. »Sie haben aber heute ein größeres Bedürfnis, dass alles in der Ausbildung des Pferdes richtig gemacht wird. Der Markt hat eine höhere Sensibilität für das Thema Sicherheit.« Das Bewusstsein dafür, dass Reiten eine hochgefährliche Sportart ist, dass Fehler bei der Pferdeausbildung für den Reiter tödlich sein können, sei gewachsen. Die Menschen wollten das Risiko minimieren, für ihr Kind ein Pony zu kaufen, mit dem dann ein Unfall geschehe, weil es nicht so sorgfältig eingeritten wurde wie nötig. »65 Prozent der Pferde, die geschlachtet werden, landen wegen aggressiver Verhaltensweisen auf dem

Schlachthof«, sagt Kutsch. »Aber die Menschen wollen ihre Pferde ja nicht zum Schlachter bringen. Wenn sie es doch tun, sind sie einfach am Ende aller Möglichkeiten angelangt, ihrem Pferd noch helfen zu können.« Deshalb ziele ihre Methode in eine Marktlücke. »Wir haben eine hundertprozentige Trefferquote«, sagt sie. »Wenn jemand beispielsweise sein Pferd nicht verladen kann: Wir lösen das.«

Wissenschaftliche Studien untermauern die Überlegenheit von gewaltfreien Alternativmethoden wie der von Andrea Kutsch oder Monty Roberts. Forscher um Veronica Fowler vom Institute for Animal Health im britischen Guildford verglichen beispielsweise für eine Untersuchung Pferde, die mit herkömmlichen Methoden angeritten wurden, mit Pferden, die nach den Regeln von Monty Roberts trainiert wurden. Die Pferde aus der Monty-Roberts-Gruppe waren nicht nur weniger gestresst, was sich in einer niedrigeren Herzfrequenz beim Training äußerte, sie bekamen von Sportrichtern, denen sie vorgeführt wurden, auch bessere Noten. Auch Andrea Kutsch hat ihre Methode schon in einer Studie mit 800 jungen Pferden aus dem Gestüt des Spring-Olympiareiters Paul Schockemöhle in Mecklenburg-Vorpommern untersucht. 400 Pferde wurden herkömmlich ausgebildet, 400 »gekutscht« – dieses Verb hat Andrea Kutsch für ihren Ausbildungsstil gefunden. Am Ende stammten 80 Prozent der Pferde, die auf der »Performance Sales International« im niedersächsischen Ankum landeten, der exklusivsten internationalen Eliteauktion, aus ihrer Gruppe, der Gruppe der »gekutschten« Pferde – ein echter wirtschaftlicher Vorteil also, der später auch für die Absolventen sprechen werde.

Gutowski fragt trotzdem vorsichtshalber jede Bewerberin, ob die Familie denn hinter der Entscheidung stehe. »Meine Eltern sind total begeistert«, antwortet Katharina, 18. »Wir sind halt eine Pferdefamilie. Wir machen Bodenarbeit, total viele Ausritte, wir sehen die Pferde als Partner.« Sie habe mit ihren Eltern zwar auch über andere Studiengänge gesprochen, zum Beispiel Architektur oder Medizin wie ihr Vater, der Arzt ist. »Aber ich will meine Leidenschaft in meinen Beruf mitnehmen. Wenn du ein Pferd einmal als Partner gewonnen hast, dann bleibt es dein Partner für immer. Das ist etwas, was man in anderen Branchen nicht hat.« Katharina ist im vergangenen Jahr mit ihrem Pferd Billy Deutsche Jugendmeisterin im Westernreiten geworden, in der Disziplin »Showmanship at Halter«. Dabei führt der Teilnehmer das Pferd vom Boden aus und darf nicht den Kopf oder den Zaum des Tieres berühren, nur das Ende des Strickes in der Hand halten. »Die Fähigkeit des Vorstellens wird beurteilt«, erklärt Katharina – es geht also, schlicht gesagt, wohl wirklich um Kommunikation zwischen Mensch und Pferd.

Später, bei einer Tasse Kräutertee am Stehtisch im Empfangsbereich, erzählt Katharina, dass sie sich viel mit anderen Westernreitern unterhalten habe, während sie mit Billy, einem Quarter Horse, für die Prüfung trainierte. »Ich habe zum Beispiel gefragt: Wie trainierst du denn die Hinterhandwendung? Und dann lautete die Antwort oft: Dann klatsch ich dem einfach mal den Strick dagegen.« Das, sagt sie, finde sie nicht ideal. Sie habe schon früh gemerkt, dass sie bei Billy mit Leistungsdruck nicht weiterkomme.

Katharina steht mit ihrem Unbehagen nicht allein. Im Jahr 2011 notierten die Veterinärmedizinerin Ellen Kienzle und die beiden Psychologen Reinhold Bergler und Tanja Hoff in einer Studie über junge Reiterinnen, was heutzutage in den Augen von Mädchen und Frauen einen schlechten Reitlehrer ausmacht: Er übt Druck auf Reiter und Pferd aus oder setzt starke Hilfsmittel ein, zum Beispiel »scharfe Sporen, scharfe Gebisse oder Hilfszügel«. Besonders schlimm sei aber eine aggressive Grundhaltung gegenüber dem Pferd: »Es wird nur von ›blöden Böcken‹ geredet, die Sprache verleugnet das Pferd als Mitgeschöpf und empfindsames Wesen«, schreibt Kienzle in einer Einführung in das Thema. Bergler und Hoff analysierten dann Interviews mit 200 Pferdebesitzerinnen zwischen 15 und 29 Jahren. Sie konnten zwei unterschiedliche Typen ausmachen: die passionierte Reiterin, der das Wohl ihres Pferdes über alles geht, die sich in einem ständigen Lernprozess befindet und starke Glücksgefühle im Umgang mit dem Pferd erlebt, und die Schönwetterreiterin, die weniger ehrgeizig, wenn auch naturverbunden ist und deren Stimmung gegenüber dem Pferd und dem Reiten oft wechselt.

Kutschs Studentinnen gehören wohl zum ersten Typ. Zehn, höchstens fünfzehn junge Frauen werden den neuen Studiengang antreten. Auch unter den Bewerbern waren 80 Prozent Frauen. Viele Wissenschaftler haben schon darüber gemutmaßt, warum sich hauptsächlich Mädchen für Pferde interessieren. Einige Forscher halten das Pferd für ein Übergangsobjekt – zwischen den Puppen der Kindheit und den eigenen Kindern im Erwachsenenleben. Die Frankfurter Genderforscherin Lotte Rose erklärte das Phänomen psychoanalytisch: Im Pferdestall entdeckten die Mädchen einen Gegenentwurf zu ihrer strengen Lebenswelt, in der sie auf

Sauberkeit und ein adrettes Äußeres getrimmt würden. Handfeste Untersuchungen sind rar, aber viele weitere Thesen kursieren, etwa die, dass Mädchen anfällig für die Pferde- und Reitbegeisterung sind, wenn sie als Säugling von ihren Eltern zu wenig auf dem Arm getragen wurden.

Die größte Studie zu dieser Frage fertigte der Kasseler Psychologe Harald Euler in den Neunzigerjahren an. 140 Mädchen auf Reiterhöfen beantworteten Fragen zu dem Pferd, das sie regelmäßig ritten – etwa, ob sie es in einer Katastrophensituation retten würden oder es jemals gegen ein anderes Pferd eintauschen würden. Den meisten Mädchen, fand Euler heraus, war das Pferd sogar wichtiger als Mutter, Vater und beste Freundin. Am Ende kam er zu dem Schluss, dass es sich um ein typisches Bindungsphänomen handele. Über die Unterschiede zwischen Frauen, die Pferde mögen, und denen, die sich weniger dafür interessieren, weiß man aber noch immer nichts. Die Forschung zur Beziehung zwischen Mensch und Tier hat sich auf andere Schwerpunkte konzentriert. Bindungsphänomene und die Bindungspsychologie im Allgemeinen stehen dabei allerdings inzwischen ganz oben auf der Agenda.

6. Das Café der lächelnden Menschen

Bindung und das Hormon Oxytocin: Wissenschaftler finden die Ursachen, warum Menschen an ihren Tieren hängen – und von ihnen profitieren. Ganz ohne Hintergedanken wird das Ganze aber nicht erforscht: Immer mehr Pädagogen und Therapeuten träumen davon, sich in ihrer Arbeit von einem Lama oder einem Hund unterstützen zu lassen.

Hier lächeln sich alle an. Breit, selig und verständnisinnig. Der junge Mann, der einen auf dem engen Gang zum Klo vorbeilässt. Die junge Frau mit der abgewetzten Lederjacke, die auf dem Boden hockt und einen Siamkater streichelt. Sie merkt, dass sie beobachtet wird, schaut hoch – und lächelt. Der Teenager, der mit seinem auf Kameramodus gestellten Smartphone an den Nachbartisch tritt, weil der schwarz-weiße Balou dort neben einem Glas Apfel-Kirsch-Schorle hockt und ein so schönes Bild abgibt. Das Mädchen, das für den roten Gizmo ein kleines weißes Kissen über den Boden sausen lässt.

»Ich kenne kein anderes Café, in dem die Leute so viel grinsen«, sagt Thomas Leidner, der Inhaber des Café Katzentempel in Schwabing. Leidner, 31, hat das Café im angesagten Münchner Norden erst im Mai eröffnet. Jetzt ist Oktober, und am Wochenende muss man gar nicht erst kommen, ohne vorher reserviert zu haben. Manchmal bildet sich vor der Kasse eine Schlange von dreißig Leuten, die auf einen Platz warten. Sie alle wollen in Deutschlands erstem Katzencafé essen und trinken – und die sechs Katzen streicheln, die hier leben.

Heute, an einem späten Freitagnachmittag, sind noch genau zwei Tische frei. Im Café läuft leise Jazzmusik. Vor der Kasse stehen zwei Männer und eine Frau und beugen sich gemeinsam zu einer schwarz-weißen Katze herunter. Alle haben dieses Lächeln im Gesicht. Die Frau streicht wieder und wieder über den Kopf der Katze. Der Mann, ein Enddreißiger im Kapuzenpulli mit schon leicht angegrauten, üppigen Locken, lässt ein Fellknäuel vor dem Gesicht der Katze auf und ab wippen. Irgendwann springt der Kater auf, landet mit einem Satz auf dem Tresen, läuft behände über die elektronische Kasse und zieht sich auf einen der Tische neben eine lesende Cafébesucherin zurück. Später folgt ihm der Mann mit den Locken noch mal, doch da huscht Balou in den Gang zu den Toiletten. Das Lächeln auf dem Gesicht des Mannes erstirbt. »Ich erlebe jeden Tag, wie sehr die Leute sich freuen, wenn die Katzen zu ihnen kommen«, sagt Leidner. »Und wie groß die Enttäuschung ist, wenn sie von den Katzen ignoriert werden.«

Um 20 Uhr schließt das Café. Es wird eine kalte Nacht, obwohl es erst Anfang Oktober ist. Am nächsten Morgen ist der Himmel wolkenlos, die Sonne scheint hell durch die Glaskuppel in den Lichthof im Hauptgebäude der Ludwig-Maximilians-Universität. Hier im großen Audimax, zwei Querstraßen vom Café Katzentempel entfernt, steht Kerstin Uvnäs-Moberg an einem Pult. Die schwedische Physiologin ist 69, sie hat ihr wissenschaftliches Lebenswerk der Frage gewidmet, was in den Momenten im Körper passiert, wenn Mütter stillen, Menschen massiert werden – oder eine Hand über das seidige Fell eines Tieres fährt. Sie ist eine Spezialistin dafür, das Hormon Oxytocin zu messen, das als »Kuschel-«, »Liebes-« oder »Bindungshormon« längst auch Nicht-Wissenschaftlern bekannt ist. An diesem Tag spricht Kerstin Uvnäs-Moberg vor knapp tausend deutschen Ärzten, Psychologen, Hebammen und Pädagogen über ihr Forschungsthema. Zunächst gibt sie ihnen einen Grundkurs über Ursprungsort und Wirkung des Hormons. Dann sagt sie auch ein paar Worte dazu, wie man Oxytocin möglicherweise bald in der Klinik einsetzen kann – als ein Medikament für kranke Menschen. Das gehört nicht mehr zu Uvnäs-Mobergs eigenem Forschungsbereich. Sie macht Grundlagenforschung und hat beispielsweise herausgefunden, dass der Oxytocinspiegel im Blut von Hündinnen steigt, während sie ihre Welpen säugen. Die meisten Versuche machte Uvnäs-Moberg mit Ratten. Gibt man ihnen Oxytocin, steigt ihre Schmerzschwelle, sie sind weniger empfindlich. Verabreicht man ihnen das Mittel mehrfach, kann man langfristige Effekte erreichen: Ihr Blutdruck sinkt deutlich. Ratten lernen auch besser, wenn sie mehr Oxytocin im Blut haben. Sie legen schneller an Gewicht zu, wenn sie Oxytocin erhalten. Gibt man den Tieren ein Antidepressivum, steigt der Gehalt an Oxytocin in ihrem Blut. Als Uvnäs-Moberg und ihre Kollegen diesen Effekt Ende der Neunzigerjahre erkannten, mutmaßten sie, dass der Anstieg des Hormons einer der Hauptgründe sein könnte, warum Tabletten gegen Depressionen überhaupt wirken.

Entdeckt worden war Oxytocin Anfang des 20. Jahrhunderts von Sir Henry Dale, einem britischen Biochemiker. Er stellte fest, dass die Gebärmutter trächtiger Katzen sich zusammenzog, wenn man den Tieren ein Extrakt aus der Hirnanhangsdrüse verabreichte. Die Entdeckung führte dazu, dass man Extrakte dieser Art bald in der Geburtshilfe anwandte, um Säuglingen auf die Welt zu helfen. Ein paar Jahre später erkannte Dale auch, welche Substanz konkret hinter dem Effekt stand: Oxytocin. Es wird in Zellen des Hypothalamus, eines Gehirnteils, gebildet und in der Hirnanhangsdrüse gesammelt, bevor es abgegeben wird. Der Begriff, den man für den Stoff fand, setzt sich aus zwei altgriechischen Wörtern zusammen, die »schnelle Geburt« bedeuten.

Lange setzte man Oxytocin ein, um Menschen und Tiere in den Wehen zu unterstützen. Doch heute weiß man um die grundlegende Antistress-Wirkung des Hormons. »Oxytocin: the great facilitator of life«, so nannten amerikanische Forscher im Jahr 2009 eine große Überblicksstudie, in der sie die Funktionen von Oxytocin würdigten – eine Substanz, die das gesamte Leben erleichtert. Sie macht Bindungen zwischen Partnern und zwischen Mutter und Kind möglich, fördert die Geburt und das Stillen, erzeugt Vertrauen. Kerstin Uvnäs-Moberg und andere Wissenschaftler haben in Versuchen mit Freiwilligen getestet, wie es den Menschen verändert, wenn man ihm Oxytocin verabreicht: Oxytocingaben scheinen die Fähigkeit zu steigern, sich Gesichter zu merken, sie verbessern die Soft Skills und machen Menschen großzügiger. Die Rezeptoren, an denen das Hormon andockt, um solche Wirkungen zu vermitteln, sind über viele Teile des Gehirns verstreut, aber auch im Uterus, in der Milchdrüse, im Herzen und in vielen anderen Organen und Geweben verteilt. Schon jetzt wird der sagenhafte Ruf, der Oxytocin vorauseilt, kommerziell genutzt: Es ist als Nasenspray zu kaufen, beispielsweise über Amazon, das Produkt heißt »Liquid Trust«. Unter den Kundenrezensionen finden sich zufriedene Berichte schüchterner junger Männer und auch der Beitrag eines Großvaters, der das Spray gekauft hat, um seinem autistischen Enkel zu helfen.

Am Ende ihres Vortrags zeigt Kerstin Uvnäs-Moberg eine Folie mit einer Liste von Krankheiten. Autismus. Schizophrenie. Drogensucht. Angststörungen. Depression. Bei all diesen Krankheiten probieren Wissenschaftler schon aus, ob es hilft, Oxytocin zu verabreichen – als Nasenspray etwa. Man weiß, dass bei vielen dieser Störungen die Oxytocinlevel im Körper erniedrigt sind. Die geringe Konzentration ist vielleicht genetisch bedingt, vielleicht hat sie auch etwas mit misslungenen Bindungserfahrungen im Leben der Patienten zu tun. Hier ist die Schnittstelle zu dem Thema des Kongresses, auf dem die schwedische Wissenschaftlerin zu Gast ist.

Die Tagung beschäftigt sich mit den Zusammenhängen zwischen den Bindungserfahrungen, die Menschen in ihrem Leben machen, und psychischen Erkrankungen. Ein deutscher Mediziner spricht über Fibromyalgie, ein Schmerzsyndrom, das Muskeln und Gelenke am ganzen Körper betrifft. Zwei bis vier Prozent der Bevölkerung leiden daran; es befällt vor allem Frauen. Erst in den vergangenen zehn Jahren hat man aufgehört, es als rheumatologische Erkrankung zu betrachten. Man geht jetzt davon aus, dass das Gehirn von Fibromyalgie-Patienten in der Kindheit so stark gestresst worden ist, dass ein Schwellenwert verstellt wurde: Die Betroffenen sind überall am Körper besonders schmerzempfindlich, sie sind auch geruchs- und geräuschempfindlicher als andere Menschen. Der deutsche Klinikleiter, der über die Krankheit spricht, erklärt, dass die Patienten in der Vergangenheit familiäre Situationen erlebt haben, die durch Stress und Unkalkulierbarkeit geprägt waren – beispielsweise durch einen alkoholabhängigen Vater. Eine Rolle können auch überkommene Vorstellungen von Kindererziehung spielen: Noch vor wenigen Jahrzehnten hat man schreiende Säuglinge mit dem Kinderwagen in den Garten gestellt, »Schreien stärkt die Lungen« lautete damals die Devise. Schreien sei aber ein Bindungssignal, erklärt der Referent. Wenn ein Kind durch Schreien immer auf der Terrasse lande, gewöhne es sich dieses Signal ab. Als Erwachsene werden die Betroffenen dann Perfektionisten. Sie versuchen, nie jemanden um etwas zu bitten, und grenzen sich so selbst aus; sie suchen Aufmerksamkeit durch Altruismus, versuchen, immer zu funktionieren, alles zu kontrollieren und ihre Gefühle abzuschalten.

Eine weitere Referentin zeigt Filme von Kindern, die sie am Uniklinikum München behandelt. Es sind Kinder mit einer schweren Aufmerksamkeits- und Hyperaktivitätsstörung. Sie hat herausgefunden, dass diese Kinder überdurchschnittlich viele traumatische Lebensereignisse hinter sich hatten, bei denen sie den Verlust von Bindungspersonen erlitten, etwa den Tod eines nahen Familienmitglieds. Konfrontiert man sie in einem Versuch mit Bildern, die das Thema Bindung zum Inhalt haben, dann reagieren sie gestresster als gesunde Gleichaltrige. Die junge Referentin stellt damit ein Konzept infrage, auf das man sich in der Kinder- und Jugendpsychiatrie lange geeinigt hatte: Hyperaktivität habe etwas mit der Gehirnentwicklung zu tun, am besten bekomme man schwere

Fälle mit Medikamenten in den Griff. »Was für einen Unterschied würde es machen, wenn die Kinder neue Bindungserfahrungen machen könnten«, sagt die Referentin.

Wieder ein anderer Vortragender hält Asthma für eine Krankheit, die auf ungünstige Bindungserfahrungen in der Kindheit zurückgeht. Ein Redner aus Kanada stellt dar, dass Menschen, die an chronischen Schmerzen leiden, ein noch unglücklicheres Leben führen, wenn sie sich schwertun mit der Bindung an andere Menschen.

Bindung ist so etwas wie ein Zauberwort in der Psychologie geworden. Sie gilt seit Langem als Schlüssel – vielleicht einer von mehreren – zum Verständnis von Menschen und ihren Schwierigkeiten, mit dem Leben zurechtzukommen. Die Wissenschaftler gehen heute davon aus, dass Menschen als Kinder Bindungsstile erlernen, die wiederum auch ihre Beziehungen im Erwachsenenleben beeinflussen. Begonnen hat die Bindungsforschung mit John Bowlby und Mary Ainsworth, einem britischen Psychiater und einer amerikanischen Entwicklungspsychologin, die in den Fünfzigerjahren an der Tavistock Clinic in London zusammenarbeiteten, einer psychoanalytisch orientierten Klinik. Bowlby, der Pionier und Begründer der Bindungsforschung, hatte als junger Mann in einem Internat für verhaltensauffällige Kinder gearbeitet und sich danach dafür entschieden, sich zum Kinderpsychiater ausbilden zu lassen. Sein Hauptforschungsgebiet war die Bindung zwischen Kindern und ihren Eltern, ein Bereich, der in den ersten Jahren nach dem zweiten Weltkrieg mehr Aufmerksamkeit und Förderung als zuvor erhielt, weil es so viele traumatisierte, heimat- und elternlose Kinder gab. Aufsehen erregte Bowlby Anfang der Fünfzigerjahre mit einem Film, der das Leid eines Kleinkinds dokumentierte, das bei einem Krankenhausaufenthalt wie damals üblich längere Zeit völlig von seinen Eltern getrennt wurde.

Um die Qualität einer Bindung zwischen Eltern und Kind einstufen zu können, entwickelte Bowlbys Mitarbeiterin Mary Ainsworth in den Siebzigerjahren den »Strange Situation Test«, der bis heute große Bekanntheit besitzt, weil noch häufig Filme dieses Tests vor Eltern in Krabbelgruppen und Kindergärten gezeigt werden. Ainsworth platzierte Mütter mit deren Kleinkind und einer anderen Person in einen Raum und ließ die Mutter nach einiger Zeit den Raum verlassen. Je nachdem, wie das Kind reagiert, ordnet man es seit Ainsworth' Studien dann einem von vier Bindungstypen zu: sicher gebunden, unsicher-vermeidend, unsicher-ambivalent oder desorganisiert. Bei den letzteren drei Typen haben sich gravierende Störungen in der Beziehung zur erwachsenen Bezugsperson ergeben. Die Kinder sind zurückgewiesen worden, die Bezugsperson ist selbst bedrohlich gewesen oder sie hat mit eigenen Traumata zu kämpfen, wird immer wieder von einer Angst überfallen, die das Kind nicht einordnen kann.

Sicher gebundene Kinder weinen, lassen sich von der Betreuungsperson trösten und freuen sich über die Rückkehr der Mutter. Unsicher gebundene Kinder ignorieren die Trennung und auch die zurückkehrende Mutter, oder aber – bei einem ambivalenten Muster – sie zeigen sich aggressiv bei der Rückkehr. Der desorganisierte Typ zeigt Übersprungshandlungen, Erstarren oder Stereotypien. Dieser Film ist unzählige Male in vielen Ländern und Sprachen gedreht worden. Eine brandneue Fassung ist gerade am Uniklinikum

München entstanden, sie läuft in einer Endlosschleife auf einer Leinwand neben der Kongressanmeldung eine Treppe oberhalb des Lichthofs. Man kann hier die DVD erstehen, für Unterrichtszwecke, um Eltern zu schulen, Psychologiestudenten oder angehende Erzieher. Hier sieht man nacheinander die »Strange Situation Tests« von Amina, Theresa und Nils, drei Kleinkindern, die in einem freundlichen, blau getünchten Raum mit Lego bauen. Amina hört auf zu spielen und weint, als ihre Mutter hinausgeht. Nils geht zur Tür und ruft. Aber Theresa hält nur inne, ihr Gesicht ist ausdruckslos. Schließlich spielt sie weiter mit dem Legobagger.

Das Bindungssystem ist eigentlich robust. Es muss schon recht viel schiefgehen, um eine sichere Bindung nicht gelingen zu lassen. Aber es geht eben auch häufig viel schief – durch Ideologien, Armut, Stress, dadurch, dass Eltern selbst Traumata ausgesetzt waren. Die Referenten in München kommen immer wieder auf die Vergangenheit zu sprechen. Sie erinnern etwa daran, dass man noch in den Sechzigerjahren Babys und Kindern, die wochenlang ins Krankenhaus kamen, keinen Kontakt zu den Eltern gestattet hat – und die Eltern nicht zu ihren Kindern ließ. In der Zeit des Nationalsozialismus entstanden Bücher, die diese verhängnisvolle Ideologie propagierten, sie wirkte in Deutschland noch Jahrzehnte nach. 1934 schrieb die deutsch-österreichische Ärztin Johanna Haarer den Bestseller *Die deutsche Mutter und ihr erstes Kind*, in dem die Medizinerin, eine begeisterte Anhängerin des Nationalsozialismus, Erziehungsgrundsätze formulierte, die darauf abzielten, das Kind abzuhärten. Ein schreiendes Kind solle man ignorieren, schrieb Haarer beispielsweise: »Dann, liebe Mutter, werde hart! Fange nur ja nicht an, das Kind aus dem Bett herauszunehmen, es zu tragen, zu wiegen, zu fahren oder es auf dem Schoß zu halten, es gar zu stillen. Das Kind begreift unglaublich rasch (...). Nach kurzer Zeit fordert es diese Beschäftigung mit ihm als ein Recht, gibt keine Ruhe mehr, bis es wieder getragen, gewiegt oder gefahren wird – und der kleine, aber unerbittliche Haustyrann ist fertig.« Das Buch wurde bis in die Achtzigerjahre verlegt, fand sich in fast jedem deutschen Haushalt. Vor dem Krieg wurde es in »Mutterschulungskursen« verwendet, in der Nachkriegszeit auch in der Ausbildung von Hauswirtschaftslehrerinnen.

Man weiß heute viel über die negativen Folgen dieser Ideologie. Schon John Bowlby war sich sicher, dass Bindungserfahrungen das gesamte Leben eines Menschen bestimmten, dass ein Kind durch die ersten Erfahrungen mit den Eltern ein »Script« für den Verlauf weiterer Beziehungen im Erwachsenenleben mitbekommen würde. Es dauerte allerdings Jahrzehnte, bis andere Wissenschaftler diesen Ansatz wieder aufnahmen. Inzwischen boomt das Thema Bindung in der Forschung.

In der Frage allerdings, wie man die Menschen nach traumatischen Bindungserfahrungen heilen kann, steht die Wissenschaft noch ziemlich am Anfang. Aber schon 1980 erschien eine Publikation, die erstmals die Tiere ins Spiel brachte. Die amerikanische Biologin Erika Friedmann veröffentlichte damals einen Vergleich zwischen verschiedenen Patienten, die wegen eines Herzinfarktes in eine Notfallambulanz eingeliefert worden waren. Die eine Gruppe hielt Haustiere, die andere nicht. Ein Jahr nach der Behandlung des Infarktes waren drei Prozent der Tierhalter verstorben – aber 28 Prozent derjenigen, die keine Tiere hielten.

Damals wusste man nicht, wie diese Ergebnisse zu erklären sind. Man fand sie einfach nur spektakulär. Niemand brachte die Studie mit dem Thema Bindung oder mit Oxytocin zusammen. Etwas später schossen dann die unterschiedlichsten Theorien ins Kraut – auch spirituelle. Man nahm beispielsweise an, dass Menschen von Haustieren profitieren, weil unsere Vorfahren ein natürliches, schamanisches Verhältnis zu wilden Tieren gehabt haben, das nicht mehr gebraucht wurde, als die Menschen sesshafte Viehzüchter wurden und die Jagd aufgaben. Die spirituelle Kontaktaufnahme zu Beutetieren geriet danach in Vergessenheit, sie war nicht mehr nötig, um Nahrung zu beschaffen. Seitdem fehlt dem Menschen in dieser Sichtweise aber das regelmäßige Sich-Hineinversetzen, das Sich-Identifizieren mit Tieren für seine körperliche und psychische Gesundheit, ein Verlust, der durch das Zusammensein und Mitfühlen mit Haustieren zum Teil wieder wettgemacht werden kann.

Erst später begann man, Menschen für Studien unter festgelegten Bedingungen Kontakt zu Tieren zu ermöglichen und dann Hormone in Körperflüssigkeiten zu messen. Man fand Auswirkungen auf die Menge an Cortisol, eines Stoffs, der bei Stress ausgeschüttet wird – und außerdem auf die Wundersubstanz Oxytocin.

In München ist aber an diesem Tag nur ganz selten die Rede von Tieren. Ein Arzt, der in seiner Klinik mit Drogenabhängigen arbeitet, erwähnt in seinem Vortrag flüchtig, wie sehr die Patienten an ihren Hunden hängen – das habe auch etwas mit Bindung zu tun. Kerstin Uvnäs-Moberg sagt in der

Diskussionsrunde auf der Bühne nach der ersten Hälfte der Tagung, dass ein Hund den Blutdruck so stark senken könne wie Medikamente.

Später, im Senatssaal der Universität, drei Treppen oberhalb des Lichthofs, verbringen die Referenten ihre Pause bei Kaffee, Tee und Apfelkuchen. Weiches Herbstlicht fällt durch die großen Bogenfenster. Kerstin Uvnäs-Moberg sagt, dass sie glaubt, der Kontakt zu Tieren helfe vielleicht sogar noch besser als die Sprays, die man derzeit testet. »Es ist dieselbe Sache, aber man regt das Gehirn an, selbst Oxytocin auszuschütten«, sagt sie. »Es ist der natürliche Weg.«

Ein paar Wochen zuvor hat sie mit vier deutschen Wissenschaftlern ein Fachbuch über genau dieses Thema veröffentlicht: *Bindung zu Tieren* heißt es. In dem Buch findet sich eine sechs Seiten lange Tabelle mit allen Studien, die bislang positive Effekte von Tierkontakt auf die menschliche Psyche und den Körper nachgewiesen haben: Versuchspersonen, die man bewusst stresste, konnten ihre Angst besser überwinden, wenn sie Tiere streicheln durften. Patienten mit Bluthochdruck verbesserten ihre Werte, nachdem sie sich ein Haustier zugelegt hatten. Katzenbesitzer gaben seltener an, schlecht gelaunt zu sein, als Nicht-Katzenbesitzer. Psychiatriepatienten empfanden weniger Angst auf einen Stressreiz hin, wenn sie zuvor in einem Wartezimmer mit einem Aquarium gesessen hatten, als wenn es ein Wartezimmer ohne Aquarium gewesen war. Autistische Kinder zeigten nach drei Monaten Teilnahme an therapeutischem Reitunterricht mehr soziale Verhaltensweisen als eine Kontrollgruppe. Besonders häufig sind die Auswirkungen einer Interaktion mit Hunden untersucht worden. In einer Bilanz schreiben die Autoren: »Alles in allem weisen diese Studien auf eine Verbindung hin zwischen der sozialen Interaktion von Menschen mit Hunden und einem Anstieg der Oxytocin-Level bei beiden, Mensch und Hund. Also ist Oxytocin wahrscheinlich maßgeblich daran beteiligt, die Effekte von Mensch-Tier-Interaktionen zu orchestrieren. Körperlicher Kontakt – Streicheln des Tieres als Teil der Interaktion – scheint dabei eine wichtige Rolle zu spielen, genauso die Bindung des Menschen an den Hund.«

Trotzdem räumen sie ein, dass man die bisherigen Ergebnisse mit Vorsicht genießen solle. Nicht in allen Studien, in denen man Oxytocin gemessen hat, seien auch anerkannte, genaue Verfahren gewählt worden. Insofern könnten die Daten verfälscht sein. Oxytocin ist schwierig zu messen, weil es ein Peptid ist, ein sehr kleines Eiweiß, und schnell zerfällt. Und die Studien, die bisher bei Tierhaltern oder bei Versuchspersonen, denen man Tierkontakt ermöglichte, Oxytocin in Blutproben gemessen haben, widersprechen sich. Ein Forscherteam aus Südafrika veröffentlichte im Jahr 2003 eine Studie, für die achtzehn erwachsene Probanden und achtzehn Hunde zusammengebracht wurden. Die Teilnehmer saßen in einem ruhigen Raum auf dem Boden, streichelten den Hund, redeten und spielten mit ihm. Zuvor und im Anschluss gewannen die Forscher Blutproben von den Menschen und Hunden. Bei beiden waren die Gehalte an Oxytocin und mehreren anderen Hormonen und Signalstoffen gestiegen. Es gibt aber auch andere Ergebnisse: Japanische Wissenschaftler fanden im Jahr 2009 nur einen Anstieg von Oxytocin im Blut von Hundehaltern, deren Hunde eine enge Bindung zu ihnen hatten. Die Wissenschaftler interpretierten die längeren Blicke, die die Hunde den Probanden beim Spiel schenkten, als Zeichen einer engeren Bindung. Das würde bedeuten, dass nur Menschen profitieren, die eine Bindung zu ihrem Haustier aufgebaut haben – der Kontakt zu beliebigen Tieren allein würde dann wenig nützen. Zudem gibt es Studien zum Kontakt von Menschen mit Tieren, die gar keinen Anstieg von Oxytocin registrierten oder nur bei Frauen eine Ausschüttung des Hormons feststellen konnten, bei Männern hingegen nicht.

Man steht also in gewisser Weise immer noch ganz am Anfang. Im Senatssaal in München bedauert Kerstin Uvnäs-Moberg, dass so wenige Biowissenschaftler die Mensch-Tier-Beziehung erforschen. Sie selbst konnte nur ein paar Anregungen geben, ihre Forschung ist zwar harte biologische Wissenschaft mit Tierversuchen, Blutproben und Messungen im Labor, aber die Mensch-Tier-Beziehung ist eigentlich nie ihr Schwerpunkt gewesen. In Schweden kämen die meisten Wissenschaftler, die auf dem Gebiet arbeiten, keineswegs aus der Biologie, Biochemie oder Medizin, sagt Uvnäs-Moberg. Deshalb fehlten noch immer harte Daten aus dem Labor. »Die meisten beteiligten Forscher haben keine Kenntnisse in naturwissenschaftlichen Arbeitsmethoden«, sagt sie. Auch an hinreichend exakten Messverfahren fehle es noch. Nur in Amerika laufe es etwas besser. Dort erhielten Forschungsarbeiten über solche Themen immerhin offizielle Förderungen von den National Institutes of Health, einer Behörde für biomedizinische Forschung, die an das Gesundheitsministerium angeschlossen ist.

Fragt man deutsche Wissenschaftler, die sich mit der Mensch-Tier-Beziehung beschäftigen, nach ihrem Forschungsfeld, dann klingt das, was sie erzählen, sehr ähnlich. »Ja, diese Mensch-Tier-Themen ...«, sagt die Psychologin Andrea Beetz, während sie Wasser in die Kaffeemaschine in ihrer Küche gießt. »Die Studierenden lieben sie und die Journalisten auch. Aber ansonsten ... Es gibt in dem Bereich immer noch große Probleme mit der Forschungsfinanzierung. Das wurde erst in den letzten ein, zwei Jahren etwas besser.«

Der Weg zu Andrea Beetz' Praxis in Erlangen führt entlang an den Universitätsgebäuden der Stadt, an Linden und Ahornbäumen, und auch am Psychologischen Institut. In Erlangen ist Beetz aufgewachsen, hier hat sie Psychologie studiert, und hier lehrte in den Achtziger- und Neunzigerjahren auch Erhard Olbrich, der als einer der wichtigsten Experten für die Mensch-Tier-Beziehung gilt. So kam seine Studentin Andrea Beetz zu diesem Forschungsthema, über das sie promovierte und in wenigen Monaten auch habilitiert haben wird. Die 37-Jährige ist heute eine der wenigen deutschen Biowissenschaftler, die sich mit der Beziehung zwischen Menschen und Tieren beschäftigen.

In Beetz' Küche steht eine ganze Batterie von Starbucks-Tassen aus verschiedenen Städten der Welt. Beetz füllt »Kuala Lumpur« und »Toronto« mit Kaffee und sagt, das Sammeln der Starbucks-Becher sei eigentlich eine Marotte ihres Mannes. Er sei viel in Asien unterwegs, sie eher in Europa und Nordamerika, von wo sie dann ihm zuliebe auch manchmal Becher mitbringe. Man hat also Glück, wenn man Andrea Beetz hier in ihrer Heimatstadt Erlangen antrifft. Sie hat eine halbe Stelle in Wien und fährt regelmäßig nach Rostock, wo sie habilitiert und einen Lehrauftrag zu erfüllen hat. Gerade bereitet sie sich auch wieder einmal auf eine

USA-Reise vor: Der Kongress der International Association of Human-Animal Interaction Organizations (IAHAIO) in Chicago steht bevor; sie ist in diesem Jahr Secretary der Veranstaltung, ein hoher Posten, der ihr viel Anerkennung bringt in der weltweiten Community der Wissenschaftler, die sich mit der Erforschung der Mensch-Tier-Beziehung befassen.

Ihre Wohnung im Norden der Stadt liegt in der Nachbarschaft des Hauses, in dem Andrea Beetz aufgewachsen ist. Ein Stockwerk darunter hat sie eine Hypnosepraxis eingerichtet, ihr zweites berufliches Standbein. Denn ob sie von der Erforschung der Mensch-Tier-Beziehung dauerhaft wird leben können, weiß Beetz noch immer nicht. Damit teilt sie das Schicksal vieler junger Wissenschaftler, die letztlich alles auf eine Karte setzen müssen, wenn sie sich für eine Laufbahn in der universitären Forschung entscheiden. Viele hangeln sich jahrelang von einer Befristung zur nächsten. Andrea Beetz ist immerhin in besonderer Weise erfolgreich gewesen auf ihrem Gebiet. Schon während ihres Studiums erhielt sie ein Stipendium von der bayerischen Begabtenförderung, mit 23 Jahren hielt sie ihr Diplom in Händen, ging in die USA, um zu promovieren, ganz gezielt über ein Mensch-Tier-Thema. Mit 26 war sie promoviert, Note: summa cum laude. Heute ist Beetz Mitglied in wichtigen Zirkeln, Mitautorin von Büchern, an denen die renommiertesten Wissenschaftler des Feldes beteiligt sind, sie wird zu Symposien eingeladen, hat Stipendien und Fördergelder erhalten. Dennoch bezeichnet sie ihre Spezialisierung noch immer als Wagnis. Ob es überhaupt so klug war, ihren Weg so zu gehen, wie sie es getan hat, weiß sie nicht. »Wenn ich heute jemanden beraten würde, dann würde ich ihm etwas anderes empfehlen«, sagt sie. Vor allem würde sie niemandem raten, das Thema Sodomie zu beforschen – sexuelle Beziehungen zwischen Menschen und Tieren. Beetz hat das in ihrer Doktorarbeit getan. Sie wertete darin die Angaben jugendlicher Sexualstraftäter aus; dabei ging sie der Frage nach, ob diese Jugendlichen in ihrem Leben positive oder negative Erfahrungen mit Tieren gemacht oder sogar Tierquälereien begangen oder Tiere sexuell missbraucht hatten. Außerdem befragte Beetz für die Dissertation Menschen aus verschiedenen Ländern, die sexuelle Beziehungen zu Tieren hatten und bereit waren, darüber Auskunft zu geben.

Obwohl ihre Dissertation sehr gut bewertet wurde, hatte Beetz mit dem Thema Sodomie mehr Schwierigkeiten als Erfolg. »Ich fand das spannend damals, weil ich mich im Studium viel mit sexuellen Deviancen befasst hatte«, sagt sie. »Rückblickend würde ich das unter taktischen Gesichtspunkten nicht mehr machen. Man wird mit dem Thema nicht auf Vorträge eingeladen und wenn doch, dann sitzen die Leute da verkrampft.« Mit Forschungen zu reiner Tierquälerei beispielsweise, glaubt Beetz, könne man in der Wissenschaftscommunity mehr Lorbeeren ernten. Was es für ihre spätere Entwicklung bedeutet, wenn Kinder und Jugendliche Grausamkeit gegenüber Tieren zeigen, und ob das bereits auf eine Persönlichkeitsstörung hinweist, ist eine Frage, die viele Forscher interessiert.

Heute ist sich Andrea Beetz sicher, dass diejenigen ihrer Forschungsprojekte, in denen es um Bindung ging, immer am wichtigsten waren für ihre Laufbahn. Sie war immer auch an Studien zur Bindungsforschung beteiligt, in denen Tiere nicht vorkamen. Als sie sich vor ein paar Jahren um eine Habilitationsstelle bemühte, waren viele Lehrstuhlinhaber bereit, sie zu fördern. Aber sie hat auch Sätze wie diese gehört: »Sie können gern kommen. Aber bitte erwähnen Sie kein Tier.«

Woher kommt diese Skepsis? Andrea Beetz überlegt. »Wenn man lange in dem Feld ist, bekommt man natürlich auch mit, was alles nicht klappt, welche Studien am Ende nicht publiziert werden«, sagt sie. Und wenn doch einmal eine Untersuchung akribisch durchgeplant und mit modernen Methoden umgesetzt wird, dann zeigt das Ergebnis am Ende sogar manchmal, dass die Tiere sich doch nicht durchschlagend positiv auf die Probanden auswirken. Beispielsweise konnten deutsche Wissenschaftler in den vergangenen Jahren feststellen, dass Tierkontakt die psychosozialen Fähigkeiten von Demenzpatienten verbessert. War die Demenz fortgeschritten, hielten diese positiven Effekte aber nicht langfristig an.

Vor allem aber sieht Beetz in Projekten aus dem Bereich dieselben Mängel wie Uvnäs-Moberg: »Wenn wir die Forschung auch mal anerkannt bekommen wollen, müssen wir von diesen weichen Daten weg hin zu harten.« Das heißt vor allem: Probanden und Patienten sollte man nicht einfach nur befragen und Protokolle darüber führen, sondern man muss unbestechliche Messwerte liefern. »Gerade wenn Kinder eine unsichere Bindung haben, dann sagen sie: ›Ach, mir geht's gut.‹ Sie vermeiden es, sich mit ihren Problemen zu beschäftigen.« Eine reine Befragung nützt wenig, um etwa festzustellen, wie solche Kinder vom Zusammensein mit einem Hund oder einem Pferd profitieren können. Andrea Beetz plädiert dafür, Methoden unterschiedlicher Disziplinen zu kombinieren: die Fragebögen der Psychologie mit Verhaltensbeobachtungen per Video, wie sie seit Langem in der Biologie üblich sind, und mit Messungen aus der Physiologie, also etwa Kontrollen der Herzfrequenz oder der Stresshormone. Nur so könne man Studien über die Mensch-Tier-Beziehung zukünftig auch in allgemeinen Psychologie- oder Psychiatrie-Fachmagazinen platzieren und nicht nur in den Spezialjournalen wie *Human Animal Studies* oder *Anthrozoös*.

Andrea Beetz selbst beherzigt diese Grundsätze, wenn sie Studien plant. Eine ihrer neuesten Arbeiten bringt Mütter, die sich in Tests als unsicher gebunden erwiesen haben, und deren ein bis zwei Jahre alte Kinder mit Pferden zusammen. Eine Kontrollgruppe erhielt eine Spieltherapie ohne Tier. Ausgesucht wurden für beide Gruppen vorwiegend alleinerziehende Mütter, bei denen die Wahrscheinlichkeit, dass ihre Bindung zum Kind durch Stress belastet ist, erhöht ist. Mit dem »Strange Situation Test« wurde vorher kontrolliert, ob Mutter und Kind tatsächlich unsicher aneinander gebunden waren.

Zwei Monate lang traf man sich einmal wöchentlich, um mit dem Pferd umzugehen und Übungen auf dem Pferderücken zu machen. Signifikant entspannter waren die Mütter, die mit dem Pferd umgingen, vor allem zu Anfang nicht, das zeigte der Blick auf ihre Herzfrequenz und den Cortisolgehalt im Speichel. Erst ab der vierten Sitzung sanken die Stresshormone – wohl, weil das Zusammensein mit dem Pferd zunächst noch für sie ungewohnt und angstbesetzt gewesen war. Schließlich stellte sich heraus, dass die Mütter sich in der Pferdetherapie zwar nicht generell mehr entspannten, aber dabei unbefangener mit dem Therapeuten redeten und auch mehr mit ihrem Kind und dass sie zudem mehr Nähe zu ihrem Kind herstellten.

In einer anderen von Beetz' Studien erhielten neun- bis elfjährige Jungen mit Verhaltensstörungen und einer unsicheren Bindung eine Reittherapie, eine Kontrollgruppe durfte auf einem Parcours die Balance trainieren. Nach dreißig Minuten sollten die Kinder eine Geschichte über ein Bild erzählen, auf dem Trennung oder Verlust thematisiert wurde. Nach der fünften Sitzung veränderten sich die Geschichten der Reitgruppe, sie kamen in ihren Geschichten eher auf Vorschläge zu sprechen, die für eine sichere Bindung typisch sind. Die Reitgruppe war aktiver und ließ mehr Augenkontakt und körperliche Nähe zum Therapeuten zu.

Eigentlich ist Andrea Beetz, was die Zukunft ihres Arbeitsfeldes angeht, einigermaßen optimistisch. »Ich hab pro Woche zwei, drei Anfragen von jungen Leuten, die möchten, dass ich ihre Promotionen oder Masterarbeiten zum Thema Mensch-Tier-Beziehung betreue. Von unten ist Druck da. Die Studenten wollen es, die Praktiker auch.«

Und der Druck ist gewaltig. Das liegt auch an den »Praktikern«, die Beetz erwähnt. Gemeint sind Pädagogen, Psychotherapeuten, Sozialarbeiter, Ärzte und Altenpfleger, die sich längst den praktischen Seiten, der klinischen Anwendung von Tierkontakten, zugewandt haben, obwohl die Wissenschaft noch gar nicht so weit ist. Sie bauen in ihre tägliche Arbeit Hunde, Lamas oder Gänse ein oder fahren mit ihren Patienten regelmäßig in den Pferdestall, um therapeutisches Reiten anzubieten.

Damit wird eine alte Tradition fortgesetzt, die über lange Zeit in Vergessenheit geraten war. Bereits Anfang des 19. Jahrhunderts legte sich »The York Retreat«, eine Einrichtung für psychisch Kranke in England, Kaninchen, Möwen und Falken zu. Wenige Jahrzehnte später schafften die Bodelschwinghschen Anstalten in Bethel Tiere für Epilepsiepatienten an. Doch der Aufstieg der modernen Medizin stoppte das Tier. Fortan wurde es im Hinblick auf menschliche Patienten in erster Linie als Seuchenherd wahrgenommen und verschwand aus Hospizen und Psychiatrien. Seine Wiederentdeckung als Therapiehelfer sollte bis 1969 dauern, als der amerikanische Kinderpsychologe Boris Levinson das Buch *Pet-Oriented Child Psychiatry* veröffentlichte, nachdem er durch Zufall herausgefunden hatte, dass schwer kommunikationsgestörte Kinder sich seinem Hund Jingles zuwandten. Heute unterscheidet man die »tiergestützte Therapie« im eigentlichen Sinn, die ein zielgerichtetes Therapiekonzept hat, in das speziell trainierte Tiere eingebaut sind, von »tiergestützten Aktivitäten«. Bei den tiergestützten Aktivitäten verläuft der Kontakt zwischen Tier und Patient weniger strukturiert. Dazu zählen zum Beispiel Hundeservices an manchen Flughäfen, wo ängstliche Passagiere Hunde streicheln dürfen, um ihre Flugangst zu lindern, oder Hundebesuchsdienste in Altenheimen, die die Lebensqualität der Menschen verbessern sollen.

Tiergestützte Therapie mit anderen Tieren außer Pferden gibt es in Deutschland erst seit den Neunzigerjahren. Zuvor hatte hier nur das therapeutische Reiten seit den Siebzigerjahren eine größere Rolle gespielt. In letzter Zeit wurde die Palette der Angebote erweitert: Kaninchen in der neurologischen Frührehabilitation bei hirngeschädigten Krankenhauspatienten, Bauernhofprojekte für verhaltensauffällige

Jugendliche oder Hundetherapien für hyperaktive Kinder. Die deutschen Krankenkassen erstatten allerdings aufgrund der fehlenden Studien tiergestützte Therapie noch immer nicht. Nur in seltenen Einzelfällen werden die Kosten übernommen.

Andrea Beetz erforscht nur die Hintergründe, ihren Hund, einen Duck Tolling Retriever, setzt sie nicht ein, wenn sie in ihrer Hypnosepraxis arbeitet. Aber sie weiß, was diejenigen, die mit Tieren arbeiten, daran schätzen: »Viele Pädagogen und Therapeuten erleben, dass sie die Kinder nicht erreichen können. Gerade in der Sonderpädagogik denken Kinder und Jugendliche: Schon wieder ein Pädagoge, ich hab keinen Bock. Aber wenn die Betreuer mit einem Hund oder Lama kommen, dann haben sie eine Chance.« Es gehe dabei auch darum, dass sich Kinder öffnen, die mit Menschen schlechte Erfahrungen gemacht haben oder in menschlichen Hierarchien Stress erleben. »Ein einziges Mal bringen die Therapeuten dann den Hund mit, er kuschelt sich an das Kind – und das Kind fängt an zu weinen und erzählt seine Lebensgeschichte«, sagt Beetz. Dann fügt sie hinzu: »Dass der Hund so viel erfolgreicher ist, muss man als Therapeut erst mal verkraften. Schon Levinson hat geschrieben, dass der Therapeut das auch aushalten können muss. Wenn er das nicht kann, soll er nicht tiergestützt arbeiten.«

Offenbar können viele Therapeuten die tierische Konkurrenz gut aushalten. In der Szene ist es ein offenes Geheimnis, dass viele Fachkräfte auf tiergestützte Therapie setzen, weil sie selbst extrem daran interessiert sind, in ihrem Berufsleben mit Tieren umzugehen. Sie sehe ein großes Bedürfnis der Sozialarbeiter, Pädagogen und Therapeuten, sich mit Tieren zu beschäftigen, schrieb die Verhaltensforscherin Carola Otterstedt, Expertin und gefragte Gutachterin in Sachen tiergestützte Therapie, in einem der bekanntesten deutschsprachigen Fachbücher zur Mensch-Tier-Beziehung. »Viele von ihnen opfern viel Zeit und Geld für Weiterbildung in diesem Bereich, suchen den Kontakt zu Tieren, sind aufgrund ihrer eigenen Hinwendung zu Tieren hoch motiviert, Tiere in ihrem Beruf einzusetzen.«

Viele Klinik- und Schuldirektoren bestätigen diese Einschätzung. »Wir mussten das richtig eindämmen«, sagt Martin Holtmann, Leiter der Klinik für Kinder- und Jugendpsychiatrie des Landschaftsverbands Westfalen-Lippe in Hamm. »Was meinen Sie, wie viele Psychologen hier sonst ihren Hund mitbringen würden.« Der Kinder- und Jugendpsychiater sitzt hinter seinem Schreibtisch im ersten Stock der Klinik, die eine der größten Einrichtungen dieser Art in Deutschland ist. Von hier hat man einen Blick auf das weiträumige Areal am Rande der Ruhrgebietsstadt, zu dem Turnhallen, Bolzplätze, Werkstätten und eine Krankenhausschule gehören. Einmal pro Woche fährt hier eine Therapeutin mit einem großen Pferdetransporter vor, aus dem Riesenesel, Ziegen und ein Minischwein steigen. »Einfach nur einen Hund mitbringen, weil ein Hund nun mal Kindern guttut – das war uns zu wenig«, sagt Holtmann. »Wir wollen ein klares Konzept dafür.«

Auch Thomas Leidner in seinem Szenecafé in München erlebt, dass Menschen davon träumen, ihr Berufsleben mit Tieren zu teilen. Er kann sich vor Anfragen kaum retten; viele junge Leute wollen einen Kellnerjob im Katzentempel. Und viele Menschen wollen von ihm wissen, wie sie selbst ein solches Unternehmen aufbauen können. »Darunter sind Gastronomen, die das als Geschäftsmodell sehen«, sagt er, »aber auch Katzenfreunde, denen ihr eigentlicher Beruf keinen Spaß mehr macht.« Sie suchen einen Weg, ihrem alten Leben zu entkommen und mit Tieren glücklich zu werden. Leidner selbst hat das geschafft. Fünf Jahre lang war er Investmentbanker, arbeitete in Frankfurt, London und München. »Den Beruf habe ich aus ethischen Gründen aufgegeben«, sagt der 31-Jährige, während er an dem Tisch sitzt, der der Durchreiche zur Küche am nächsten ist, und einen Cappuccino trinkt. Die Schaumkrone ist aus Hafermilch, in Leidners Café sind alle Gerichte und Getränke vegan. Das hat ebenfalls ethische Gründe, aber es hat auch etwas mit den Katzen zu tun, die so nie auf die Idee kommen können, auf die Tische zu springen, um Fleisch oder andere tierische Produkte zu naschen. Leidner hat zwei Köchinnen eingestellt, die Künstlerinnen auf ihrem Gebiet sind. Das Tagesgericht ist heute Geschnetzeltes mit Gemüse und Reis. Das Geschnetzelte besteht aus Sojagranulat. »Es wird in Wasser eingelegt, zieht sich wie ein Schwamm voll, wird dann ausgepresst und angebraten«, erklärt Leidner. »Man kann viele Leute verblüffen, wenn man verrät, dass es gar kein echtes Fleisch ist.« Tatsächlich schmeckt das Soja-Geschnetzelte täuschend echt. Ein Großteil von Leidners Mitarbeitern und er selbst leben vegan. Das Publikum ist hingegen gemischt. »Von Heavy-Metal-Typen über vegane Omas bis hin zur Münchner Schickeria in Prada-Klamotten, die dann hinterher voller Haare sind«, sagt Leidner. Deshalb bietet er viele Gerichte an, die konventionell klingen und so vielleicht den Geschmack vieler treffen: Weißwürste, die rein pflanzlich sind, mit Brezeln, Blaubeer-Sahne-Torte, der man nicht anmerkt, dass sie nicht mit Kuhmilch hergestellt worden ist, oder Kartoffel-Gemüse-Suppe. Statt einer Fleischeinlage enthält die Suppe Räuchertofu.

Alle Gerichte werden unter einer Kunststoffglocke serviert, die erst am Tisch abgenommen wird, um Katzenhaare im Essen zu vermeiden. Die sechs Katzen Ayla, Gizmo, Balou, Jack, Robin und Safira können sich im Café frei bewegen, mehrere Kratzbäume sind im Raum verteilt, auf die sich die Katzen zurückziehen können. In zweieinhalb Metern Höhe thront gerade Saphira über dem Geschehen, eine Siamkatze. Leidner hat alle Katzen vom Verein »Rassekatzen in Not« übernommen, der ehemalige Zuchtkatzen vermittelt. Auf dem Gang zur Toilette haben sie ein eigenes Zimmer, durch die kleine Katzenklappe kann ihnen niemand folgen. Eine garantierte Streichelgelegenheit kann der Inhaber seinen Gästen nicht bieten, er hat aber eine Kiste mit Spielzeug aufgestellt, mit dem man sich bei den Katzen beliebt machen kann. »Es gibt Leute, die sagen: Jetzt bin ich so weit gefahren, jetzt will ich auch Katzen«, sagt Leidner. Die muss er leider enttäuschen. Der 31-Jährige möchte keine Zustände wie in Japan, wo es schon lange Katzencafés gibt. »Dort zahlt man sechs Euro Eintritt für eine halbe Stunde, auf siebzig Quadratmeter leben bis zu zwanzig Katzen. Man hat eine Garantie, eine Katze zu bekommen.« Allein in Tokio gebe es fünfzig dieser Cafés. »Mit einem solchen Café will ich nie verglichen werden.« Er hat Schilder mit Anweisungen für den Umgang mit den Katzen aufgehängt und spricht Familien mit Kleinkindern auch häufig direkt darauf an, dass die Kinder die

Katzen nicht verfolgen sollen. Heute ist nur ein Kind da, ein kleines Mädchen in Gummistiefeln. Mindestens eine Viertelstunde versucht es erfolglos, eine Katze anzulocken. Dann gibt es auf und setzt sich zu seiner Mutter und dem Großvater ans Fenster. Doch in diesem Moment hat Ayla ein Einsehen, springt neben das Kind auf das rote Polster, das auf der breiten Fensterbank liegt. Das kleine Mädchen kniet sich neben die Katze, streichelt ihr wieder und wieder über den Kopf. Beide sehen dabei gleichermaßen hingebungsvoll und entzückt aus.

Die internationale Organisation IAHAIO bewertet den Nutzen, den Menschen aus dem Kontakt mit Tieren ziehen können, so hoch, dass ihre Generalversammlung im Oktober 2007 in Tokio eine Resolution verabschiedete, die das Menschenrecht betont, mit Tieren zu leben. Der internationale Verband reagierte damit vor allem darauf, dass in manchen Ländern, etwa China, Luxustierhaltung lange verboten war. Aber die Forderung lässt auch die private Tierhaltung in einem Land wie Deutschland in neuem Licht erscheinen. Hier streiten Wohlfahrtsverbände und die Bundesregierung darüber, ob man Sozialhilfeempfängern ein monatliches Budget für die Tierhaltung zugestehen sollte oder nicht. Der Konflikt ist ungeklärt, im Hartz-IV-Satz ist kein Geld für Katzenfutter, Nagerstreu und die Tollwutimpfung vorgesehen. Deshalb wurde die Gründung der »Tiertafel«, die inzwischen in allen deutschen Großstädten Filialen betreibt, zu einer beispiellosen Erfolgsgeschichte.

7. Hartz IV und das Tier

Als hätte man nur darauf gewartet: Die Tiertafel, bei der arme Tierhalter gespendetes Futter abholen und kostenlos einen Tierarzt konsultieren können, ist ein durchschlagender Erfolg. Denn Tierhaltung verteilt sich in der Gesellschaft offenbar in Form einer Schere: Ganz oben, bei den Wohlhabenden, leben zwar viele Tiere, aber auch unten, bei den Ärmsten. Bei der Tafel herrscht dann wieder eine eigene Zweiklassengesellschaft. Wer sich trotz Sozialhilfe noch ein weiteres Haustier zulegt, wird gnadenlos aus der Kundenkartei gestrichen.

Der Bogen Papier, den die Kunden zu Yvonne über den Tisch schieben, sieht immer gleich aus: Oben links die Adresse, oben rechts steht in fetten Kleinbuchstaben »jobcenter«. Es ist der Hartz-IV-Bescheid, den die Berliner Behörden ausstellen. Auch die Frau mit den langen blonden Haaren, vielleicht Mitte vierzig, die Yvonne gegenübersitzt, hat einen solchen Bescheid mitgebracht. Mit jeder Frage, die Yvonne stellt, sinkt die Frau ein bisschen mehr in ihre dicke schwarze Lederjacke. Ihr Hund, ein kleiner Terriermischling mit hoch aufgerichteten Ohren, kauert sich zitternd zwischen die Stuhlbeine. »Seit wann haben Sie denn den Hund?«, fragt Yvonne.

»Seit anderthalb Jahren.«

»Und seit wann bekommen Sie Hartz IV?«

»Ach, schon länger.«

»Schon länger? Seit wann genau?«

Die Frau kramt in dem rosa Rucksack auf ihrem Schoß. Ihren »Erstbescheid« hat sie nicht dabei, aber schließlich erklärt sie, dass sie seit etwa vier Jahren Sozialhilfe bezieht.

»Dann darf ich Sie leider nicht aufnehmen«, sagt Yvonne. »Wir unterstützen nur Tierhalter, die sich das Tier schon angeschafft haben, bevor sie Hartz IV bezogen haben.«

Die Frau schweigt eine Weile. Dann sagt sie: »Der ist ja bei uns gelandet über fünf Ecken. Den wollte doch keiner. Wenn wir ihn nicht genommen hätten, dann hätte er nirgendwo bleiben können.«

Yvonne erwidert: »Das kann ich auch verstehen. Ich würde es auch so machen und einen solchen Hund aufnehmen, der kein Zuhause findet. Aber wir unterstützen niemanden, der sich Tiere zulegt, obwohl er selbst schon in einer Notsituation ist. Das weiß man eigentlich auch, dass man sich dann ein Tier nicht leisten kann.«

Die Frau ist still. Schließlich nickt sie unmerklich. Später wird Yvonne erzählen, dass nicht alle Abgelehnten so ruhig bleiben. »Ich wurde schon beschimpft, dass es mich wohl nicht stören würde, wenn Leute ihre Tiere in der Spree versenken. Manche kloppen auch auf den Tisch und gehen dann beleidigt. Andere schweifen aus und erzählen ihr Leben und warum sie das Tier unbedingt nehmen mussten.«

Seit vier Jahren sitzt die Berlinerin Yvonne Verständig, schwarz gefärbte lange Haare, brombeerlila lackierte Nägel, ein Tattoo mit ihrem Geburtsjahr 1978 auf den Rücken der

Finger, regelmäßig in der Anmeldung der Berliner Tiertafel, neben sich ihren riesigen schneeweißen Hund Bam-Bam, einen halben Wolf, den sie als drei Wochen alten, völlig verwahrlosten Welpen in Polen aufgelesen hat. Als Ehrenamtliche hilft sie hier in einem heruntergekommenen Flachbau im Bezirk Treptow mit, kostenlos Futter, Halsbänder, Leinen und andere Ausrüstung an bedürftige Tierhalter zu verteilen und sie zu beraten. Meist ist sie in der Anmeldung eingeteilt, zweite Tür hinter dem Eingang links, und hier dafür zuständig, die Neukunden zu sortieren – in diejenigen, die man unterstützen möchte, und die, die man nach den Statuten des Tiertafel-Vereins wieder wegschicken muss. »Ein Horrorjob«, bekennt sie freimütig. Doch heute hat sie Glück. Die stille Frau akzeptiert die Ablehnung. Schnell spricht Yvonne weiter. »Aber ich kann Ihnen ein paar Tipps geben.« Doch die Tipps, so stellt sich heraus, werden der Frau wohl nicht weiterhelfen: »Idefix« ist ein Projekt für Drogensüchtige, und der Tierarzt am Kottbusser Tor behandelt nur Tiere von Obdachlosen. Für Tierhalter, die einfach nur arm sind, gibt es außer der Tiertafel nicht viel. Wer von dem Verein aussortiert wird, für den hält diese Gesellschaft bisher keine Alternativen bereit. Vielleicht erklärt das den durchschlagenden Erfolg des Projektes, das eine einzige Frau im Jahr 2006 angestoßen hat: Claudia Hollm aus dem brandenburgischen Rathenow sah Anfang 2006 eine Reportage über eine Familie mit zwei Kindern im Fernsehen, die in den Bezug von Hartz IV abrutschte, als der Vater seinen Job verlor. »Die Sendung begleitete die Familie ein paar Monate und zeigte, wie die Eltern dann überlegten, wo können wir sparen«, erinnert sich Hollm. »Und dann haben sie beim Hund angefangen. Was ja auch richtig ist, man soll ja nicht bei den Kindern anfangen. Schließlich mussten sie den Hund im Tierheim abgeben. Das wurde auch gezeigt; alle haben geweint.«

Claudia Hollm, eine gelernte Hotelfachfrau aus Süddeutschland, die später zur Programmierin umschulte, hat selbst zwei Hunde. Nachdem die Reportage zu Ende war, überlegte sie mit ihrem Mann, was sie an der Stelle der porträtierten Familie machen würden. »Gut, wir haben keine Kinder. Aber irgendwann wäre vielleicht auch der Punkt da, wo man für die Hunde nicht mehr aufkommen könnte.« An diesem Abend, in diesem Gespräch, gelangte Hollm zu der Überzeugung: »Es macht keinen Sinn, dass wegen 30, 40 Euro so ein Tier abgegeben wird.« Der Gedanke, dass es dafür eine Lösung geben müsste, ließ sie nicht mehr los. »Dann hab ich mich hingesetzt und ein Konzept geschrieben. Der Rest ist Eigendynamik«, sagt sie und lacht.

Ein Jahr lang ging Hollm auf alle Haustiermessen, die in Deutschland stattfanden, um sich über den Markt und die Szene zu informieren. Mitten in der 25.000-Einwohner Gemeinde Rathenow im Havelland fand sie schließlich eine stillgelegte Fabrik mit einem großen Innenhof, die sie für 60 Euro im Monat mieten konnte. Hier entstand die erste Ausgabestelle der Tiertafel. Heute gibt es 24 Ausgabestellen in ganz Deutschland, von Kiel bis München. Das Hauptlager für Sachspenden ist bis heute in Rathenow, 70 Kilometer von Berlin entfernt. In Großstädten wie Berlin spenden die großen Futterhäuser und Baumärkte Futter, das an die Tierhalter, die es nach den strengen Regeln in die Kundenkartei geschafft haben, zweimal im Monat ausgegeben wird. In Berlin kümmern sich jeden zweiten Samstag zwanzig Ehrenamtliche um mehrere hundert Kunden.

»Wenn ich geahnt hätte, wie groß das wird, dann hätte ich mich vielleicht nicht drangetraut«, sagt Claudia Hollm, fügt aber schnell hinzu, das sei ein Scherz. Ihre Idee ist ein so großer Erfolg, dass sich jedem der Eindruck aufdrängt, man hätte nur darauf, und zwar genau darauf, gewartet. Im Hartz-IV-Regelsatz sind Haustiere nicht vorgesehen. Der Paritätische Gesamtverband hat das schon mehrfach kritisiert. Der Wohlfahrtsverband, der sich als Lobby der Kranken und Schwachen versteht, erstellt regelmäßig Expertisepapiere, in denen die Höhe des Regelsatzes hinterfragt wird. Für die Bundesregierung zählen Haustiere nicht zum »Grundbedarf«, sie gelten also nicht als »existenzsichernd« – genau wie Schnittblumen und Zimmerpflanzen, Campingartikel und Glücksspiele. Der Paritätische Gesamtverband kam im Jahr 2011 in einer Expertise zu einem anderen Schluss: »Schnittblumen und Zimmerpflanzen (zur Weihnachtszeit gehören hierzu auch Weihnachtsbäume) sowie Haustiere sind nach Ansicht des Paritätischen Teil des soziokulturellen Existenzminimums.« Der Verband berechnete den Regelsatz neu und kam auf etwa 440 Euro pro Monat (zu denen noch die Miete hinzukommt), während Hartz-IV-Empfänger zu dem Zeitpunkt aber nur 364 Euro erhielten; inzwischen erhalten sie 390 Euro. In den 440 Euro, die der Verband errechnete, steckte auch der Posten »Haustiere einschl. Veterinär- u. a. Dienstleistungen«, der mit 5,39 Euro zu Buche schlägt. Ein Hund lässt sich damit kaum verpflegen – er kostet inklusive Futter, Tierarzt, Versicherungen und Zubehör monatlich knapp 100 Euro, ermittelten Göttinger Wirtschaftswissenschaftler durch die Befragung von 200 Hundehaltern. Es geht ums Prinzip: Der Paritätische Gesamtverband macht mit seinen 5,39 Euro klar, dass Tiere auch in Hartz-IV-Haushalten erwünscht sind, seien es nun kleine Heimtiere oder auch Hund und Katze.

Widerhall fand der Vorschlag allerdings nicht. Nach wie vor gehören Haustiere und deren Versorgung in offizieller Sichtweise nicht zum Existenzminimum. Es hat darüber Prozesse gegeben, gewonnen haben immer die Behörden. Und selbst auf den Erlass der Hundesteuer haben Hartz-IV-Empfänger kein Anrecht, entschied im Juni 2010 das Oberverwaltungsgericht Münster. Die Hundesteuer sei eine »Aufwandsteuer«: Das heißt, die Kosten sind vermeidbar. Im Klartext bedeutet das: Arme müssen eben auf einen Hund verzichten oder sich sogar von ihrem Hund trennen – der Hund ist sozusagen »vermeidbar«. Es gibt allerdings noch eine Lücke, auf die Hartz-IV-Empfänger hoffen können: Den einzelnen Kommunen bleibt es selbst überlassen, Sozialhilfeempfängern die Hundesteuer zu erlassen oder ihnen einen Rabatt zu gewähren. Verlässlich ist dieses System nicht: In Oberhausen zum Beispiel zahlten Hartz-IV-Empfänger lange Zeit statt 156 Euro im Jahr nur 39 Euro Steuern für ihren Hund. Im Frühjahr 2012 kündigte der Stadtkämmerer dann aber an, diesen Rabatt zu kippen – als Teil eines Sparpakets.

Die Maschen des sozialen Netzes sind für Tierhalter also sehr weit gewebt: Diese Gesellschaft fängt sie nicht auf. Beim Aufbau der Tiertafel wurde das von Anfang an spürbar. Schnell kamen Interessierte aus anderen Städten auf Claudia Hollm zu, nachdem sie die Ausgabestelle in Rathenow gegründet hatte. Die Kunden der Tiertafel seien anfangs in erster Linie Hartz-IV-Empfänger gewesen, sagt Hollm. »Neu ist, dass wir viel Altersarmut sehen« – also Menschen, die ihre Rente mit Sozialhilfe aufstocken müssen und daher in den Kundenkreis aufgenommen werden. Unter den Tiertafelkunden, die von Hartz IV leben, seien auffällig viele alleinerziehende Mütter. »Außerdem erleben wir, dass viele psychisch und körperlich Kranke offenbar gern Tiere um sich haben.«

Ausgerechnet in Berlin musste Hollm mit einem rasch entstandenen Team von Ehrenamtlichen sehr lange suchen, bis sie die Baracke neben einer Schule in Treptow gefunden hatten. Man richtete sie notdürftig her, reinigte die Räume, junge Graffiti-Künstler wurden eingeladen, die das Gebäude außen mit bunten Comicfiguren besprühten. An diesem eisigen Morgen Anfang April liegen auf der Wiese vor dem Flachbau noch Schneereste. Wartet jemand vor dem Eingang, wird er misstrauisch von Rentnern hinter leeren Blumenkästen aus dem gegenüberliegenden Mietshaus beäugt.

Um halb zehn trifft Jacqueline Timm ein und durchmisst den langen Flur, von dem rechts und links Räume abgehen, mit eiligen Schritten. Das Gebäude besitzt das Flair einer Notunterkunft, in der niemand von Perfektion träumt. Staubiger PVC-Boden, in den Räumen billige Gardinen, mit zusammengeknoteten Wäscheleinestücken an Heizungsrohren aufgehängt. An die Wände sind kitschige Tierposter aus Apothekenheftchen geklebt, dazwischen ein paar gerahmte Kunstdrucke, die üblichen Kalendermotive von Van Gogh und Monet. Der Gesamteindruck ist so zufällig und wenig bemüht, dass die Räumlichkeiten in einer Welt, in der die

Büros von Verbänden und Gewerkschaften meist ebenso ehrgeizig durchgestylt sind wie Kanzleien und Arztpraxen, völlig aus der Zeit gefallen wirken. Das liegt vielleicht auch ein bisschen an der konservierten DDR-Vergangenheit, die man hier findet: Vor der Wende wurde die Baracke als Volkshochschule genutzt. Und auch jetzt ist sie noch eine Anlaufstelle für Nostalgiker: Ein einziger Raum ist nicht von der Tiertafel besetzt. Hier residiert der Verein »Jugendweihe Berlin-Brandenburg«, der Jugendweihefeiern ausrichtet. Vor der Tür stapeln sich Infoflyer mit dem Slogan »Der ultimative Abschied von der Kindheit!«.

Jacqueline Timm, blond, resolut, im Hauptberuf Bankkauffrau, leitet die Berliner Ausgabestelle. Sie schließt als Erstes die Räume auf, in denen Futter und Ausrüstung lagern. Hinter den beiden letzten Türen am Ende des Flures finden sich Metallregale voll mit Nagelscheren, Kratzbäumen, Maulkörben, Futternäpfen, Häusern für Kaninchen, Quietschtieren zum Spielen, Hundeleinen. Manches haben Privatleute gespendet, das meiste aber Firmen und Einzelhändler. Vier bis fünf große Futtermittelhersteller bestücken zuverlässig die Hauptlager in Deutschland. Große Futterhäuser in den jeweiligen Städten melden sich häufig bei der Tiertafel, kurz bevor das Mindesthaltbarkeitsdatum von Futterchargen abläuft.

Noch mehr Vielfalt herrscht im Futterlager und den beiden Ausgaberäumen, in denen Helfer heute bis zum Nachmittag immer wieder Plastikbeutel mit Trockenfutter füllen und verteilen werden. Große Kübel mit Pellets stehen auf dem Boden, dahinter Regale, in denen sich Schälchen und Dosen stapeln. Geschnetzeltes in mediterraner Soße gibt es hier,

Fächer voller Kabeljau-Schalen. »Schlauer Topf« mit Wild, Gemüse und Nudeln. Ragout mit Fisch. Körnermuffins für Kanarienvögel, Cracker für Meerschweinchen, Knabbersticks für Papageien.

1,4 Tonnen Hundetrockenfutter brauchen sie pro Ausgabe-Samstag, für Katzen werden 700 Kilogramm ausgegeben. »Das haben wir mal so hochgerechnet«, sagt Timm.

Nicht immer können sie großzügig zu ihren Kunden sein. »Es gibt Tage, da ist's üppig, es gibt auch welche, da können wir zum Beispiel kein Nassfutter rausgeben.« Vielseitig ist die Futterauswahl allerdings immer, auch wenn es manchmal an Menge fehlt. Auch verschiedene Altersstufen werden berücksichtigt: Dosenfutter für Hunde und Katzen ist in einem eigenen Lagerraum palettenweise gestapelt, rechts mit dem Zusatz »normal«, links »Senior«.

»Nur Welpenfutter haben wir fast gar nicht«, sagt Timm. »Welpen versorgen wir nur im Notfall, bei 'nem Unfallhund, der doch mal schwanger geworden ist.« An einer Tür hängt ein Infoblatt, das diese Handhabung noch mal auf den Punkt bringt: »Die Anschaffung weiterer Tiere während der Notlage wird von der Tiertafel nicht unterstützt und führt auch für die bisher versorgten Tiere zum sofortigen Ausschluss aus der Kundenkartei«, steht dort. »Zucht/Vermehrung mit den vorhandenen Tieren lehnt die Tiertafel strikt ab, auch dies führt zum Ausschluss aus der Kundenkartei.«

Die Tiertafel hat ihre eigenen Regeln. Und sie macht sich damit auch Feinde. Gegen zehn sind schon vierzehn Helfer und vier Hunde in dem Frühstücksraum am Ende des Flures eingetroffen. Auf der Kühltruhe blubbert eine ganze Batterie von Kaffeemaschinen vor sich hin. Die Ehrenamtlichen, etwas mehr Frauen als Männer, tragen grüne, orange und schwarze T-Shirts mit dem Schriftzug »Tiertafel« und dem Vereinslogo. Es gibt Sekt und Ananassaft, Geflügelsalat, Zuckerrübensirup, Nutella, Leberwurst, Biomilch und Brötchen. Und gleich auch ein Gesprächsthema, das die Wogen hochgehen lässt. Auf Facebook hat eine neue ehrenamtliche Helferin unbedarft über einen zu vermittelnden Welpen geschrieben: »Das wäre doch ein toller Hund, um ihn an einen Tiertafelkunden zu vermitteln.« Danach, sagt Claudia Hollm, sei wieder das Gerücht in der Welt gewesen: Aha, ihr vermittelt also doch Tiere. Dabei mache die Tiertafel genau das eben nicht. Sie setze sich nicht dafür ein, dass ihre Kunden mehr Tiere halten sollten, als sie es ohnehin schon tun. Im Gegenteil: Auch wer es in die Kartei geschafft hat, fliegt raus, wenn er sich ein weiteres Tier zulegt. Damit aber hat der Verein sich schon oft unbeliebt gemacht. Auf Facebook gibt es vor Wut strotzende Kommentare. »Ich krieg da ganz viel Gegenwind, aber unsere Regeln sind der wichtigste Tierschutz«, sagt Claudia Hollm. Und es geht nicht nur um Gegenwind von den Kunden oder solchen, die es werden wollen. Vier Jahre lang lieferte sich Hollm einen Rechtsstreit mit der Organisation »Die Tafel«, die bedürftige Menschen mit Lebensmitteln versorgt. Hollm dürfe den Namen »Tiertafel« nicht verwenden, er ähnele dem der »Tafel« zu sehr, lautete der Vorwurf. Hollm hat den Prozess schließlich gewonnen.

Dabei ist »Tiertafel«, nebenbei bemerkt, vielleicht überhaupt kein Name, der ins Schwarze trifft, denn, das sagt Hollm selbst, es geht um viel mehr. »Es ist ein Kontakthof geworden für Menschen mit Tieren«, sagt Hollm. »Es reicht nicht, Dosen weiterzugeben.« Sie wolle auch Beratung anbieten, Gespräche führen, ein offenes Ohr für Sorgen haben. »Wir merken oft schneller als die Behörden, wenn etwas nicht stimmt. In Rathenow kam uns zum Beispiel eine junge Frau schon länger komisch vor.« Dann stellte sich heraus: »Die Frau hatte eine Art Syndrom, dass ihr nur Babys wichtig waren. Die hat ihre drei- und vierjährigen Kinder vernachlässigt und sich nur für ihr Baby und Welpen interessiert. Wenn der Welpe erwachsen war, hat sie sich einen neuen geholt.« Die Tiertafel schaltete das Jugendamt ein, das die Kinder aus der Familie nahm.

In Berlin fragte eine alte Frau eines Tages im Winter nach Mänteln für Katzen. »Wir wunderten uns: Wofür brauchen Katzen Mäntel?«, sagt Hollm. »Dann kam raus, dass man ihr die Heizung abgestellt hatte, in der Wohnung waren minus sieben Grad.« Eine Sozialarbeiterin, die bei der Tiertafel half, sprach mit den Behörden und erreichte, dass die Wohnung wieder geheizt werden konnte.

Zum anderen weiß Claudia Hollm eigentlich, dass ihre Kunden die paar Euro für Kabeljaumenü und Dentalsticks mit Rind mit Ach und Krach würden aufbringen können. »Ich mach mir keine Sorgen um das Futter, das Futter schaffen die Leute immer irgendwie«, sagt Hollm. Sie scheitern an etwas anderem: den Tierarztkosten. Und Hollm glaubt, dass hier auch das größte Problem für die Tiere der Armen liegt. »Wenn die Leute die Tierarztkosten nicht bezahlen können, dann leiden die Tiere wirklich«, sagt sie und zitiert die Hilferufe von Tierhaltern, mit denen die deutschen Tiertafeln täglich konfrontiert sind: »Meine Katze ist aus dem Fenster gefallen. Meine Katze hat Krebs. Mein Hund hat Arthrose.

Kreuzbandrisse bleiben unbehandelt, ein Leben lang. Ein Hund stirbt langsam, zu Hause, weil kein Geld für die Einschläferung da ist. Das sind ganz typische Beispiele.« Ohne Tiertafel, glaubt sie, müssten viele Tiere die Schmerzen einfach aushalten. Und ihre Halter würden in Notfällen in ausweglosen Situationen landen. Gerade erst hat Claudia Hollm einer Kundin 200 Euro gegeben, weil ihr Hund mit einer akuten Vergiftung in eine Tierklinik eingeliefert wurde und die Klinik 200 Euro verlangte, »Cash«, sagt Hollm. »Claudia, ich hab keine 200 Euro, das ist für mich ein halbes Leben«, sagte die Hartz-IV-Empfängerin, als sie Hollm anrief. Eine Klinik in München behandelte den chronisch darmkranken Kater einer Tiertafel-Kundin, die Tierärzte behielten ihn ein und sagten: »Sie dürfen ihn nur abholen, wenn Sie 1400 Euro in bar auf den Tisch legen.«

»Dann haben wir ihn ausgelöst«, sagt Hollm. Regelmäßig lege man sich mit den Tierärzten an. »Aber wir fallen damit immer auf die Nase, weil die Tierärzte juristisch im Recht sind.« Sie verstehe nicht, warum die Tierärzte auch in Notfällen die Hilfeleistung für Tiere armer Menschen verweigern. »Ärzte leisten doch auch ihren hippokratischen Eid«, sagt sie. »Man müsste öfter gegen Tierärzte vorgehen und das Tierschutzgesetz dabei anführen, aber man bräuchte dann Fotos, Beweise.« Weil sie die häufig nicht haben, sondern nur die Verzweiflung eines armen Tierhalters, helfen sie in Notfällen schnell und unbürokratisch und bezuschussen ansonsten regelmäßig Tierarztkosten von festen Kunden. In der Ausgabestelle in Treptow bietet außerdem eine Berliner Tierärztin an den Samstagen eine kostenlose Sprechstunde an. Hollms Hoffnung ist: »Dass wir Katzenaids* eindämmen, dass nicht so viele ungewollte Hauruckwürfe auftreten, weil wir Kastrationen ermöglichen, dass mehr geimpft wird, damit nicht Zwingerhusten wieder häufiger wird.«

Die Tierärzte haben längst ihre eigene Debatte über dieses Thema. »Ich habe mal gerechnet: Würde ich alle Tiere meiner bedürftigen Kunden kostenlos behandeln, könnte ich mich nach ungefähr neun Monaten mit ihnen zusammen bei der ARGE in die Schlange stellen«, schrieb die Tierärztin Dagmar Steele Anfang 2011 in der berufspolitischen Tierärztezeitschrift *Vetimpulse*. Kurz zuvor hatte der Deutsche Tierschutzbund von den Tierärzten gefordert, wildlebende Katzen zu kastrieren, ohne ein Honorar zu berechnen – nur die Sachkosten sollten erstattet werden. Der Tierschutzverein »Helfende Pfötchen« startete zeitgleich eine Kampagne mit dem Ziel, Hartz-IV-Empfängern und Personen mit geringem Einkommen eine kostenlose Behandlung ihrer Tiere beim Tierarzt zu ermöglichen. Die deutschen Veterinäre waren alarmiert und machten in *Vetimpulse* öffentlich, dass inzwischen etwa dreißig Prozent der Kunden von Kleintierpraxen in Großstädten von Sozialhilfe leben.

Auch Claudia Hollm, die unwillige Tierärzte gern vor Gericht sehen würde, kennt und versteht deren Sichtweise. Grundlegendere Lösungen wären aus ihrer Sicht deshalb dringend

---

* Katzenaids ist ein umgangssprachlicher Ausdruck für eine Infektion mit dem Felinen Immunschwäche-Virus (FIV), das über Bisse von Katze zu Katze weitergegeben wird und sehr verbreitet ist. Der Verlauf der Krankheit ähnelt der einer Aids-Erkrankung beim Menschen, FIV ist für Menschen aber ungefährlich.

notwendig. Sie hat das Gefühl, dass es für Menschen viel zu leicht ist, sich ein Tier zuzulegen. »Bei Ebay-Kleinanzeigen bekommen Sie Tiere für Pfennige. Auch geschenkt bekommt man alles heute.« Für sie bestünde eine Möglichkeit darin, die Zucht von Tieren einzuschränken. »Zwei Jahre werden keine Hunde mehr belegt.« Die kontrollierte Zucht großer Verbände wie des Hundezuchtverbands VDH hält sie nicht für ein taugliches Modell. Der VDH verpflichtet seine Mitglieder beispielsweise, nur einen Wurf pro Hündin und Jahr zu züchten; die Züchter nehmen hohe Preise. Doch Hollm glaubt nicht, dass das den Halterkreis auf Menschen einschränkt, die nie von Armut bedroht sein werden. »Die VDH-Züchter sagen, sie haben zeitlebens Kontakt zu den Kunden und können deshalb einschätzen, in welche Situation die Halter noch kommen«, sagt sie. »Aber Sie werden gleich sehen, wie viele reinrassige Hunde aus VDH-Zuchten wir haben. Möpse, Bulldoggen ... wir haben hier alles.« Hollms Fazit ist: »Auch denen, denen es vor fünf Jahren gut ging, kann's heute schlecht gehen.«

Die Menschen, die vor dem Raum Schlange stehen, in dem Yvonne sie in die Kartei aufnehmen soll, sehen oft aus, als ob es ihnen schon lange schlecht geht. Man sieht es an den Kleidern, die aus einer ganz anderen, lange vergangenen Saison stammen. Viele Frauen hier tragen Jeans mit Schlag, wie sie vor Jahren zuletzt in Mode waren. Sie nutzen billige Haarfarben, um graue Haare zu verstecken. Anders wirkt das Mädchen, das heute Yvonnes zweite Kundin ist, eine große, sportliche Neunzehnjährige mit burschikos-kurzem Haarschnitt. Ihre Mutter begleitet sie. Die Tochter muss etwas weiter ausholen, um ihre Geschichte zu erzählen: Ihren Hund und ihre zwei Katzen hat sie schon, seitdem sie ein Kind ist. Inzwischen sind alle drei alt. Seit einem halben Jahr bekommt die junge Frau nun aufstockende Sozialhilfe, weil sie nach dem Abitur in eine eigene Wohnung gezogen ist und Bafög und Ausbildungsentgelt nicht für die Miete reichen. Die Neunzehnjährige wird in die Kartei aufgenommen. Niemand fragt danach, ob es vernünftig war, einem zwölfjährigen Kind Hund und Katze zu gestatten, wenn doch klar ist, dass die Tiere noch Jahre leben und das Kind älter wird, eine Ausbildung oder ein Studium beginnen muss, dann vielleicht weder Zeit noch Geld noch eine Wohnung hat, um ein Tier halten zu können.

Yvonne beginnt, die Papiere auszufüllen, und sagt dabei: »Worüber ich als Erstes noch informiere: Während du bei uns bist, darfst du dir kein Tier mehr anschaffen.« Die junge Frau unterbricht sie: »Um Gottes willen, will ich nicht, kann ich nicht, geht gar nicht in meiner Wohnung.« Yvonne spricht unbeirrt weiter mit ihrer rauen Stimme: »Wenn du ’ne Katze im Müll findest und sagst, die will ich gerne behalten, müssen wir dich leider rausschmeißen.« Das Mädchen nickt und reicht Yvonne den Bafögbescheid, dann holt es noch einen Stapel Tierarztrechnungen hervor. Der Hund ist nierenkrank und braucht Spezialfutter. Die Halterin muss ein Attest vom Tierarzt besorgen, sonst wird das Futter nicht herausgegeben. Der Kater frisst nur Futter der Marke Felix, »und nur Schälchen«, sagt die Neunzehnjährige. Ein halbes Jahr muss sie in der Kartei sein, dann werden auch Tierarztkosten übernommen. Yvonne will Fotos von den Katzen sehen, die Auszubildende zückt ihr Smartphone und zeigt Bilder. Bei Katzen genügen die Fotos dem Tiertafel-Team, der Transport wäre für die Tiere zu stressig. Den Hund soll die Neunzehnjährige aber einmal im halben Jahr vorbeibringen. Ihre Mutter murmelt etwas. »Mama«, sagt das Mädchen und verdreht die Augen. »Ist das jetzt so 'n Problem, alle halbe Jahre mal 'n Auto zu leihen?« Sie sollen die nächste oder übernächste Tür nehmen, sagt Yvonne, das sind die Futterausgaberäume. »Katzenstreu gibt's immer am Ende des Monats.«

Die nächste Kundin wartet schon, kurze graue Haare, etwa fünfzig Jahre alt. Sie senkt die Stimme, als sie auf die Frage antworten soll, wie lange sie schon Hartz IV bekommt. Seit fünf Jahren. Den Hund, der draußen im Auto wartet, hat sie schon seit sieben. Und davor, vor Hartz IV? »Da war ich Hausfrau.« Yvonne will den Erstbescheid sehen. »Ich muss einfach nur wissen, wie lange Sie schon arbeitslos sind«, sagt sie. »Weil wir das nicht unterstützen dürfen, wenn der Hund angeschafft wurde, als man schon arbeitslos war. Wenn man sich das nicht leisten konnte. Sonst kriegen wir Ärger.« Die Frau nickt ergeben. Alle hier scheinen zu wissen, dass man Ärger kriegen kann, wenn man sich nicht an Vorschriften hält, egal, auf welcher Seite des Tisches man sitzt. Die Sozialhilfeempfänger wirken so, als ob sie daran gewöhnt sind, dass diejenigen, die über sie entscheiden, selbst darauf hinweisen, dass sie sich Regelübertretungen nicht leisten können, dass sie nur Ausführende sind. Später, als ich sie frage, von wem sie Ärger bekommen würde, sagt Yvonne: »Der Vorstand toleriert das nicht.«

Es ist eine typisch deutsche Trennlinie, die hier gezogen wird: »Unverschuldet in Not geraten«, das ist auch so ein deutscher Ausdruck. Es gibt die, denen keine Schuld an ihrer Situation zukommt, die Opfer einer unglücklichen Verkettung von Ereignissen geworden sind, und die anderen, die unvernünftig, die grob fahrlässig gewesen sind. Bei der Anmeldung zur Tiertafel ist alles auf Strenge abgestellt. Nur manchmal, ganz selten, sagt Yvonne, versuche sie, eine Ausnahme zu machen. Das ist dann der Fall, wenn sie den Eindruck hat, das Tier habe einen therapeutischen Nutzen. Hier ist nie die Rede davon, dass vielleicht jedes Tier einen therapeutischen Nutzen im Alltag bitterarmer Menschen hat. Dabei gibt es darüber sogar eine Studie. Susanne Hecht untersuchte im Jahr 2005 für ihre Diplomarbeit an der Universität Bonn die »Funktion von Hunden« bei Langzeitarbeitslosen. Ihre dreißig Probanden waren nicht so stark sozial isoliert wie Menschen ohne Hund, die in einer vergleichbaren Situation lebten, sie knüpften mehr neue Kontakte, litten weniger unter Depressionen, ihr Tagesablauf blieb trotz Arbeitslosigkeit strukturiert, sie fingen seltener als andere Arbeitslose an, Drogen und Alkohol zu konsumieren, und hatten mehr Alltagsfreuden.

Und doch klingt es realistisch, die Tierhalter in zwei Gruppen einzuteilen und nicht allen zu helfen. »Das ist sonst ein Fass ohne Boden«, sagt Yvonne.

»Sie würden damit einen Keil in die Gesellschaft treiben«, sagt Hollm. Ein Rundum-sorglos-Paket für Sozialhilfeempfänger, das auch die Tierhaltung abdeckt, hält sie nicht für sinnvoll, weil Menschen, die Sozialhilfe beziehen, schon jetzt von vielen Problemen anderer abgekoppelt sind: »Steigende Miete oder Kosten für die Zahnspange der Kinder spielen für sie keine Rolle«, sagt Hollm. Sie befürchte, dass Hartz-IV-Empfänger durch noch mehr Fürsorge in einen Strudel geraten und noch mehr wegdriften vom Rest der Gesellschaft.

Schon jetzt steigt außerdem die Erregung, wenn das Thema »Tierhaltung und Sozialhilfe« diskutiert wird. Im Internetforum www.sozialhilfe24.de kam es zum Eklat, als eine Frau unter dem Pseudonym »Lillifee« um Rat fragte: Sie lebe von Hartz IV. Nun habe das für sie zuständige Jobcenter ihre private Homepage im Internet entdeckt, auf der sie unter anderem schreibt, dass sie vier Hunde und ein Pferd halte, und Fotos von den Tieren zeigt. Die Sachbearbeiter hätten sie angerufen und gebeten zu erklären, wie sie die Tiere finanziere. Ob sie nun in Schwierigkeiten kommen könne, und ob die Behörde ihr überhaupt auf diese Weise nachspionieren dürfe? Zunächst sind die anderen Nutzer hilfsbereit. Eine andere Frau schreibt, sie habe auch vier Hunde und sei von der Behörde gefragt worden, wie sie die Tiere satt bekomme. »Ich habe ihnen vorgerechnet, dass ein 15-kg-Sack Trockenfutter (30 Euro) für den ganzen Monat reicht«, schreibt sie. »Mein Sachbearbeiter hat dann auch von Nass- auf Trockenfutter umgestellt.« Zwar gibt es auch ein paar schärfere Kommentare. Zu Recht frage sich das Jobcenter, wie Lillifee und ihr Freund einen »Zoo« finanzieren könnten, schreibt ein Forenmitglied und warnt, vor dem Sozialgericht könne das »richtig böse ausgehen« für die beiden Tierhalter. Aber die meisten raten der Frau ruhig und sachlich, dem Amt einfach eine Kostenaufstellung zu liefern.

Dann aber eskaliert die Situation plötzlich. Ein Administrator schaltet sich ein und postet einen Link zu Lillifees Homepage, auf der sie die Hundefotos präsentiert und eine Reitbeteiligung für das Pferd sucht. Diese private Website hatte Lillifee nicht in Verbindung mit ihrer Frage öffentlich gemacht, ihre Identität ist – offenbar mithilfe ihrer Anmeldedaten, die nur die Organisatoren des Forums kennen – von dem Administrator verraten worden. Auf ihre wütenden Proteste antwortet der Administrator nur knapp, dass die Behörden sicherlich berechtigt seien, ihr gegenüber misstrauisch zu sein. Und nun sei es an ihr, ihre Hilfebedürftigkeit zu beweisen. Zudem verteidigt er die ARGE, die Lillifee nachspioniert hat und ihr nun Schwierigkeiten macht: »Sie verteilt das Steuergeld der Allgemeinheit und muss damit sparsam und wirtschaftlich umgehen.« Am Ende löscht der Administrator den Link doch noch, Lillifee schreibt, sie habe sich trotzdem bei den Verantwortlichen des Forums über ihn beschwert. Dann endet der Thread und hinterlässt einen bitteren Nachgeschmack bei jedem, der ihn liest. Datenschutz hin oder her: Dass jemand Tiere hält, obwohl er selbst von einer behördlich gewährten Grundsicherung abhängig ist, ruft offenbar bei vielen Menschen starke Aggressionen hervor und das Gefühl, man habe es hier mit Dreistigkeit oder sogar Betrug zu tun. Der Luxus Tierhaltung, den sich viele Berufstätige verkneifen, so die Haltung dahinter, stehe armen Menschen einfach nicht zu. Vielleicht stecken auch ganz alte Ressentiments dahinter. Die amerikanische Historikerin Harriet Ritvo deckte anhand alter Quellen auf, dass man es im 19. Jahrhundert, als die Mittelschicht gerade begann, Hunde und Katzen wie Familienmitglieder im Haus zu halten, äußerst kritisch sah, wenn die Ärmsten sich Haustiere zulegten. Ein häufiger Vorwurf war, die Armen würden ihre Kinder vernachlässigen, wenn sie für Tiere sorgten. Man nahm außerdem an, dass Tierhaltung die hygienischen Bedingungen in den beengten Wohnungen der städtischen Unterschicht noch mehr verschlechterte. Waren Menschen arm und hielten zudem Tiere, galten sie als besonders depriviert. In den Peabody-Buildings in London, Modellmietshäusern für die Arbeiterklasse, die Ende des 19. Jahrhunderts erbaut wurden, um die Wohnverhältnisse armer Familien zu verbessern, waren Haustiere ebenso verboten wie das Aufhängen von Wäsche und das Spielen von Kindern in den Fluren. Schon damals war über die unteren Schichten die Meinung verbreitet, sie hielten besonders viele Hunde.

Claudia Hollm will solchen hochemotionalen Debatten mit ihrer Arbeit keinen Vorschub leisten. Und sie sieht auch einen gewissen Regulations- und Erziehungsauftrag im Interesse der Tiere. Sie glaubt: Würde man keinerlei Grenzen ziehen, dann würden viele Tiere von Menschen aufgenommen, die dafür nicht geeignet sind – nicht nur ihrer Vermögensverhältnisse wegen. Mit solchen Leuten haben die Tiertafel-Mitarbeiter oft zu tun. Eine Frau um die vierzig mit Pudelmütze und dicker blauen Daunenjacke diskutiert mit einer von Yvonnes Kolleginnen in der Ausgabestelle. Hollm baut sich resolut vor ihr auf, hört sich an, was sie zu sagen hat, beendet das Gespräch nach ein paar entschlossenen Sätzen. Später erzählt Claudia Hollm, die Frau sei schon lange Tiertafel-Kundin und leicht geistig behindert, ihr Hund sei gerade gestorben, nun habe sie sich einen neuen zulegen wollen. Als die Tiertafel ihr mitteilte, der neue Hund werde aber nicht versorgt, überlegte sie sich etwas anderes: Zu ihren drei Meerschweinchen will sie nun noch ein viertes haben. Hollm schüttelt den Kopf: »Jeder Tiertafel-Kunde darf vier Tiere haben«, sagt sie, »aber das geht nicht.« Irgendwann sieht die Tierhalterin es ein. Man trennt sich freundlich, ein Futterpaket für ihre Meerschweinchen nimmt die Frau auch noch mit.

Man kann das alles auch anders sehen. Rudolf Martens vom Paritätischen Gesamtverband hat die Summe für Tierhaltung, die er in die Regelsatz-Empfehlung aufgenommen hat, nicht nur für Menschen vorgesehen, die schon vor dem sozialen Abstieg Haustiere hielten. Er ist der Meinung, dass auch Hartz-IV-Empfängern die Entscheidung freistehen sollte, sich ein Haustier zuzulegen. »Ein Kanarienvogel oder eine Ratte geht ja dann immer noch«, findet er. »Wir haben die Summe in unseren Regelsatz hineingeschrieben, weil wir Haustiere einfach für wichtig erachten – gerade für Kinder.«

Die Situation von Kindern, die in Armut leben, ist in der Medizin und Psychiatrie in den vergangenen Jahren mehr und mehr in den Fokus gerückt. Kaum ein Kongress über Kinder- und Jugendmedizin, über Psychosomatik oder Psychiatrie vergeht, ohne dass gleich mehrere Referenten darauf hinweisen, welche Kinder am gefährdetsten von allen sind, an psychischen Störungen zu erkranken: arme Kinder. Das sozioökonomische Niveau der Familie entscheidet darüber, wie verletzlich ein Kind auf die Belastungen des Lebens reagiert. Möglicherweise sind es die Ohnmachtserfahrungen, die Kinder in armen Familien machen müssen, die sich schädlich auf die Psyche auswirken. Und Armut schädigt Kinder offenbar unabhängig von der Frage, ob ihre Eltern sie fördern oder nicht. Das zeigten Wissenschaftler der University of Sheffield im Jahr 2012 mit einer Studie, für die 8000 Kinder Tests absolvierten, bei denen es um Erkennung von Mustern und Bildern, Sprach- und Lesefähigkeiten ging. Kinder, die seit dem Säuglingsalter in Armut lebten, zeigten deutlich schlechtere Ergebnisse. Armut hatte dabei einen stärkeren Effekt auf die kognitiven Fähigkeiten als die Frage, ob Eltern ihre Kinder regelmäßig förderten. Die Ressourcen hätten eben einen maßgeblichen Einfluss, folgerten die Studienleiter: »Wenn meine Kinder mit dem Notebook spielen können, hat das nur mit meinem Einkommen, nichts mit mir als Vater zu tun; ich bin nicht im Raum«, sagte einer der Studienautoren der Zeitung *Guardian*.

Ein Notebook, Musikkurse, eine Sportausrüstung, Räumlichkeiten, in die man Freunde einladen kann – die Liste der Dinge, für die die Ressourcen von Hartz-IV-Familien nicht ausreichen, ist lang. Und jeder weiß, dass man leichter an eine Katze kommt, wenn man arm ist, als an ein Auto, einen Tanzkurs, schöne Kleider oder die Möglichkeit, eine Reise zu buchen. Ein junges Kätzchen bekommt man umsonst, viele Menschen sind froh, wenn man ihnen ihren Hund abnimmt, Nagetiere werden in Zoohandlungen für ein paar Euro verkauft und kranke oder verhaltensauffällige Pferde werden gar nicht selten verschenkt.

Etwas Lebendes – das ist wohl, wenn man es genau betrachtet, ein ganz großer Luxus und zugleich eines der wenigen Extras, die auch in Armut erschwinglich sind, zumindest in der Anschaffung. In dem Augenblick, in dem man ein Tier ins Haus holt, kann man auch ohne Geld konsumieren, die Erfüllung einer Sehnsucht wird möglich – jedenfalls für den Moment, auch wenn arme Halter nur wenig später an ihre Grenzen stoßen, Verzweiflung und Scham vielleicht das anfängliche Glück ablösen. Wenn arme Eltern ihre Kinder glücklich machen wollen und auch, wenn sie ihnen so etwas wie ein Statussymbol ermöglichen wollen, kann ein Tier ein kostbares Geschenk sein, das nichts kostet.

Deshalb wohl hält sich hartnäckig die Vorstellung, dass Tierhaltung in armen Schichten besonders verbreitet ist. Brasilianische Forscher von der Universität in Sao Paulo fertigten für das Fachmagazin *Preventive Veterinary Medicine* im Sommer 2013 eine statistische Analyse der Verbreitung unterschiedlicher Haustiere in einer Reihe von Städten an. Dabei registrierten sie die Zahl der Haustiere pro Haushalt, aber auch das Einkommen und andere Charakteristika der Halter – und bilanzierten am Ende überrascht, dass zwar viele Familien mehrere Tiere hielten (vor allem Hunde), aber die Wahrscheinlichkeit, dass überhaupt kein Hund im Haushalt lebte, am größten bei den ärmsten Familien war. »Das widerspricht der verbreiteten Auffassung, dass eine Familie umso wahrscheinlicher Tiere hält, je ärmer sie ist«, schreiben die Wissenschaftler erstaunt. Zu einem anderen Schluss kamen Mitarbeiter der University of Liverpool ebenfalls im Jahr 2013 im Fachmagazin *BMC Veterinary Research*. Die Briten untersuchten die Beziehungen zwischen neun und zehn Jahre alten Kindern und Haustieren in heruntergekommenen Vierteln Liverpools, in denen viele sozial schwache Familien leben. Je verwahrloster und ärmer die Gegend, desto mehr Hunde hielten die Familien, resümieren die Autoren.

Haben arme Menschen Tiere? Oder eher reiche? Eine Studie, deren Autoren sich diese Fragen am Beispiel deutscher Hundehalter einmal genauer angesehen haben, stammt aus dem Jahr 2006. Und auch sie kommt zu einem überraschenden Schluss. Selbstständige und Freiberufler sowie Beamte und Facharbeiter, also gehobene Einkommen, seien bei den Hundehaltern überrepräsentiert, schrieben Renate Ohr und Götz Zeddies von der Georg-August-Universität Göttingen in ihrer Studie »Ökonomische Gesamtbetrachtung der Hundehaltung in Deutschland«. Zwei Drittel der Hundehalter haben demnach Wohneigentum.

Wie passt das mit der Behauptung der deutschen Tierärzte zusammen, 30 Prozent ihrer Kunden in Großstädten seien Sozialhilfeempfänger? Eine Theorie dazu lautet, dass sich die Tierhaltung in der Gesellschaft zunehmend in Form einer Schere verteilt. Ganz oben, bei den Wohlhabenden, leben demnach viele Tiere, und unten, bei den Ärmsten. Dazwischen, in den mittleren Milieus, gibt es eher weniger tierische Hausgenossen. Die Amerikaner haben erste statistische Anhaltspunkte gefunden, die diese Theorie unterfüttern könnten: Hunde- und Pferdebesitzer in den USA haben Einkommen, die über dem Durchschnitt liegen. Wer aber Katzen oder Vögel besitzt, ist ärmer als der Durchschnitt der Bevölkerung.

Außer den Bestimmungen, die die Tiertafel aufgestellt hat, gibt es in Deutschland wenige Regeln dafür, wer ein Tier halten kann und wer sich damit übernimmt. Empfehlungen dafür, mit welchem Budget überhaupt welches Tier gehalten werden kann, sind nicht oft formuliert worden. Das Statistische Bundesamt kann immerhin belegen, dass ein deutscher Haushalt im Jahr 168 Euro für Haustiere ausgibt – eingerechnet sind alle Arten von der Rennmaus bis zum Rottweiler. Der Deutsche Tierschutzbund hat auf eigene Faust ausgerechnet, was ein Tier zeitlebens kostet: Eine Katze verschlingt demnach in 15 Lebensjahren mindestens 9000 Euro, zwei Meerschweinchen, die etwa sechs bis acht Jahre alt werden, kosten mindestens 1600 Euro.

Es gibt also Zahlen darüber, wie viel Geld man für ein Haustier zeitlebens aufbringen muss. Ein wenig erinnert das aber an die Zahlen darüber, was ein Kind die Eltern bis zum Ende der Ausbildung kostet: Berücksichtigt sind meist Kleidung, Klavierunterricht, der Amerikaaustausch in der Oberstufe und das WG-Zimmer im Studium. Doch die sekundären Kosten sind nicht aufgelistet: Das andere Leben, das man führen muss. Bei Kindern schlägt vor allem die ausfallende Berufstätigkeit der Eltern oder eines Elternteils zu Buche. Bei Hunden ist es berechtigt, dieselbe Frage zu stellen: Kann in einem Haushalt, in dem ein Hund lebt, jeder Vollzeit arbeiten? Es geht auch um grundsätzliche organisatorische Fragen. Welche Wahl lässt einem der Besitz eines Tieres noch? Kann man jederzeit die Wohnung wechseln, den Job, kann man immer noch den billigsten Urlaub buchen – am besten noch völlig flexibel, last minute? Oder muss man sich einstellen auf das Tier, darf dabei nicht auf jeden Cent schauen? Fragt man Menschen, die regelmäßig Kurzurlaube machen und nicht länger als fünf Tage am Stück verreisen, nach den Gründen dafür, dann geben die meisten an, dass ihnen das Geld für längere Auszeiten fehlt; außerdem gibt es viele Menschen, die einfach nicht gern länger von zu Hause weg sind. Auf Platz drei der Begründungen steht aber schon das Haustier, das man nicht länger allein lassen kann – das war das Ergebnis einer Befragung in Deutschland im Jahr 2011. Im selben Jahr ergab eine zweite Befragung, dass 29 Prozent aller deutschen Tierhalter schon mal wegen ihres Tieres ein Jobangebot abgelehnt haben. Noch gibt es nur wenige Daten wie diese – über die Einschränkungen, die sich Tierhalter auferlegen müssen. Erst wenn man mehr über solche Zusammenhänge wüsste, könnte man eine genaue Grenze ziehen: Wer sollte welches Tier halten? Wem muss man abraten? Wo sollte man aufklären? Und dann blieben immer noch die irrationalen Sehnsüchte der Menschen selbst: Am Ende wollen sie das Tier vielleicht gerade um der Einschränkungen willen, wollen ein Leben, in dem es ein paar Grenzen und Verpflichtungen gibt.

Yvonne Verständig von der Tiertafel Berlin hat schon lange einen Traum: ein gemeinnütziges Beratungsunternehmen für Leute mit Plänen, ein Tier anzuschaffen. »Ich würde gern mal übers Internet ehrenamtlich anbieten, dass ich Leute im Vorfeld informiere, weil ich glaube, dass die meisten Leute sich das nicht richtig überlegen«, sagt sie. Yvonne wäre vielleicht die Richtige dafür, schließlich war sie jahrelang Hundetrainerin, kennt die Geschichten der Tiertafel-Kunden und ist selbst auch schon an ihre Grenzen gekommen. Ihr Wolfsmischling Bam-Bam sei viel schwerer zu erziehen als jeder andere Hund, »sehr ignorant, ein Eigenbrötler«, sagt sie, »allergisch gegen alles, was es gibt. Er hat schon Arztkosten ohne Ende verursacht.« Ständig zerstört er Gegenstände in der Wohnung, »Bam-Bam« nannte sie ihn, weil dauernd etwas schiefging. Yvonnes Fazit ist: »Hunde kosten nicht nur Geld, sondern auch Nerven.«

Hinter ihrem Tisch in der Anmeldung steckt sie sich hastig ein paar Haribo-Weingummis in den Mund. Es ist schon mittags, wieder stehen neue Kunden vor der Tür, gleich muss sie den nächsten zu sich bitten. An den Tagen, an denen sie in der Anmeldung sitzt, kommt Yvonne nicht einmal dazu, zwischendurch ein Brötchen zu essen. Und heute sei es sogar ruhig, sagt sie und zeigt aus dem Fenster: Am letzten Samstag im Monat stehen die Leute immer bis zu fünfzig Meter weit den Zaun entlang, weil die nicht einmal 400 Euro, die Hartz-IV-Empfängern neben der Miete zum Leben zugestanden werden, einfach aufgebraucht sind, wenn sich der Monat dem Ende zuneigt. Weniger als drei Euro pro Tag stehen einem Vorschulkind, dessen Familie den Hartz-IV-Regelsatz bezieht, für Essen zu Verfügung und kaum mehr als sechs Euro im Monat für »Gesundheitspflege« wie Feuchttücher und Heilnahrung für Babys, kühlende Gele für Mückenstiche oder Pflaster für aufgeschlagene Knie. Ein Erwachsener kann für 4,50 Euro am Tag essen und hat 28 Euro zu bieten, wenn Haushaltsgeräte wie die Waschmaschine kaputtgehen. Man kann sich leicht ausrechnen, dass für Tiere fast nichts übrig ist – und Claudia Hollm weiß selbst, dass ihre Vorstellung, die Hartz-IV-Empfänger könnten vielleicht durch die Tiertafel die Gelegenheit haben, ein paar Euro für den Tierarzt zurückzulegen, nur ein frommer Wunsch ist.

Doch es scheint sich für die Heimtierindustrie zu lohnen, Tierhaltern über die Durststrecke hinwegzuhelfen, die der Bezug von Sozialhilfe für sie bedeutet, und damit zu erreichen, dass die Tiere in den Haushalten bleiben, statt für immer abgegeben zu werden. Nur so lassen sich die großzügigen Futter- und Sachspenden an die Tiertafel erklären. Und es gibt ja tatsächlich auch Kunden, die sich wieder abmelden, weil sich ihre Lebensverhältnisse gebessert haben. »Manche kommen vorbei, damit sie aus der Kartei gestrichen werden, und lassen gleich eine Spende von zwanzig Euro da«, erzählt Claudia Hollm. Diese Tierhalter kommen dann wieder als Konsumenten infrage. Hat jemand nicht nur ein Tier, sondern auch Geld, dann kann er heute auf einem großen Markt zwischen den unterschiedlichsten Waren und Dienstleistungen wählen, mit denen man Tiere belohnen, verschönern, gesund machen oder sich selbst das Leben erleichtern kann. Einige Mitarbeiter der wachsenden Heimtierbranche glauben, dass der Konsum für das Haustier sich zu einer Sucht entwickeln kann, dass manche Halter nicht eher ruhen, bis sie das dritte Hundemäntelchen, das fünfte Kaninchenspielzeug erstanden haben. Vielleicht sind das nur Einzelfälle. Der Erfolg der Heimtierindustrie ist aber ein allgemeingültiges und globales Phänomen. Offenbar, das zeigen die Umsatzzahlen, können nicht einmal Wirtschaftskrisen diese Branche aufhalten.

8. Mit Tieren Geld verdienen

Von Haustieren lebt eine ganze Industrie. Wer zwei Meerschweinchen kauft, verlässt das Zoogeschäft heute nicht mehr, ohne 500 Euro ausgegeben zu haben. Wer einen Hund hat, verwöhnt ihn mit Luxus. Experten fassen die neuen Chancen im globalen Markt unter dem Oberbegriff »Humanisierung« zusammen. Von dieser Entwicklung profitiert auch das größte Zoogeschäft der Welt in Duisburg. Der Inhaber verdiente schon als Kind Geld mit Tieren – als Züchter von Fischen und Wellensittichen. Heute nützt ihm die starke Nachfrage nach aufwendigem Zubehör: Der Trend zur Individualisierung hat die Tierhalter erfasst, jeder will seinem Tier das Optimale bieten. Aber es geht auch um Innenarchitektur, denn die Tiere rücken den Menschen immer näher. Und wenn schon ein Kaninchenkäfig mitten im Wohnzimmer stehen soll, dann bitte aus Nussbaum und Glas.

Es gibt zwei Sorten von Hundezüchtern in Deutschland. Die einen bekommen Pokale und Ehrentitel, sie werden in der Lokalzeitung porträtiert und man erhält ihre Telefonnummer von der Pressestelle des Verbands für das deutsche Hundewesen, wenn man Journalist ist und etwas über Hunde schreiben möchte. Die anderen bleiben im Verborgenen. Ihre

Namen in den Impfpässen der Welpen verschwinden unter einer Spezialfolie, die zerreißt und den Namen unkenntlich macht, wenn jemand versucht, sie abzuziehen. Norbert Zajac hat diese Folie eigens anfertigen lassen, um die Hundezüchter zu schützen, die ihn mit Welpen beliefern.

Zajac gehört das größte Zoofachgeschäft der Welt, es steht in Duisburg. Vor dem Haupteingang von »Zoo Zajac« ist wie ein Gütesiegel eine Plakette des *Guinness-Buchs der Rekorde* in die Wand eingelassen, die dem Laden bescheinigt, tatsächlich der größte seiner Art zu sein. Auf mehr als 9000 Quadratmetern verkauft Zajac Bengal-Katzen, Guppys, Angorakaninchen, Feuersalamander, außerdem Alpenwiesenheu, Aquarien, Leuchthalsbänder, Leckerlis – und seit Anfang 2012 auch Hundewelpen. Als Zajac nach jahrelangen Bemühungen endlich die Genehmigung erhalten hatte, junge Hunde in einer eigens gebauten Anlage mit verglasten Zwingern, Gummiestrich, Fußbodenheizung und automatisch füllenden Wasserschüsseln anzubieten, kam es zu einem großen öffentlichen Eklat. Damals war schon fast vergessen, dass es jemals Hundewelpen in den Schaufenstern der Zoohandlungen gegeben hatte – und auch, dass die Branche sich 1991 selbst verpflichtet hatte, die jungen Hunde aus dem Programm zu nehmen. Als Zajac dann ankündigte, als erster Zoohändler Deutschlands wieder Welpen in seinem Geschäft in Duisburg anbieten zu wollen, protestierten Tierschutzverbände, auch der Zentralverband Zoologischer Fachbetriebe distanzierte sich von dem Vorhaben. »Wir hatten an einem Tag achtzig Journalisten im Haus, davon zwölf Fernsehteams. Diesen tierquälerischen Zoohändler wollten sie sehen, der es wagt, Hunde ins Sortiment aufzunehmen«, erinnert sich Zajac an diese Zeit. Die ersten drei Züchter, die ihn belieferten, haben noch in seinem Geschäft vor laufender Kamera ein paar Worte gesagt. »Dann gab es bei denen eine Demo im Dorf, drei Fernsehteams liefen durch den Garten, es entstand eine Internetseite mit Beschimpfungen.« Danach entschloss Zajac sich, die Herkunft der Welpen zu verschleiern.

Der 58-Jährige hat vor dem Bau der neuen Hundeanlage gewusst, dass es Ärger geben würde. In gewisser Weise ist es genau das, was er gewollt hat: kostenlose PR für seinen Laden, die Aufmerksamkeit der Medien, eine öffentliche Debatte. Norbert Zajac ist seit fast vierzig Jahren Zoohändler. Er muss gewusst haben, dass man es in Deutschland heute nicht mehr mag, wenn so offen mit Tieren Geld verdient wird wie in seinem Geschäft. Längst gibt es Initiativen wie die Website gegen-zooladenkaeufe.de, auf denen der Verkauf von Tieren im Handel ganz generell infrage gestellt wird. Auch Zajacs Laden hat viele Kritiker. »Schrecklich – Tiere wie im Supermarkt«, heißt es in Internetforen. Die Hundewelpen waren eine weitere, massive Provokation. Verhaltensbiologen gehen davon aus, dass es für die Entwicklung von Hunden schädlich ist, wenn zwischen zwei »Rudel« – die Ursprungsfamilie beim Züchter und die späteren Halter – eine Übergangsphase geschaltet ist. Nicht nur Tierschützer gingen auf die Barrikaden. Auch die etablierte Hundezucht fühlte sich düpiert. Norbert Zajac stellte sich mit dem neuen Verkaufsangebot gegen Normen, auf die man sich längst geeinigt hatte: dass Rassehunde namhafte Züchter brauchen, Papiere, eine Ahnentafel, dass sie aus einem »guten Stall« kommen sollten. So will man nicht nur den Status anerkannter Hundezüchter vor Inflationierung schützen, sondern auch den Standard der Hundezucht halten und die Hunde vor Leid und gesundheitlichen Problemen bewahren. Züchter, die sich etwa dem Verband für das deutsche Hundewesen (VDH) angeschlossen haben, dürfen mit jeder Hündin nur einmal im Jahr einen Wurf züchten und müssen sich zu Tests verpflichten, um genetische Defekte und Krankheiten, die für bestimmte Rassen typisch sind, auf lange Sicht auszumerzen. Norbert Zajac allerdings tut dieses System mit einer einzigen wegwerfenden Handbewegung ab: »In Deutschland sind fünfzig Prozent aller Stammbäume gefälscht«, sagt er. Die Hunde, die er verkauft, bekämen unter anderem aus diesem Grund keine Abstammungspapiere mit auf den Weg. So ist von vornherein ausgeschlossen, dass irgendjemand später wegen einer Fälschung eine Klage anstrengt. An den Glasboxen seiner Welpenanlage hängen Schilder mit Aufschriften, die beispielsweise »Typ Chihuahua« lauten statt des eindeutigen »Chihuahua«. Zajac musste diese Beschilderung aus rechtlichen Gründen wählen. Beide Eltern seien zwar Chihuahuas, aber er könne das nicht beweisen, weil die Papiere der Tiere nicht mitverkauft würden, erklärt Zajac. Darin ließe sich schließlich der Name der Züchter nachlesen, den er schon aus den Impfpässen mühsam wegretuschiert.

Auch wegen dieser völligen Anonymisierung, die er zusichern kann, findet Zajac weiterhin Züchter, die ihn mit Welpen beliefern – trotz der öffentlichen Ablehnung. Und seine Welpen finden weiterhin Käufer. Heute klingt er amüsiert, wenn er über den Aufruhr in der Anfangszeit spricht. »Ich war im Januar 2012 die viertmeist genannte Person in der Presse«, sagt Zajac grinsend. »Nummer eins war Christian

Wulff, Platz zwei hatte Duisburgs Oberbürgermeister, Platz drei der Kapitän der Costa Concordia – und danach kam ich. Von uns vieren bin ich der Einzige, der seinen Job heute noch hat.«

Norbert Zajac sitzt auf einem Gartenstuhl, im Hintergrund seine verglaste Hundeanlage. So, wie sie sich an der Innenwand seiner Verkaufshalle entlangzieht, haben sich schon Zajacs Vogelvolieren und Terrarien am Gartenzaun seines Elternhauses in Gladbeck aufgereiht, als er ein Kind war. Zajac hat früh angefangen, mit Tieren zu handeln. »Los ging dat bei mir gar nicht«, sagt Zajac, wenn man ihn nach den Anfängen fragt. »Das Erste, woran ich mich erinnern kann, ist, dass wir in der Küche ein Aquarium hatten. Mit vier habe ich einen Goldhamster und eine Eidechse bekommen. Mit fünf habe ich Meerschweinchen gezüchtet.«

Zajac wuchs als mittlerer von drei Brüdern auf. Die Eltern hatten wenig Zeit, der Vater war Polizist und arbeitete im Schichtdienst, die Mutter kümmerte sich um die pflegebedürftigen Großeltern. »Mit Freizeit und Urlaub war nichts«, sagt Zajac über seine Kindheit, sieht aber ganz vergnügt dabei aus. Der Vater erlaubte den beiden älteren Jungen, den Garten an der Hecke entlang mit Käfigen, Gehegen und Terrarien zu umzäunen. »Er sagte: Ihr dürft das machen, kriegt aber nie Geld dafür von mir. Wenn ich sehe, dass ihr die Tiere nicht pflegt, werden sie sofort alle abgeschafft«, erzählt Zajac. Offenbar kümmerten die Zajac-Söhne sich zur Zufriedenheit des Vaters um ihren Zoo, denn er musste seine Drohung nie wahrmachen. Norbert Zajac erzählt: »Mit acht Jahren habe ich mir mein erstes Krokodil vom Taschengeld gekauft. Mit zwölf hatte ich eine Greifvogelauffangstation. Mit dreizehn war ich der jüngste geprüfte Sittich- und Papageienzüchter Nordrhein-Westfalens. Ich hielt damals schon 200 Sittiche.«

Längst waren im Gladbecker Garten Dimensionen erreicht, die nichts mehr mit einem normalen Hobby zu tun hatten. Das lag auch daran, dass die Zajac-Brüder gezwungen waren, ihre Tiere irgendwie zu finanzieren. Norbert Zajac begann aber nicht nur aus der Not heraus, mit Tieren zu handeln, sondern auch, weil er sein Talent dafür entdeckte. »Ich war immer der Dealer in der Familie«, sagt er heute zufrieden. Als er vierzehn war, erkannte er eine Marktlücke: Regelmäßig belieferte er Zoohandlungen mit Wellensittichen aus seiner Zucht. Irgendwann an einem Sommertag sagte ein Händler zu ihm: »Boah, noch 'ne Kiste mit Wellensittichen. Im Winter brauchen wir welche. Zu Weihnachten hätten die Leute gern Wellensittiche. Aber dann gibt es keine.« Norbert Zajac gab daraufhin seinen Vögeln im Sommer keine Nistkästen. »Dann fingen die im Herbst an zu brüten. Pünktlich zu Weihnachten hatte ich junge Wellensittiche. Den Zoohändlern habe ich gesagt: Wer am meisten zahlt, kriegt die. Ich hab zehn Mark bekommen, wo die anderen nur vier Mark verdienten.« Nachdem sein Konzept ins Rollen gekommen war, kaufte er im weiteren Umland alle Wellensittiche anderer Züchter auf, bis er ein Monopol hatte. Die Zoohändler verpflichtete er, auch im Frühjahr und Sommer nur bei ihm zu kaufen – ansonsten würden sie im Herbst und Winter keine Wellensittiche von ihm bekommen. »Damit habe ich im Großraum Recklinghausen den Markt kontrolliert.« Mit vierzehn. Mit sechzehn war er dann schon »zusätzlich groß in die Aquaristik eingestiegen«, sagt Zajac. Er importierte Zierfische aus Singapur, pflegte sie eine Weile und verkaufte sie weiter an die Zoofachgeschäfte. »Ich hatte nämlich so viele Abnehmer, dass ich gar nicht genug Fische selbst züchten konnte.«

Seinen Erfolg erklärt Zajac damit, dass er sich die Marktsituation schon immer genau angeschaut hat. »Ich hab immer zugehört. Bis heute mache ich meine Marktforschung selbst.«

Zehnmal im Jahr zieht sich Zajac eine dicke Jacke an, setzt sich eine Baseballkappe auf und gibt auf dem Parkplatz vor seinem Superstore den Einweiser für die Autofahrer. »Wenn die Leute aussteigen, frage ich sie, wo sie herkommen. Und wenn sie aus dem Laden rauskommen, frage ich sie, ob sie zufrieden waren.«

Außerdem sei er immer vielseitig gewesen. »Die meisten Leute in unserer Branche denken ihr Leben nur in einer Schiene«, sagt er. »Der eine züchtet, der andere ist Händler. Der Händler will nur Masse und Kohle, vom Züchten hat er keine Ahnung. Ich hab immer beides gemacht. Und ich hab mich immer unterhalten. Mit beiden, Züchtern und Händlern.«

Als Zajac als junger Mann seine berufliche Zukunft plante, setzte er ebenfalls auf mehr als ein Standbein. Er machte eine Lehre zum Stahlbauschlosser und beendete sie als bester Absolvent in Gladbeck. Mit zwanzig Jahren eröffnete er dann seine erste eigene Zoohandlung in Duisburg, er übernahm ein Geschäft von einer hochschwangeren Frau, die es möglichst schnell abgeben wollte. »Am 3. Dezember 1975«, sagt Zajac. »Hab ich besser behalten als meinen Hochzeitstag.« 65 Quadratmeter Geschäftsfläche hatte der Laden am Anfang. Schon nach wenigen Monaten konnte Zajac ein Zimmer daneben mieten. »Wir machten einen Mauerdurchbruch und kauften damals gleich auch den ersten Betonmischer und Presslufthammer.« Ein Lager von 200 Quadratmetern hinter dem Haus kam dazu. Hier stellte Zajac eine zwanzig Tonnen schwere Aquarienanlage auf. Die Hausbesitzerin verstarb, Zajac konnte das Haus kaufen, selbst dort einziehen und außerdem im Hof eine Teichanlage installieren. Irgendwann gab die Reinigung nebenan auf. »Dann kam von mir wieder das berühmt-berüchtigte ›Loch inne Mauer‹«, sagt Zajac. Der Nachbar wanderte nach Amerika aus, Zajac kaufte auch das Haus, übernahm zwei Ladengeschäfte und brach erneut die Mauer durch. Mitte der Achtzigerjahre baute er einen Versandhandel auf mit kleinem Callcenter, um die Bestellungen entgegenzunehmen. 25 Mitarbeiter hatte er zu dem Zeitpunkt schon. Von der Stadt kaufte Zajac ein Grundstück hinter seinen Häusern und baute eine doppelstöckige Lagerhalle. »Dann war eine Größe erreicht, wie sie in Deutschland kein anderes Zoogeschäft hatte.« Offiziell bescheinigen vom Guinnessbuch ließ sich Zajac den Rekord erst, nachdem er 2004 in die riesige Halle im Duisburger Nordosten eingezogen war und auch weltweit kein anderer Zoohändler mehr mithalten konnte.

Norbert Zajac mag den Wettbewerb, und er mag Superlative. Er hat seine Besucher systematisch gezählt, bis er mit Fug und Recht sagen konnte, »Zoo Zajac« sei das größte touristische Ziel in Duisburg – besser besucht als der »richtige«, der städtische Zoo. In den Neunzigerjahren stieg er ins Messegeschäft ein und gründete Aquaristik- und Angel-, Haustier- und Reptilienmessen. Stets zählte er Besucher und maß Hallen aus, um dann sagen zu können, seine Messe sei die größte ihrer Art in ganz Deutschland. Die erste Aquaristikmesse organisierte er 1993 in der Düsseldorfer Mercatorhalle. Finanziell war das Ganze ein großes Wagnis, Zajac musste versuchen, an einem Wochenende eine Viertelmillion Mark wieder hereinzuholen. »Ich habe ganz fürchterlich die Werbetrommel gerührt und Gott und die Welt eingeladen«, sagt Zajac. »Gott ist nicht gekommen.« Aber Helmut Kohl, der immer begeisterter Aquarianer war, rief vorher persönlich an und entschuldigte sich, dass er nicht dabei sein konnte. »Stattdessen hat er mir dann einen Staatssekretär zur Eröffnung geschickt.«

Deutschland ist das Mutterland der Aquaristik, die erste Messe wurde ein überwältigender Erfolg. Ab Mitte der Neunzigerjahre veranstaltete Zajac auch Messen, die sich nur an die Halter und Züchter von Diskusfischen richteten. Er sorgte dafür, dass hier eine Diskusfisch-Weltmeisterschaft ausgerichtet wurde. Teilnehmer aus 25 Nationen meldeten sich. »Der erste Preis waren 5000 Mark und ein Riesenpokal, fünfzehn Kilogramm schwer, 24 Karat vergoldet, mit einer Diskusfisch-Plastik«, sagt Zajac. »Für uns Deutsche ein kitschiger Pokal, aber die Welt liebt Glitzer und Glamour.« In der Welt von Glitzer und Glamour fühlt sich auch Norbert Zajac wohl. Er weiß, dass Rekorde und eingängige Schlagworte die Aufmerksamkeit von Medien und Öffentlichkeit finden und freute sich sogar, als ein Journalist eine ganzseitige Reportage über sein Geschäft veröffentlichte, Titel »Der Tier-Dealer«. Zajac lächelt zufrieden. Diesen Ausdruck, den man durchaus auch negativ verstehen kann, finde er sehr treffend. Sich selbst sieht er heute nicht nur als Händler, sondern als jemanden, der im Showgeschäft arbeitet. Schließlich hat er Fernsehshows wie »Wetten, dass?!« mit exotischen Tieren versorgt. Frank Elstner, erzählt Zajac, habe einmal gesagt, dass er nur noch Shows mit Tieren mache, wenn Norbert Zajac die Tiere liefere – weil es immer so reibungslos funktioniert habe. Auch Zajacs nächstes Ziel ist wieder darauf gerichtet, maximale mediale Aufmerksamkeit zu erzeugen. Vor der Glasfront eines Geheges mit zwei Dreibinden-Kugelgürteltieren bleibt er stehen und sagt: »Wir trainieren die beiden jetzt schon, sich zwischen zwei verschiedenen Näpfen zu entscheiden.« Zajac denkt an die Fußball-WM in Brasilien im Sommer 2014 und an Krake Paul aus dem »Sea Life Centre« im nahen Oberhausen, der während der WM 2010 alle Spiele mit deutscher Beteiligung korrekt vorhersagte, indem er stets den Futterbehälter wählte, auf dem die Flagge des Siegerlandes aufgeklebt war. »Den Job von Krake Paul hätte ich gern nächstes Jahr«, sagt Zajac.

Wenn man mit Norbert Zajac am Gehege der Gürteltiere angelangt ist, hat man Bindenwarane passiert, Ohrenquallen, Albino-Nasenbären, Seepferdchen, Zwergotter, Tigerpythons, Lisztäffchen, aber auch gängigere Arten wie Angorakaninchen, Goldhamster oder Farbratten. Im überdachten Hof laufen Pfauen frei umher und Zwerghühner, die in einer Brutanlage vor den Augen faszinierter Kinder schlüpfen; bald sollen in einen eigens mit einem Wasserbecken ausgestatteten Streichelzoo Wasserschweine aus Südamerika einziehen, eine Riesenversion des herkömmlichen Meerschweinchens. Die unendliche Vielfalt des Ladens lockt mehr als eine Million Besucher im Jahr in den abgelegenen Teil Duisburgs an der Grenze zu Oberhausen. »Wir sind hier in Duisburg der Haustier-Zoo«, sagt Zajac. Sein Geld verdient Norbert Zajac heute aber gar nicht mehr mit dem Verkauf von lebenden Tieren – jedenfalls nicht mehr direkt. »Durch die Tiere verlieren wir jedes Jahr einen sechsstelligen Betrag«, sagt er. Natürlich werden auch Tiere verkauft. Doch 99 Euro für ein Cuy-Riesenmeerschweinchen fallen kaum ins Gewicht, und ein Präriehund für 499 Euro, ein Bindenwaran für 995 Euro oder ein Zwergotterpärchen für 1995 Euro geht nur ganz selten über den Ladentisch.

Die Kasse füllt sich auf andere Weise: Die Menschen, die mit Kindern und Enkeln hinausfahren zu »Zoo Zajac« wie zu einem Freizeitpark, kaufen Zubehör und Futter. 12.000 Kunden flanieren an manchen Samstagen durch das Geschäft. Gleich im Eingangsbereich finden sie die exklusiveren Ausstattungsgegenstände. »Doggy Pool«, ein Bällchenbad, oder »Doggy Liner«, einen Fahrradanhänger für Hunde. »New Starlite«, einen chromglänzenden Freisitz für Papageien, fast zwei Meter hoch. 50.000 Zubehörartikel hat Zajac im Sortiment, vom stromsparenden Mini-Aquarium bis zum Zeckenhaken.

Dass mit diesen Accessoires so viel Geld zu verdienen ist, liegt Zajacs Meinung nach an der geänderten Haltung, die Tieren entgegengebracht wird. »Die Einstellung zu Tieren hat sich in meinen 38 Jahren Unternehmertum ganz gravierend geändert«, sagt er. »Früher war ein Tier ein Dekorationsteil. Man hat sich Goldfische gekauft wie Stiefmütterchen. Wenn Tiere krank wurden, dann sind sie halt einfach kaputtgegangen.« Heute werde ihnen ein hoher Wert zugemessen – nicht nur materiell, auch ideell. »Die Schildkröte gab es früher für fünf Mark beim Tierhändler an der Ecke. Heute sitzt sie im Terrarium mit UV-Lampe, Sandboden, superausgewogener Ernährung.« Zajac erinnert sich noch an ganz andere Zeiten. Früher, sagt er, habe der Spediteur die Schildkröten vom Großhändler ins Zoogeschäft geliefert, verpackt in Apfelsinenkisten. »Sie waren ganz stramm reingestapelt, damit das nicht rappelte. Dann wurden sie in die Ecke gestellt, Lieferschein unterschrieben, und das war's. Natürlich waren da vier, fünf tote drin. Aber man hat noch nicht mal reingeguckt. Auch bei den Kunden war dat ganz normal, dass die Schildkröte im Herbst totging.«

150 Euro koste eine Schildkröte heute. »Mit Terrarium ist man dann bei tausend Euro. Die Wertigkeit ist ganz anders, und auch der Umgang mit Krankheiten. Heute geht man mit so einem kleinen Goldfisch im Glas zum Tierarzt, die Leute wollen wirklich wissen, was ihm fehlt.« Zajac hat deshalb Tierärzte und Biologen im Haus, die Haltungsumstände analysieren und die Käufer medizinisch beraten. Noch vor zwanzig, dreißig Jahren sei der Blick auf Aquarien ein ganz anderer gewesen: »Fische rein, Plastikpflanzen rein, Fische tot, Aquarium ausschütten, in Keller stellen.«

Auch bei den gängigen kleinen Säugetieren hat sich viel getan. »Früher hielt man einen Hamster in einem Zwanzig-Liter-Eimer mit Laufrad, bisschen Wolle rein, fertig«, sagt Zajac. »Heute gibt es eine unglaubliche Vielfalt an Spielzeug und Rückzugsmöglichkeiten und erlesene Sachen zum Füttern.« Zajac hat die Preise aus den Achtzigerjahren noch genau im Kopf. »Damals gab es das Kaninchen mit Käfig, Hobelspänen, Futternapf, Wassertränke für einen Komplettpreis von 79 Mark. Heute kauft man natürlich nicht ein Kaninchen, sondern zwei. Heute ist so ein Kaninchenkäfig 1,80 Meter lang. Dazu wird noch ein Außengehege gekauft. Nicht selten gibt ein Kunde 700 Euro für Kaninchen schon in der Anschaffung aus. Unter 200 Euro geht auch bei der Meerschweinchenanschaffung nichts, meist sind es eher 200 bis 500 Euro.« Allein an den Samstagen verkauft »Zoo Zajac« dreißig Meerschweinchen und Kaninchen. Blickt Zajac auf die Anfänge seines Händlerlebens und vergleicht sie mit den Kundenvorstellungen von heute, dann sagt er: »Da liegen mehr als zwei Welten dazwischen. Die Tiere werden heute quasi vom Menschen hofiert.«

Marktanalysten sehen diesen Trend ebenfalls, sie nennen ihn den »Pet Humanisation Trend« und finden ihn überall auf der Welt. Die Londoner Agentur Euromonitor International untersucht regelmäßig den Heimtiermarkt in fast sechzig Ländern von Argentinien bis Vietnam und blickt dabei auch auf die Hintergründe: In Brasilien beispielsweise floriert die Heimtierbranche, weil die Mittelschicht wächst und zugleich viel mehr Brasilianer in Single-Haushalten leben als noch vor wenigen Jahren. In Kolumbien halten immer mehr Menschen Katzen. Auch diese Entwicklung hat mit den sich wandelnden Familienstrukturen zu tun: Singles wünschen sich ein Haustier als Gesellschaft, aber für die meisten Menschen nehmen auch die Arbeitsstunden zu, weil das Land sich im wirtschaftlichen Aufschwung befindet. Eine Katze lässt sich von diesen Berufstätigen leichter halten als ein Hund. In China neigt die wachsende Gruppe der kinderlosen Paare dazu, ihre Tiere zu vermenschlichen.

Für fast alle Ländern der Welt kommen die Analysten zu dem Schluss: Der Heimtiermarkt boomt – selbst wenn die Staaten von der Wirtschaftskrise, die im Jahr 2008 begann, gebeutelt sind. In Italien etwa ist die Heimtierindustrie eine der wenigen Branchen, die sich trotz Krise gut entwickeln. Nur in wenigen Ländern hat die Krise echte Auswirkungen auf das Konsumverhalten der Tierhalter: in Irland etwa oder noch mehr in Griechenland, wo die Halter beginnen, Fertigfutter durch Essensreste zu ersetzen.

In manchen Ländern etabliert sich die Hobby-Haustierhaltung gerade erst, das heißt, die Zahl der privat gehaltenen Tiere steigt, wie beispielsweise in Ägypten, Marokko oder China, was dem Markt für Futter und Zubehör einen Schub verleiht. In anderen, etwa Frankreich oder den USA, bleibt die Zahl der Haustiere zwar konstant, dafür gibt es aber einen Trend in Richtung »Premiumisierung«: Die Halter wenden sich besonders hochwertigen und teuren Produkten zu.

Es ist dabei nicht so, dass in Ländern, in denen man sich gerade erst für Hunde und Katzen zu interessieren beginnt, die vergangenen fünfzig Jahre des Konsums im Westen Schritt für Schritt nachgeholt werden. Im Gegenteil: In den Großstädten Indiens zum Beispiel fängt man zwar gerade erst an, Hunde und Katzen als Hausgenossen zu akzeptieren, aber die Waren, die dort besonders gern für die neuen Begleiter gekauft werden, sind Schuhe, T-Shirts oder Shampoos. Es gehe den Haltern um ein »Style-Statement«, so die Marktbeobachter. Die Jahrzehnte, in denen in westlichen Industrieländern zunächst Basics wie Kratzbäume für Katzen oder Schlafkörbe für Hunde ins Angebot kamen, werden auf dem Subkontinent einfach übersprungen, man schielt sofort auf den globalen Markt, der inzwischen auch Luxus für Tiere bereithält. Dieses Premiumsegment ist der Aspekt des weltweiten Heimtiermarktes, der medial die größte Aufmerksamkeit bekommt. Immer wieder wird über Luxushotels für Haustiere berichtet und über sündhaft teure Dekadenz, etwa die Firma ilovedogsdiamonds.com, die Diamantencolliers für Hunde herstellt, die mehr als drei Millionen Dollar kosten können. Oder auch über den Pet Spa im Londoner »Harrods«: Ein Spa-Tag für ein Tier kostet hier 350 Euro. Zum Luxus zählen viele Journalisten auch skurrile Angebote wie Todesanzeigen und Bootsausflüge für Hunde oder koscheres Tierfutter für die Zeit des Pessachfestes, das ein Zoogeschäft in Michigan im Angebot hat.

Das Luxussegment boomt auch in Deutschland. Bekannt geworden ist vor allem Koko von Knebel, eine kleine Kette von Läden in exklusiven Lagen in Berlin, Hamburg, München, Düsseldorf und auf Sylt. Gegründet wurde das Label von einer Kieler Geschäftsfrau, die zuvor ein Vermögen mit einer Immobilienverwaltung gemacht hatte. In ihren Koko-von-Knebel-Läden werden edle Porzellannäpfe, opulente Hundebetten, strassbesetzte Halsbänder, Torten für den Hundegeburtstag und Hundepullis in allen erdenklichen Formen und Stylings angeboten – bis hin zu kleinen altrosa Ballettanzügen mit Rüschen am Hinterende. Einer der Fressnäpfe der Marke – aus weißem Porzellan mit Platinwappen am Boden – schaffte es bis in die Wanderausstellung »Die Sprache des Geldes«; das Modell kostet 699 Euro.

Inzwischen nimmt auch der ganz normale Zoofachhandel immer mehr Tier-Luxus in sein Sortiment auf. »Die Umsatzbedeutung ist verglichen mit dem Restsortiment vernachlässigbar«, sagte Michael Staudinger, Einkäufer der Kette »Koelle Zoo« Ende 2012 der *Deutschen Presse-Agentur dpa*. »Jedoch sind die Margen und Erträge lukrativ, da der Kunde hier eine hohe Preisbereitschaft mitbringt.« Der Zoofachmarkt Koelle verdoppelte deshalb innerhalb von zwei Jahren den Anteil dieser exklusiven Produkte, darunter auch ein Katzenkratzbaum für knapp 1500 Euro.

Andere Geschäftsleute vermuten hinter der steigenden Bereitschaft, für Spielereien und Komfortausrüstungen Geld auszugeben, »eine Form der Sucht« – so formuliert es die Geschäftsführerin eines Internetversands für Hundeartikel gegenüber der *dpa*. »Viele fangen mit dem Wintermantel an, kaufen dann den Pullover und irgendwann kommt das T-Shirt hinzu.« Ein Sprecher des Industrieverbands Heimtierbedarf hingegen vermutet, über Accessoires wollten die Halter ihre Persönlichkeit ausdrücken. Die Tiere seien »der verlängerte Arm der persönlichen Identität«. Der amerikanische Psychologe Harold Herzog hat für das ausufernde Konsumverhalten der Tierhalter, die Bereitschaft, für Luxusmenüs, Massagen oder seidene Mäntel Geld auszugeben, wiederum eine andere Erklärung: »Wir projizieren unsere Gefühle auf das Tier, meinen, das Tier liebt uns, weil wir das Tier lieben«, sagte er 2013 gegenüber dem Wirtschaftsmagazin *Euro*. »Wir glauben, es wünscht sich die gleichen Dinge, von denen auch wir träumen.«

Wer auch immer die steigende Bereitschaft, für immer ausgefallenere Produkte Geld auszugeben, richtig interpretiert: Alles in allem scheint der Heimtiermarkt eine Branche mit großen Wachstumschancen zu sein. Den globalen Trend spiegeln auch die Umsatzzahlen der deutschen Heimtierindustrie. Seit Jahren berichtet der Industrieverband Heimtierbedarf mit großer Zuverlässigkeit, dass sich die Branche positiv entwickele. Besonders der Futtermarkt zeigt alljährlich wieder ein deutliches Umsatzplus. Der Markt für Zubehör entwickelt sich ebenfalls gut, auch wenn das Futter traditionell vorne liegt und dort wohl auch bleibt, wie Marktanalysten glauben: Fütterung boomt, der Trend geht sogar zu teureren Minipackungen mit Einzelportionen.

Deutschland ist der sechstgrößte Markt für Heimtierfutter und -zubehör der Welt – nach den USA, Brasilien, Großbritannien, Japan und Frankreich. Was das weitere Wachstum des Marktes hierzulande angeht, sind die internationalen Experten allerdings nur verhalten optimistisch. Die Deutschen, schreiben die Marktbeobachter von *Euromonitor International*, seien zwar besonders interessiert am Thema Erziehung und an Produkten, die der Gesundheit förderlich sind. Beides steigert den Absatz von Belohnungssnacks mit Zusatzfunktionen – etwa Riegel, die der Zahnpflege zuträglich sind. Und auch der Humanisierungstrend ist in Deutschland stark ausgeprägt. Aber der Markt ist »polarisiert«. Der Deutsche ist ein Entweder-oder-Kunde. Entweder er schwört auf die Hausmarken der großen Ketten wie »Fressnapf«, oder er bleibt Marken treu, von deren Qualität er überzeugt ist. Will man an deutsche Kunden verkaufen, muss man sie emotional ansprechen. Dem Deutschen ist beim Einkauf vor allem eine fachkundige Beratung wichtig. Es ist ein schwieriger Markt – und zudem gilt er in den Augen von Wirtschaftsexperten als ausgereift und »satt«. Das mag seltsam klingen, wird doch medial ständig über skurrile Neuerungen berichtet und über eine wachsende Bereitschaft, für Luxus Geld auszugeben. Doch Wirtschaftsfachleute vergleichen den deutschen Markt mit den internationalen Wachstumsmöglichkeiten. Und die sind in manchen anderen Ländern weitaus größer: Für Menschen in Marokko, im Iran oder in China bedeuten das Halten von Haustieren und der Kauf von Fertigfutter und Zubehör eine Annäherung an den favorisierten »westlichen« Lebensstil. Wer den Hund in Ägypten nicht mit Tischresten füttert, sondern Cesar-Aluschalen und Chappi-Dosen kauft, gönnt sich also eine Art von Statussymbol und macht für sich selbst und auch nach außen deutlich, dass er einem modernen Lebensstil zugewandt ist.

Deutschen Haltern reicht das nicht mehr. Sie definieren sich zwar auch über den Kauf von Produkten für ihre Tiere – aber anders. Deshalb wird es komplizierter, sie zu begeistern. Für Antje Schreiber vom Zentralverband Zoologischer Fachbetriebe (ZZF) lässt sich das Konsumverhalten der deutschen Tierbesitzer derzeit vor allem unter einem Oberbegriff subsumieren: Individualisierung.

»Ein ganz klassisches Beispiel für Individualisierung ist die Firma Kleintiervilla«, sagt Schreiber. Das Unternehmen vom Niederrhein verkauft seit 2005 Gehege, Volieren und andere Behausungen für kleine Säugetiere wie Kaninchen, Meerschweinchen, Mäuse oder Chinchillas: aus verschiedenen Holzarten, mit Tränken, Heuraufen, Stegen, Häuschen, mit und ohne Unterschrank, mal mit Glaswand, mal mit Draht, für drinnen und draußen. Sie heißen »Klettervilla«, »Buddeltower« und »Degumania« und werden von einem ganzen Team von Tischlern nach den Wünschen der Kunden individuell designt. »Selber bauen: Das war früher«, sagt Schreiber. »Heute geht man ins Internet, stellt sich Module zusammen und lässt bauen. Man will eine Eigenleistung bringen, aber nicht mehr mit Hammer und Nagel. Mit Kindern ist es heute genau dasselbe. Man will das Gefühl haben, etwas getan zu haben, etwas Individuelles, für das, was man lieb hat.« Andere Beispiele für Firmen, die den Individualisierungstrend erfolgreich aufgegriffen haben, sind die Leipziger Futtermittelfirma Futalis oder der Hundegeschirrhersteller Julius K9. Futalis wurde 2011 von zwei Absolventen der Handelshochschule Leipzig und einer Tierärztin gegründet; sie sind gerade dabei, sich ihr Konzept patentieren zu lassen: die erste Futtermittelfirma weltweit, die Futter nach Erkenntnissen der veterinärmedizinischen Forschung so zusammenstellt, dass es für einen bestimmten Hund maßgeschneidert ist. Im Internet füllen die Halter einen Fragebogen aus und geben dabei Alter, Rasse, Gewicht, Allergien und andere Besonderheiten ihres Hundes an. Am Ende kommen die Pellets aus Hühner- und Schweinefleisch, Süßkartoffeln und Reis in einer braunen Papiertüte per Post ins Haus, der Name und das hochgeladene Foto des Hundes sind in Sojafarbe auf jeden Beutel gedruckt. Die ungarische Firma Julius K9 stellt Hundegeschirre her, die man inzwischen in jedem Park zu sehen bekommt, so gut kommen sie bei den deutschen Hundehaltern an. An den Geschirren sind große Plaketten befestigt mit Aufschriften wie »Floh-Taxi«, »Wunschkind«, »Frauenversteher«, »Sexmachine« oder »Cat-Killer«. Es gibt Hunderte verschiedene dieser Etiketten, jeder Hundebesitzer kann individuell seinen Sinn für Humor oder für Ironie damit zum Ausdruck bringen.

Antje Schreiber sieht aber noch einen zweiten zentralen Trend neben dem Wunsch nach individueller Ausstattung für das Tier: Immer wichtiger wird ansprechendes Design, wenn Produkte für das Tier in der Wohnung sichtbar sind. »Viele Trends, die man im Humanbereich hat, schwappen in den Tierbereich«, erklärt sie. »Etwa der Recyclingtrend: Kratzbäume, die aus recycelten Flipflops gefertigt sind. Oder der Trend zur Mehrfachnutzung: Man hat eine Katzentoilette, aber sie ist auch ein Beistelltisch.« So nah sind sich Mensch und Tier inzwischen, dass die Ausrüstung des Tieres sich nahtlos in die Wohnungseinrichtung einfügen sollte – und dabei richtig gut aussehen muss.

Was der Markt für diese Vorstellungen bereithält, lässt sich auf Heimtiermessen besichtigen – etwa der jährlich im Frühjahr stattfindenden »Hund & Heimtier« in den Dortmunder Westfalenhallen. »Seit fünf bis sieben Jahren ist Schluss mit dem Einheitsgrau«, sagt Bernhard Gorny, der als Show Coordinator den Stand der traditionsreichen Firma Schulze Heimtierbedarf aus Porta Westfalica in der Eifel betreut. »Heute muss man bunte, kräftige Farben anbieten.« Er zeigt auf die eiförmigen Kunststoffschlafhöhlen für Katzen in den Trendfarben Creme, Mintgrün und Himbeere. Auch die Katzentoiletten erinnern kaum noch an die flachen, schlichten Schalen der Vergangenheit, sondern sind an fünf Seiten geschlossene Würfel mit abgerundeten Ecken, die in jede Yuppiewohnung passen würden. Die Firma Schulze hat sich darauf spezialisiert, Trends vom nordamerikanischen Markt aufzugreifen und nach Deutschland zu bringen.

»Wir bauen unsere eigenen Kratzbäume und wir bauen sie so, dass man sich nicht schämen muss damit und sie sich unbesorgt in die Wohnung stellen kann«, sagt Georg Neuhaus am Nachbarstand. Er muss sich ein paarmal in diesem Satz unterbrechen, um zu kassieren. Immer wieder strecken ihm Kunden dünne Stangen entgegen, an denen Glöckchen und bunte Daunen befestigt sind, oder sie legen plüschige Polster und kleine Stoffmäuse vor ihn auf den schmalen Verkaufstisch. »Unsere sind noch mit echtem Kaninchenfell, bald gibt es die nicht mehr«, sagt Neuhaus zu einem jungen Mann, der eine Stoffmaus kauft, in deren Bauch es sacht raschelt. Neuhaus, um die fünfzig, blond mit Goldkettchen, Jeans und schwarz gerahmter Brille, betreut den Verkaufsstand seines Geschäftes »Kirstins Katzenshop«. Bis Ende der Achtzigerjahre hatten Neuhaus und seine Partnerin Kirstin ein Zoogeschäft in Hamburg, später spezialisierten sie sich auf Katzen. Seit zehn Jahren verkaufen sie nur noch online. »Wir wollten uns nicht rumärgern mit den Großen«, sagt er. »Man weiß, was die vorhaben: Mit billig anfangen, die Kleinen alle zum Verschwinden bringen und dann den Markt bestimmen.« Deshalb hat Neuhaus konsequent auf die Luxusschiene gesetzt und sich extrem spezialisiert. 90 Prozent seines Geschäftes bestreitet er mit Katzenkratzbäumen. Die kleinen Spielzeuge sind nur Beiwerk für den Messestand. Neuhaus' Kratzbäume sind praktisch, stabil, sie haben abnehmbare und waschbare Bezüge – und vor allem sehen sie elegant aus. Auf einem wohnzimmergroßen Flecken vor seinem Stand steht eine ganze Kollektion. Wo man hinblickt, nur flauschiges Cremeweiß. Vor zwanzig Jahren, sagt Neuhaus, hätten die Kratzbäume noch völlig anders ausgesehen: braun und grau, mit Teppich bezogen. Die Bäume seines aktuellen Sortiments passen in die Wohnungen der Gegenwart. Acht Mitarbeiter hat er angestellt, darunter auch Tischler, die Holzplatten bearbeiten, die ihm zugeliefert werden. Die weichen Auflagen der Bäume, die es auch für Fensterbänke gibt, sind aus Microfaser, gefüllt mit silikonierter Flocke.

Eine Näherei in Thüringen und eine in Polen fertigen die Kissen und Kuschelhöhlen für ihn an. Als ein kleiner Betrieb habe man auf dem Heimtiermarkt nur eine Chance, wenn man eigene, unverwechselbare Produkte und Ideen im Angebot habe, sagt Neuhaus. Insgesamt ist er auch ein bisschen pessimistisch. »Die kleinen Stände wird es bald auf den Messen nicht mehr geben«, glaubt Neuhaus. »Es wird immer mehr Futterstände geben. Das ist ein ganz großer Markt.« Nicht nur der Katzenshop-Inhaber schätzt die Lage so ein. Ein paar Schritte hinter seinem Stand bietet die Hunde- und Katzenfutterfirma Reico ihre Produkte an. Hier liegen stapelweise Flyer mit Stellenangeboten aus. In Fettdruck steht darauf: »Ihre Chance in einem krisensicheren Wachstumsmarkt.«

Völlig unabhängig von Krisen und Preisbewusstsein sind Futterhersteller, Hundefrisöre und Zoofachhändler allerdings nicht. Mehr als 40 Prozent der Kunden überprüfen Preise schon online. Der Zoofachhandel sieht sich »zwischen Preisdruck und Qualität«, hieß es Anfang 2012 in einer Veranstaltung der Branche. Zoofachhändler konnten nur 12 Prozent der Schlecker-Kunden gewinnen, nachdem die Drogeriekette schloss. Die restlichen Kunden wechselten zum Discounter und in andere Supermärkte. Auch wenn der Zoofachhandel die Preise erhöht, wandern die Kunden ab. Allerdings sind sie zunehmend interessiert an Qualität, vor allem beim Futter. »Achteten 2005 noch 38 Prozent der Käufer auf Qualität, waren es 2011 bereits 41 Prozent«, heißt es im Branchenmagazin *Zoologischer Zentral-Anzeiger* (ZZA). Motto: Dass es dem Haustier gut geht, ist wichtig, aber unnötig viel Geld ausgeben will man auch nicht.

Das verunsichert vor allem die Zoohändler. Im März 2013 veröffentlichte der ZZA eine Umfrage zur Stimmung in der Branche. Man müsse sehr viel mehr Einsatz zeigen als früher, durch Führungen oder Vorträge an Schulen oder dadurch, dass man einen Kindergarten mit einem Aquarium ausstattet, klagt der Inhaber eines Zoofachgeschäftes im Saarland. »Spitzenzeiten wie einst das Weihnachtsgeschäft gibt es in dieser Form nicht mehr. Herrschte vor 25 Jahren in der Vorweihnachtszeit noch regelrechtes ›Chaos‹, so verzeichnen wir heute während dieser Wochen kaum noch erhöhte Umsetze.« Für den Händler ist klar: »Das Hobby ist einfach nicht mehr so präsent: Handy oder Laptop, so sehen aktuelle Weihnachtsgeschenke aus.«

Auf den Foren der Branche wird immer wieder darüber diskutiert, ob und wie man die Kunden durch Nachhaltigkeitsstrategien begeistern könnte. Mit Grauen registrieren Hersteller und Fachhändler Sprüche wie: »Ein Hund belastet das Klima mehr als ein Toyota Land Cruiser.« Ob man aber wirklich darauf setzen sollte, sich mit dem Thema Nachhaltigkeit zu positionieren, ist nach wie vor umstritten – denn dem Katzen- oder Hundebesitz eine glaubwürdig nachhaltige Note zu geben, könnte sich als extrem schwierig erweisen. Im regelmäßig erscheinenden Bericht »Zur Lage der Welt« des unabhängigen Washingtoner Worldwatch Institutes war 2012 erstmals die Empfehlung zu lesen, dass man die Haltung von Hunden und Katzen in Industrienationen dringend eindämmen müsse – etwa durch Steuern auf die Tiere selbst oder auf Tiernahrung. Schließlich verbrauche ein großer Hund die Hälfte der Ressourcen, die ein Mensch in Bangladesch zum Überleben benötigt. Und die Haltung der Tiere hat auch Folgen für die Umwelt. Eine Katze verbraucht allein 0,13 Hektar an Ressourcen pro Jahr, ein großer Hund sogar 0,36 Hektar.

Die vielfältigen Zusammenhänge zwischen dem Bedürfnis reicher oder zumindest halbwegs wohlhabender Tierhalter, ihrem Tier ein angenehmes Leben zu ermöglichen, und dunkleren Seiten des menschlichen und tierischen Alltags lassen sich aber auch an viel kleineren Systemen veranschaulichen. Man muss nicht den ganz großen Maßstab, die Weltwirtschaftslage, wählen, auch eine nur 99 Quadratkilometer große Insel in der Nordsee genügt: Sylt. Hier kann man beobachten, wie das Luxusleben der einen Einfluss auf die Tierhaltung bei den anderen nimmt. Dekadente Genüsse wie Trüffelpralinen für Hunde und Biofertigfutter in Lebensmittelqualität, Hundejäckchen aus Seide und Halsbänder mit Swarovskisteinen finden sich auf Sylt genauso wie die ganz banalen Gründe dafür, ein Tier abgeben zu müssen, obwohl man es behalten möchte.

In Birte Petersens Blumenladen im Kapitänsdorf Keitum im Ostteil der Insel ist es feucht und kühl. Außer Blumen steht hier ein ganzes Regal voller Gläser der Firma Edenfood, durch die man den Inhalt genau sehen kann. Den Kunden gefalle das, sagt Petersen, nicht nur, weil man so das Produkt schon von außen beurteilen kann, sondern auch, weil viele Hundehalter Metallkonserven misstrauen. »Wenn man die Dose dann länger im Kühlschrank stehen lässt, weil man nicht sofort alles verbraucht, gehen vielleicht doch Stoffe aus dem Metall in das Futter über. Bei Glas kann das nicht passieren«, sagt die Ladeninhaberin. Edenfood-Käufer sind auch sonst äußerst kritisch: Die Firma, die auf einem Gutshof am

Starnberger See produziert, hat sich auf Bio-Hunde- und -Katzenfutter in Lebensmittelqualität spezialisiert. Neben den Edenfood-Produkten hält Birte Petersen bergeweise Tüten aus durchsichtigem Plastik auf Lager, in denen braune Hundekekse einer Bäckerei aus dem Schwarzwald stecken – »Wild-Sternchen« zum Beispiel, »Leberwurst-Brocken« oder das beliebte Hundeüberraschungsei, ein Keks in Eiform, gefüllt mit kleinen Leckerlis. Fünf Euro kostet das Ei, vier Euro das 200 Gramm schwere »Herbstmenü« von Edenfood mit Bio-Ziege, Hirse, Fenchel und Kokosöl. Für Sylt-Urlauber mit Hund sind diese Preise kein Hindernis. »Viele Leute kochen für ihre Hunde, im Hotelzimmer geht das dann nicht. Dann greifen sie gern auf die Edenfood-Gläser zurück«, erklärt Petersen, die auch einige Halsbänder, Spielzeug und das Hochglanzmagazin *Dogs* im Angebot hat.

Die Kekse verkauft Petersen schon seit fünf Jahren, die Edenfood-Futterpalette erst seit zwei. Die Hersteller des Biofutters sind selbst auf sie zugetreten, sie lassen nicht jeden Laden ihre Premiumgläser vertreiben. Der Rahmen muss stimmen. Auf Sylt ist das aber kein Problem: Die deutschen Eliten kommen seit Generationen hierher, Künstler und Intellektuelle, Unternehmer und Politiker verbringen den Sommer im Friesenhaus, essen in der Sansibar, kaufen die Garderobe für ein ganzes Jahr bei Burberry in Kampen oder Loro Piana in Keitum. Und der Zustrom wohlhabender Touristen reißt nicht ab: In den vergangenen Jahren wurde Sylt von einem nie dagewesenen Bauboom ergriffen. Mehr als 8000 Euro pro Quadratmeter kostet inzwischen ein Einfamilienhaus, in den Lokalzeitungen geht es fast täglich um die Frage, ob bestimmte Gebiete zum Bau freigegeben werden. »Luxus unter Reet« werben in allen Dörfern Schilder neben den im Bau befindlichen Prestigeobjekten für den Kauf. Sechzig Prozent der Wohnungen auf der Insel sollen bereits Zweitwohnungen sein; die Inhaber kommen nur für ein paar Wochen im Jahr aus Hamburg, Berlin oder München her. Auch andere Anbieter von Haustierluxus sehen hier einen zuverlässigen Markt. Zehn Autominuten von Petersens Geschäft ist Westerland, in der Strandstraße befindet sich einer der sechs Koko-von-Knebel-Läden in Deutschland, mit ausladenden, glitzerbestickten Hundebetten, Kleidung in allen Größen und aus allen möglichen Materialien, und auch einer kleinen Auswahl an Leckerlis.

Das Sylter Tierheim liegt zwischen Keitum und Westerland am Rande der Landstraße und profitiert nicht vom Bauboom. Das flache, windschiefe Haupthaus ist mit einfachen grauen Dachziegeln gedeckt, nicht mit Reet. Drinnen liegt eine Katze auf einem Plastikstuhl vor dem Büro. 120 Tiere leben hier, die Hälfte davon Katzen, weil sie sich auf den Bauernhöfen unkontrolliert vermehren, ansonsten Kaninchen und andere kleine Heimtiere und immer wieder verletzte Wildtiere. Die Möwen haben eine ganze Voliere für sich. Gerade erst hat Tierpflegerin Sandy Hübner zwei Kaninchen in der großen Außenanlage mit den aus Holz gezimmerten Hütten untergebracht. »Die Leute, die sie heute morgen gebracht haben, lieben die Kaninchen über alles«, ist sie überzeugt. »Aber in der neuen Wohnung dürfen sie sie nicht halten.« Immer schwerer werde es für die einfache Landbevölkerung, auf Sylt eine bezahlbare Bleibe zu finden. »Alles wird vermietet, die Wohnungen auf dem Markt sind teilweise nicht akzeptabel«, sagt Hübner. Wer etwa als Kellner oder Koch in der Gastronomie einen Job bekommen habe und nach langem Suchen eine Wohnung finde, trenne sich dann notgedrungen auch von Haustieren, wenn der Vermieter das verlange. »Außerdem müssen die meisten Leute in der Gastronomie sehr viel arbeiten«, sagt die Tierpflegerin. Morgens um fünf zur Arbeit, erst nachts zurück nach Hause – da komme es schon mal vor, dass ein allein gelassener Hund belle, die Nachbarn die Polizei riefen und der Hund schließlich im Tierheim lande, als »Tierschutzfall«.

Ab und an komme auch mal ein Hund hinzu, der einem Urlauber gehöre, sagt Hübner. Die Besitzer verschätzten sich, wenn sie das Tier auf Sylt frei laufen ließen. Dem Hund steigt plötzlich der Geruch eines Kaninchens in die Nase, und weg ist er – über den Deich und davon. Irgendjemand liest ihn auf und bringt ihn zu Sandy Hübner. »Die Urlauber haben aber alle ihre Hunde bisher wieder abgeholt«, sagt sie. Kein einziger Fall sei vorgekommen, in dem sich im Sylt-Urlaub jemand seines Hundes entledigen wollte. So unterscheiden sich die Möglichkeiten armer und reicher Menschen, ihren Haustieren ein lebenslanges Zuhause bieten zu können. In Zeiten steigender Mieten zeigt sich besonders deutlich, dass viele Halter sich nur wenig Sentimentalität leisten können: Ein österreichisches Immobilienportal fand Anfang 2013 in einer Befragung heraus, dass mehr als ein Drittel der Teilnehmer sich von einem Haustier trennen würde, wenn in der neuen Wohnung Tiere nicht erlaubt wären.

Doch die finanzielle Abhängigkeit der Halter ist nicht der einzige Grund, warum sich manche wieder von ihren Tieren trennen. Wenn Tiere ausgesetzt oder in Tierheimen abgegeben werden, ist die Motivation dahinter vielschichtig. Längst sind die Ursachen für das Scheitern des Zusammenlebens von Mensch und Haustier auch wissenschaftlich analysiert worden. An vorderster Stelle und über allem steht wohl eine grenzenlose Fehleinschätzung der Realität. Doch forscht man noch genauer nach, dann stößt man auf Zusammenhänge mit den verborgenen Sehnsüchten, die Menschen im Innersten antreiben.

9. Babys bevorzugt: Vom Scheitern mancher Mensch-Tier-Beziehung

Abgegeben oder ausgesetzt: Manchmal zerreißt das Band zwischen Mensch und Tier. Alt, schwarz und groß zu sein, ist dann ein Risiko für ein Tier. Es bleibt lange im Tierheim. Am besten lassen sich Menschen durch das Kindchenschema von Welpen, Kätzchen oder anderen Jungtieren binden – es aktiviert dieselben Strukturen im Gehirn, die auch bei Süchtigen auf Hochtouren laufen.

Madeleine Martin empfängt ihren Besuch derzeit in einem Krankenzimmer, dem Sanitätsraum des hessischen Ministeriums für Umwelt und Landwirtschaft. Das Ministerium liegt unweit des Bahnhofs in Wiesbaden: ein Siebzigerjahre-Bau mit einer riesigen Spiegelfront außen, hinter der sich kleine Büros mit niedrigen Decken und verwinkelte Flure verbergen. Nach einem Wasserrohrbruch kam Martin, die hessische Tierschutzbeauftragte, mit ihrem Team hier unter; seit einem Vierteljahr sind sie nun hier und können nicht zurück, weil nun auch noch Schimmelpilze in ihren alten Büros festgestellt wurden. Will Madeleine Martin an ihrem Übergangsarbeitsplatz in Ruhe ein Gespräch führen, dann zieht sie sich mit ihrem Besuch in das Kämmerchen gegenüber der Teeküche zurück. Zwei Patientenliegen stehen hier, mit dunkelgrünem Kunstleder bezogen, auf ihnen kann man den Tee abstellen. In einer Ecke ein Arzneischränkchen, zwei Hocker für die Sanitäter. In dieser Umgebung kommt es einem vor, als würde Martin von einem Patienten sprechen, und in gewisser Weise tut sie das auch: Sie ist seit zwanzig Jahren hessische Tierschutzbeauftragte. In dieser Eigenschaft hat sie tatsächlich einen Patienten, das ist die deutsche Tierhaltung. Spricht man mit Martin über ihre Erfahrungen, gewinnt man unweigerlich den Eindruck, dass dieser Patient an vielen verschiedenen Erkrankungen leidet: Er ist multimorbide. Und längst nicht nur die intensive Nutztierhaltung, ein Feld, auf das Martin besonderes Augenmerk richtet, ist ein Schwachpunkt des Patienten. Auch, was die private Haltung von »Hobbytieren« angeht, ist er offenbar dringend behandlungsbedürftig.

Madeleine Martin wird von der Presse besonders häufig konsultiert, auch wenn es in anderen Bundesländern ebenfalls Tierschutzbeauftragte gibt. Sie kann gut reden, aber vor allem ist sie unerschrocken. Wenn es sein muss, lädt sie investigative Journalisten direkt in ihr Büro und lässt sich illegal aufgenommene Filme aus verdreckten Ställen mit kranken und verletzten Schweinen oder Rindern zeigen. Dann sagt sie unmissverständlich in die Kamera, was von einem Landwirt zu halten ist, der Tiere unter solchen Bedingungen hält. Von zu viel Vorsicht hält sie nichts, umso mehr davon, immer absolut realistisch zu sein

Das betrifft auch die Zukunft von Haustieren, die ihren bisherigen Besitzer verlieren, weil er die Verantwortung für sie nicht mehr übernehmen kann oder will. In diesem Monat ist gerade eine Ausgabe der Freizeitreiterzeitschrift *Cavallo* am Kiosk, in der Madeleine Martin um ihre Meinung gebeten wird – zu einem heiklen Thema: Wann ist es gerechtfertigt, ein altes und krankes Pferd einzuschläfern? Erwähnt wird in dem Artikel auch die Möglichkeit, das alte Pferd an neue Besitzer zu verschenken, die ein »Beistellpferd« als Gesellschaft für ihr eigenes suchen. Dazu befragte man Madeleine Martin. »Wer sein altes und krankes Pferd als Beistellpferd anbietet, sollte sich einfach mal fragen, warum jemand anderes freiwillig für den Unterhalt dieses Tiers aufkommen will«, wird sie zitiert. Man hört dabei geradezu den süffisanten Ton und sieht ihre hochgezogene Augenbraue.

Madeleine Martin ist eine elegante, sportliche Frau Anfang fünfzig. Vor ihrer Behördenlaufbahn hat sie jahrelang als praktische Tierärztin ein Tierheim betreut. Sie sei mit Tieren aufgewachsen, sagt sie, und habe auch schon halbwilde Pferde zugeritten. Noch heute bleibt sie nicht am Schreibtisch, sondern geht mit der Polizei in die Häuser hinein, in denen Tiere verwahrlosen. Man glaubt ihr, dass sie weiß, wovon sie spricht, wenn sie über die Krankengeschichte ihres Patienten spricht – über die deutsche Tierhaltung.

Madeleine Martin kennt viele Einzelsymptome dieses Patienten und auch die Hintergründe. Wenn man in diesem Bild bleiben möchte, dann fehlen ihr eigentlich nur noch die Laborwerte, um sagen zu können, wie schlimm es wirklich um den Kranken steht.

»Man müsste mal die Zuchtzahlen von Meerschweinchen und Kaninchen erheben. So ein Kaninchen wird acht, neun, zehn Jahre alt. Da würde man dann sicher zu dem Schluss kommen, dass der Kaninchenmarkt in Deutschland eigentlich so langsam mal gesättigt sein müsste.« Madeleine Martin lächelt ein wenig gequält. Wie viele Tiere bleiben nicht bei ihrem ersten Besitzer, wie schnell werden sie weitergegeben und warum? Wie viele werden eingeschläfert, womöglich lange vor dem Alter, in dem schwere, chronische Krankheiten einsetzen? Wie viele »verschwinden« einfach – werden ausgesetzt, Füchsen und Raubvögeln überlassen oder sterben in ihren Käfigen und werden dann entsorgt? Es gibt diese Daten nicht in der Klarheit, wie Martin sie sich wünschen würde, aber einige Statistiken liefern zumindest Anhaltspunkte. In Deutschland hat der Tierschutzbund in den Jahren 2005 und 2009 eine Tierheimstatistik beim Mafo-Institut in Auftrag gegeben. Im Jahr 2009 lebten in jedem der gut 500 dem Tierschutzbund angeschlossenen Heime im Schnitt etwa 180 Tiere. Das ist eine Erhöhung um 40 Prozent gegenüber der Situation vier Jahre vorher. Die Verweildauer von Katzen und Hunden stieg, die Erfolgsquote bei der Vermittlung sank. Es gibt auch eine Gesamtzahl, die den Zustand Mitte der Neunzigerjahre mit dem im Jahr 2009 vergleicht: Von 224.400 Katzen, Hunden, Vögeln und Kleintiere erhöhte sich in dieser Zeit der Bestand der deutschen Tierheime auf 296.400. Insgesamt leben etwa 31 Millionen Haustiere in Deutschland. Zum Vergleich: In den USA halten 66 Millionen Haushalte Tiere; jedes Jahr werden dort sechs bis acht Millionen heimatlose, ausgesetzte und von den Besitzern abgegebene Tiere in Asylen untergebracht. Diesen Statistiken ist gemein, dass sie die Tiere erst erfassen, wenn sie sich bereits in Heimen befinden. Was davor, bei den Besitzern, passiert, liegt weitgehend im Dunkeln. Zahlen, wie sie sich Madeleine Martin wünschen würde, gibt es nur vereinzelt aus wenigen anderen Ländern und nur zu wenigen Tierarten. In Großbritannien schätzt man beispielsweise, dass 75 Prozent aller importierten »exotischen Tierarten« das erste Jahr in den Haushalten ihrer Käufer auf der Insel nicht überleben.

Madeleine Martin ist überzeugt, dass hinter Zahlen wie dieser viele Fehleinschätzungen der Realität stehen. Sie ist zu diesem Schluss gekommen, weil sie mit Tierheimen zusammenarbeitet, deren Mitarbeiter ihr die Umstände schildern, unter denen die Beziehung zwischen Menschen und ihren Haustieren zerbrechen. Außerdem ist sie selbst schon dabei gewesen, wenn Tiere konfisziert wurden, deren Halter überfordert waren.

»Das Scheitern der Beziehung zwischen Mensch und Tier ist immer wieder auf dieselben Gründe zurückzuführen«, sagt Madeleine Martin. »Der eine ist mangelndes Wissen über das Verhalten der Tiere. Man kauft sich einen Husky, einen Border Collie, weil sie schön sind, weil man mal gelesen hat, dass der Border Collie der klügste aller Hunde ist. Eine Halterin sagte mir mal, ich gebe den Husky ab, weil er nicht bellt, sondern jault und an der Leine zieht. Ein Blick in ein Buch hätte genügt. Der normale Tierbesitzer hat neben dem Tier noch ein anderes Leben. Die normale Frage: Passt das Tier in mein Leben? stellen sich die Leute nicht. Sondern sie fragen: Passt es zu meiner Kleidung, zu meinem Auto, in meine Träume – darum auch die verbreitete Hengsthaltung.«

Seit Mitte der Achtzigerjahre haben sich auch Wissenschaftler in vielen Industrienationen mit der Frage beschäftigt, welche Gründe hinter einer Trennung von Haustieren stehen.

»Unsuccessful pet ownership« heißt dieses Thema in den internationalen Studien. In Amerika tat sich dabei vor allem das National Council on Pet Population hervor. Ab 1995 sammelte diese Organisation in jahrelanger Arbeit in Tierheimen Gründe, warum Halter ihren Hund abgaben. Am Ende kamen etwas mehr als siebzig unterschiedliche Begründungen zusammen. Die meistgenannte war ein Umzug. Diese Halter, für die typisch war, dass sie ihr Tier meist erst ein, zwei Jahre besaßen, nannten aber oft noch zusätzliche Motive: Schwierigkeiten mit dem Vermieter, die Kosten, Zeitmangel, eine nicht angemessene Wohnungsumgebung, zu viele Tiere im Haushalt, Krankheit des Besitzers und »andere persönliche Probleme«. Weitere Studien auf diesem Gebiet geben einen Einblick, worin diese »anderen persönlichen Probleme« konkret bestehen. Oft genannt werden Allergien, Schwangerschaft, Scheidung und der Wunsch zu reisen.

Zwischen den Studien, die verschiedene Wissenschaftler zu unterschiedlichen Zeitpunkten anfertigten, gibt es allerdings auch Unterschiede. Eine Ende der Neunzigerjahre veröffentlichte Untersuchung aus den USA ergab beispielsweise, dass 40 Prozent der Halter schlicht »do not want« aufschrieben, wenn man ihnen die Möglichkeit gab, ihre Gründe darzulegen. Das National Council on Pet Population zählt auch Verhaltensprobleme des Hundes noch zu den Top-20-Motiven, warum er abgegeben wird. Eine andere Studie zeigte sogar, dass Probleme wie das Zerkauen von Gegenständen, Hyperaktivität oder ängstliches Verhalten häufiger als Begründung genannt wurden als Umzüge und andere Änderungen im Leben des Besitzers. Denkbar ist allerdings auch – heißt es wiederum in anderen Untersuchungen –, dass

Besitzer Verhaltensprobleme so weit wie möglich verschweigen, weil sie glauben, mit solchen Angaben die Vermittlungschancen für den Hund zu schmälern. Eine Studie aus Taiwan mit 260 Hunden und ihren Haltern schließlich erbrachte, dass der größte Risikofaktor für die Abgabe eines Hundes im Besitzer selbst liegt: Am wahrscheinlichsten trennten sich Besitzer von ihrem Hund, die schon vorher in ihrem Leben einmal einen Hund wieder abgegeben haben. Würde man diese Menschen vom Hundekauf abhalten, so das nüchterne Fazit der Autoren, könnte man »unsuccessful dog ownership« besonders effektiv eindämmen.

Aus Deutschland gibt es keine Studie. Nur die einzelnen Tierheime kennen die Gründe, die Halter ihnen mitteilen, wenn sie ein neues Tier bringen. Sie notieren sie für ihre eigenen Akten und Statistiken. Im Tierheim Berlin finden sich diese Gründe ganz unten auf den Karteikarten, die an jedem Zwinger und jedem Käfig hängen. Das Tierheim gilt als das größte Europas, es wurde im Bezirk Falkenberg gleichsam aus dem Boden gestampft, anders als viele andere Tierheime in Deutschland, die nach und nach gewachsen sind. Im Jahr 2001 hat man es als Prestigeprojekt von einem Stararchitekten erbauen lassen, bis heute hat der Bau 60 Millionen Euro verschlungen. Träger des Heims ist der Tierschutzverein Berlin, der größte Deutschlands. Ende der Neunzigerjahre kaufte er das sechzehn Hektar große Gelände für sechs Millionen Mark.

Falkenberg, tief im Osten von Berlin, ist ein Dorf, das sich entlang einer Landstraße entwickelt hat. Seit DDR-Zeiten hat es sich nicht besonders stark verändert. Es gibt eine Autowerkstatt, wenige Geschäfte, ein vereinzeltes Café. Will man zum Tierheim, muss man die Hauptstraße von Falkenberg verlassen und den Weg aufs freie Land hinaus einschlagen. Am Anfang stehen noch heruntergekommene Mietshäuser am Weg, bunt besprayt, eine Tür ist mit Fotoaufklebern aus dem Zoohandel bedeckt, die Bullterrierköpfe zeigen. Dann hören die Häuser auf, stattdessen säumen die Straße Linden und endlos wirkende Wiesen voller Pusteblumen und Wiesenkerbel. Dahinter folgt eine eingezäunte Obstbaumwiese, auf der ein paar rotbraune Kühe stehen, schließlich eine Kleingartenanlage. Der Duft von Holzkohle zieht herüber. Es wird gegrillt, auch jetzt am Vormittag, schließlich ist es über Nacht Sommer geworden an diesem Tag Mitte Mai. 28 Grad erreicht das Thermometer heute in Berlin.

Ganz am Ende der Straße findet sich das Tierheim. Flach wie eine Scheibe liegt es da mit seinen bungalowartigen Einzelgebäuden aus grauem Sichtbeton. Ein Pulk Grundschüler mit zwei Lehrerinnen wartet vor dem Tierheim-Café auf eine Führung. Sie wollen die Tiere sehen, aber andere Leute fahren nur hier heraus, weil sie sich für die futuristische Architektur interessieren. Würde man von oben auf das Tierheim schauen, sähe es aus »wie ein Geometrieheft«, schrieb eine Journalistin in der *Welt am Sonntag*: »Große Kreise, kleine Kreise, noch kleinere Kreise, Linien.«

Von unten, auf Augenhöhe, wirkt das Berliner Tierheim wie ein fremder Planet, der flach und grau ist und auf dem braungrünliches Wasser fließt. Nähert man sich den runden Gebäuden, die Namen haben wie »Struppi« und »Benji«, ertönt ohrenbetäubendes Gebell. Ruhiger ist es in den Katzenhäusern. Eine grauhaarige Frau sitzt hier in einer der verglasten Boxen voller Kratzbäume und Spielzeug und liest in einem E-Reader. Eine Ehrenamtliche, die eine scheue Katze an die Anwesenheit von Menschen gewöhnt, sagt Stefanie Eschen. Eschen, die Pressesprecherin des Tierheims, ist jung, trägt Pferdeschwanz und ein blaues Kleid. Sie schiebt sich die Sonnenbrille ins Haar, wenn sie die schattigen Tierhäuser betritt.

»Die häufigste Art, wie Tiere zu uns kommen, sind leider immer noch Funde. Leider«, sagt sie. »Bei vielen können wir eindeutig sagen, dass sie ausgesetzt wurden, weil sie zum Beispiel im Wald oder unter einer Autobahnbrücke angebunden wurden oder gebracht werden, nachdem sie zwei Tage angebunden vor einem Supermarkt saßen.« Häufig kommen Menschen sogar nach Falkenberg und binden ihre Tiere direkt auf dem Tierheimgelände an. Sie wissen wahrscheinlich nicht, dass das eine Ordnungswidrigkeit ist, die mit bis zu 25.000 Euro Geldstrafe geahndet werden kann.

Für gefundene Tiere gibt es einen zentralen Anlaufort auf dem Gelände. In einer Nische des Gebäudekomplexes ist eine Glastür, auf der »Amtliche Tiersammelstelle« steht. Hier werden Fundtiere angeliefert, aber auch Tiere aus dem Nachlass Verstorbener und aus verwahrlosten Haltungen, die vom Amtsveterinär sichergestellt wurden. Eine mobile Truppe, der amtliche Tierfang, sammelt solche Tiere ein und bringt sie nach Falkenberg. Stefanie Eschen zeigt einen eng bedruckten Stapel Papier, auf dem die im vergangenen Jahr aufgenommenen Tiere aufgelistet sind, samt Tierart und dem Grund der Aufnahme. »Schwierigkeiten« steht beispielsweise in der Spalte für die Gründe, oder »Hat Kleinkind verletzt« oder »Krankheit der Besitzerin«. Immer wieder aber »Fund«. Die Funde machen knapp die Hälfte der Tiere aus, die im Tierheim Berlin landen. Was sich hinter den Funden verbirgt, weiß niemand so genau. Theoretisch könnte ein Tier auch von zu Hause weggelaufen sein, es muss nicht zwingend ein Besitzer dahinterstecken, der sich des Tieres entledigen wollte. Und selbst wenn, kennt man nicht die Gründe. Sicher ist nur eines: »Es gibt bei den Funden eine Dunkelziffer von Tieren, die eigentlich nicht gefunden wurden, sondern von ihren wirklichen Besitzern gebracht werden.« Die aber lügen, das Tier sei ihnen gerade erst zugelaufen oder sie hätten es auf einem Spaziergang entdeckt. »Meistens bekommt man es mit, weil der Hund sich wundert, wenn die Leute gehen und er dableiben muss«, sagt Eschen. »Da sind die Kollegen schon ganz gut geschult.«

Die Kollegen sitzen hinter drei verglasten Schaltern im großzügigen Eingangsbereich des Tierheims. Hier können Halter ihre Tiere direkt abgeben. Auf der Glaswand hängt in einer Klarsichtfolie ein Din-A4-Zettel, der die Preise auflistet, die fällig werden, wenn man ein Tier abgibt. Sie sind lächerlich gering im Vergleich zu den Geldstrafen, die beim Aussetzen von Tieren verhängt werden können, was die hohe Zahl der Funde, der ausgesetzten Tiere besonders rätselhaft macht. Die Abgabe einer Katze kostet beispielsweise 20 Euro, ist sie nicht kastriert, kommen 30 Euro hinzu, ist sie nicht geimpft, weitere 15 Euro. Einen Hund dem Tierheim zu übereignen, kostet den Besitzer 60 Euro, bei einem Hamster, einer Ratte oder einem Kaninchen sind es fünf. Die Halter, die diese Summe bereit sind zu zahlen, geben auch Gründe an, die schließlich in Eschens Statistik und auf den Karteikarten auftauchen. »Griff ohne Vorwarnung an« steht beispielsweise im Katzenhaus auf der Karte von Mika. Von dem Kater sind nur die rosa Pfotenballen zu sehen, die aus einer Höhle aus Korbgeflecht ragen. Bei der weiblichen Katze »Pilly« ist notiert: »Aggression, Besitzer mehrere Bisswunden, Katze panisch, Unsauberkeit seit 3 bis 4 Wochen.«

»Die Pfleger sagen oft bei solchen Vorgeschichten: Die Katze ist weder unsauber noch hat sie mich gekratzt«, sagt Eschen. Auf eine Lüge lasse das aber nicht in jedem Fall schließen. »Es ist eben immer auch eine Interaktion zwischen Tier und Mensch.«

Oft sind die Angaben in der Zeile für den Abgabegrund auch ganz lapidar. Bei Coco, einem Schäferhund-Mix, steht einfach »zu aktiv«. »Hat nicht gepasst«, kommentiert Stefanie Eschen ebenso knapp. Bei Schäferhündin Rica liest man »Umzug von Haus in Wohnung«, bei Bellatrix, einem Picard-Mischling, »Besitzer fühlte sich überfordert«.

Stefanie Eschen ist Soziologin, sie ist in West-Berlin aufgewachsen. Sie erinnert sich noch an die Achtzigerjahre, als sie als Kind auf der Fahrt in die Sommerferien die angebundenen Hunde auf den Raststätten der Autobahn sah, zurückgelassen vor dem Urlaub. Sie erzählt das gleich, weil sie deutlich machen will, dass sie keineswegs glaubt, früher sei alles besser gewesen. Andererseits, sagt sie, sei den Menschen inzwischen etwas abhandengekommen, was sie »Bewusstsein für Tiere« nennt. Zum einen meint sie damit einfache Fertigkeiten im Umgang mit Tieren, zum Beispiel, wie man einem Tier die Krallen schneidet oder eine Zecke rausdreht – »das wusste früher jeder Halter«. Im Zuge der Verstädterung sei dieses Wissen verloren gegangen. Zum anderen meint sie aber auch etwas viel Grundlegenderes: Realitätsnähe, Vernunft im Hinblick auf die Tierhaltung. »Heute wird den Menschen vermittelt: Du kannst ein Tier halten, egal wie dein Leben ist. Und die Leute wollen dann auch alles: einen Job haben in Mitte und einen Weimaraner. Und erst denken sie: Es geht auch alles, weil ich Geld habe, weil es Dog-Sharing und Tiersitter gibt. Aber irgendwann geht es dann doch nicht mehr.«

Manchmal dauert es nicht einmal lange, bis es nicht mehr geht. »Der Welpe soll halt niedlich sein. Sobald er in die Wohnung pinkelt, Schuhe ankaut, man abends plötzlich nicht mehr spontan ins Kino kann oder wenn sie das erste Mal zum Tierarzt gehen und erfahren, was das alles kostet – dann ist es schon vorbei.«

Leise, klein, bedürfnislos zu sein, dem Halter freie Abende und eine berufliche Vollzeitbeschäftigung zu gestatten, nützt einem Tier auch nicht immer. Direkt an die Schalterhalle grenzt ein Gang, in dem Mäuse, Kaninchen, Meerschweinchen und Ratten hinter Glasscheiben sitzen. In diesem Moment ist der Gang von Tuscheln und Lachen erfüllt, denn die Grundschulklasse besichtigt die Tiere, ermahnt von den Lehrerinnen, sich möglichst ruhig zu verhalten. »Besitzer im Pflegeheim« steht auf der Karteikarte eines schwarz-weißen Zwergkaninchen, »Vergesellschaftung mit vorhandenen Tieren nicht möglich« auf der einer Wüstenrennmaus. Bei den gescheckten Farbratten Sunny und Shandra war der Abgabegrund »Allergie der Besitzerin«, bei zwei Chinchillas »allergisches Asthma«. Die Ratte Johnny ist erst wenige Tage da. »Eltern verbieten die Tiere« steht auf seiner Karte. Das Chinchilla Lady ist schlicht aus »beruflichen Gründen« hier.

»Wenn sich der Schichtplan ändert …«, sagt Stefanie Eschen achselzuckend. Angaben auf anderen Karten sind »Zeitmangel«, »finanzielle Gründe« und »Versetzung ins Ausland«. Vor einem hellbraunen Zwergkaninchen bleibt Eschen stehen. »Schwangerschaft der Besitzerin« ist hier notiert. »Auch ein beliebter Abgabegrund«, sagt Eschen. »Das finde ich persönlich besonders schlimm. Erst legt man sich das Tier als Ersatzkind zu und dann, wenn man ein eigenes Kind bekommt, gibt man es wieder ab.« Immerhin bleiben die kleinen Säugetiere meist nur kurz im Tierheim und finden schnell neue Besitzer, weil sie als leichte »Einsteigertiere« gelten.

Manche Hunde und Katzen sind dagegen kaum noch zu vermitteln. Für sie werden über einen großen Aushang in der Eingangshalle des Tierheims Paten gesucht, die bereit sind, den langen Aufenthalt im Tierheim mitzufinanzieren. Die Mitarbeiter des Tierheims wissen schnell, welche Tiere ein Risiko tragen, lange zu bleiben. »Die Rasse ist bei den Hunden ein wichtiger Faktor«, sagt Stefanie Eschen. »Staffordshire Bullterrier ist zum Beispiel ganz schlecht. Krankheit, am besten noch chronisch. Sieht nicht so niedlich aus. Schwarz. Eine rot-weiße Katze dagegen ist immer schnell weg. Hunde, die ein hübsches Gesicht haben und niedlich sind, haben bessere Chancen als ein Rottweiler.«

Wissenschaftler haben sich mit den unterschiedlichen Chancen von Tierheimtieren, vermittelt zu werden, schon mehrfach beschäftigt, vor allem in Amerika. In den USA steht ein einfacher Gedanke dahinter: Dort ist es anders als in Deutschland üblich, Tierheimtiere nach einer gewissen Zeit einzuschläfern. Wüsste man genau, welche Tiere gute Chancen haben, könnte man sich auf deren Vermittlung konzentrieren, statt Zeit und Arbeit in aussichtslose Kandidaten zu stecken. Außerdem könnte man versuchen, Tiere mit schlechteren Chancen so zu präsentieren, dass sie auf mögliche neue Besitzer attraktiver wirken. Tatsächlich gibt es Hinweise darauf, dass allein die Präsentation die Vermittlungschancen vergrößert: Eine Studie aus Nordirland mit zufällig ausgewählten Probanden zeigte 1992, welche Hunde als sympathisch eingestuft wurden, wenn nur Fotos von ihnen vorhanden sind und diese Fotos in wenigen Details variiert werden. Langes Fell machte die Tiere sympathischer als kurzes, sie wirkten attraktiver, wenn sie vorne im Zwinger gezeigt wurden statt hinten in einer Ecke, wenn sie nicht bellten und wenn sie ein Spielzeug bei sich hatten.

Doch nicht alle Eigenschaften eines Tieres lassen sich mit einem hübschen Spielzeug im Zwinger kompensieren. Jamie DeLeeuw promovierte Ende 2010 an der Wichita State University in Kansas mit einer Arbeit über Faktoren, anhand derer sich vorhersagen lässt, ob ein Hund in einem Tierheim eingeschläfert wird oder neue Besitzer findet. DeLeeuw sichtete dafür unzählige Studien über Tierheime, vor allem über amerikanische. Sie haben ergeben, dass das Alter der Tiere der Hauptfaktor dafür ist, ob es adoptiert wird oder nicht. Je jünger das Tier ist, desto höher sind seine Chancen. DeLeeuw fertigte auch eine eigene Untersuchung mit Daten aus einem Tierheim aus dem Mittleren Westen an. Welpen hatten demzufolge die besten Chancen, vermittelt zu werden. Wurden erwachsene Hunde vermittelt, waren sie meist noch recht jung, reinrassig, klein, nicht schwarz, weiblich und hatten mittellanges Fell. Diese Zusammenhänge belegte zudem eine große Studie der University of California in Davis mit 4800

Katzen und 3300 Hunden in Tierasylen im Jahr 2002. Hunde, die neue Besitzer fanden, hatten dieser Studie zufolge rotes, dreifarbiges oder graues Fell, während schwarze oder gescheckte Hunde weit schlechter dastanden. Schon Ende der Neunzigerjahre hatten andere amerikanische Forscher eine Korrelation zwischen überdurchschnittlicher Größe und schwarzem Fell eines Hundes und seiner Einschläferung im Tierheim beobachten können. Rassehunde sind zudem beliebter als Mischlinge, einige Studien zeigen, dass kastrierte Tiere bevorzugt werden. Allerdings gibt es bereits Untersuchungen, die ergeben haben, dass vor allem Männer auf physische Eigenschaften von Hunden Wert legen. Frauen ist die Persönlichkeit wichtiger, wenn sie sich ein Tier aussuchen.

Auch vier- bis achtjährige Kinder wurden im Jahr 2009 anhand von Fotos für eine Studie befragt, welche Hunde ihnen gefallen. Die Untersuchung wurde angefertigt, weil die Frage, welche Tiere Kinder wählen würden, im Hinblick auf Adoptionen aus Tierheimen nicht ganz unwichtig ist. Oft hat es in Familien Gewicht, welchem Hund die Kinder den Vorzug geben. Den Kindern gefielen kleine Hunde am besten und solche, deren Aussehen ihnen bekannt vorkam, etwa weil sie andere Rassevertreter kannten. Klein, jung, bekannt, reinrassig: Jamie DeLeeuw vergleicht die Reaktion von Probanden auf solche Hunde mit den Ergebnissen von Untersuchungen, die zeigten, dass Menschen sich am meisten zu durchschnittlichen Gesichtern anderer Menschen hingezogen fühlen. Er schreibt in seiner Arbeit außerdem: »Jugend und Kleinheit werden als das geringere Risiko angesehen« – das sei eine Strategie, die sich im Verlauf der Evolution des Menschen durchgesetzt habe.

In Berlin-Falkenberg weiß man das seit Langem. »Viele wollen eben ein junges Tier«, sagt ein junger blonder Tierpfleger, der die Kaninchen und Nager in dem Gang neben der Anmeldung versorgt. »Viele wollen auch keine Tiere, die schon mal woanders waren, Secondhand-Tiere«, ergänzt Stefanie Eschen. »Die wollen einfach meist Welpen«, fügt der Tierpfleger desillusioniert hinzu. Er scheint nicht zu glauben, dass sich daran irgendwann noch einmal etwas ändern lässt.

Jugend bei einem Tier, was bedeutet das für den Menschen? Konrad Lorenz prägte schon 1943 den Begriff »Kindchenschema«. Damit bezeichnet man seitdem die typisch kindlichen Proportionen wie große Augen, hohe, vorgewölbte Stirn. Wissenschaftler, die die Mensch-Tier-Beziehung erforschen, gehen davon aus, dass das Kindchenschema eines Tieres den Menschen bindet und Fürsorgeverhalten auslöst. Es handelt sich dabei um eine Reaktion, die sich robust auslösen lässt, denn das Fürsorgeverhalten muss unter ganz vielen Bedingungen funktionieren, um das Überleben der eigenen Nachkommen im Babyalter zu sichern. In der Evolution hat sich so ein sehr leicht zu triggerndes Verhalten durchgesetzt, das offenbar mit überwältigend starken Gefühlen gekoppelt ist, was dazu führt, dass mitunter Sauen mutterlose Welpen annehmen oder Kamele verwaiste Pferdebabys. Konsumforscher haben inzwischen herausgefunden, dass das Kindchenschema sich sogar auf das Produktdesign anwenden lässt: In einer Studie der Universität St. Gallen zogen Probanden Autos vor, wenn deren Design so verändert war, dass es dem Kindchenschema näherkam – etwa durch vergrößerte Frontscheinwerfer. Erklären lässt sich das mit einer angeborenen

Reaktion des menschlichen Gehirns: Bilder von Lebewesen mit Kindchenschema lassen Nervenzellen im Nucleus accumbens feuern, derselben Struktur im Gehirn, die auch bei Süchtigen aktiv ist, wenn man ihnen ihren Suchtstoff zeigt.

Diesen Zusammenhang stellten Wissenschaftler um Melanie Glocker und Norbert Sachser von der Universität Münster gemeinsam mit Kollegen von der University of Pennsylvania in Philadelphia fest, als sie sechzehn kinderlosen Frauen Gesichter von Babys zeigten und die Reaktion der Gehirne mittels eines Magnetresonanztomografen sichtbar machten. »Die Fotos, die wir den Frauen vorlegten, waren mit einer Morphing-Software bearbeitet worden«, erklärt Norbert Sachser. Die Merkmale des Originalbildes waren entweder stärker in Richtung Babyschema verschoben, das Kind sah »süßer« aus, oder sie waren abgeschwächt. Von jedem Kindergesicht existierten also drei Versionen: das Original, die weniger süße und die noch süßere Variante. Das Signal, das die Wissenschaftler mithilfe des Magnetresonanztomografen erfassen konnten, fiel am stärksten bei den Babygesichtern aus, die noch mehr in Richtung »süß« verschoben worden waren. Der Blick auf das Kindchenschema aktivierte Nervenzellen im Nucleus accumbens, einer Struktur im Mittelhirn, die eine Schlüsselrolle innerhalb des sogenannten Belohnungssystems innehat, das aus verschiedenen Gehirnteilen besteht. Bei einer Sucht nach Drogen, Alkohol oder Essen beginnen die hier beteiligten Nervenzellen Signale abzugeben, sobald der Suchtstoff in Reichweite gerät: Sie schütten Dopamin aus. Auch ein Blick auf schöne menschliche Gesichter aktiviert dieses System – das konnten Wissenschaftler von der Harvard Medical School zeigen. Sie untersuchten junge heterosexuelle Männer, denen sie unterschiedlich attraktive Männer- und Frauengesichter zeigten. Die Männer konnten eine Taste drücken, wenn sie ein Gesicht länger sehen wollten. Sie betätigten die Taste am häufigsten, um besonders schöne Frauengesichter länger sehen zu können. Gleichzeitig wurde ihre Gehirnaktivität gemessen. Der Nucleus accumbens reagierte intensiv auf schöne Frauengesichter.

Die Münsteraner Forscher Sachser und Glocker folgerten aus ihren Ergebnissen mit Frauen und Babygesichtern, dass sie den Mechanismus gefunden haben, durch den der starke Fürsorgetrieb von Menschen hilflosen Kleinkindern gegenüber in Gang gesetzt wird – und zwar unabhängig davon, ob es um eigene Kinder geht. Schon zuvor hatte das Team aus Münster 118 Collegestudenten aus Philadelphia mit den gemorphten Babygesichtern konfrontiert, dabei aber den Magnetresonanztomografen nicht eingesetzt. Es ging in der ersten Studie nur darum, die Frage zu beantworten »How cute is it?«, die »Süßheit« auf einer Skala zu bewerten und anzugeben, wie gern man für den jeweiligen Säugling sorgen würde. Das Ergebnis war eindeutig: Die in Richtung süß verschobenen Gesichter mit den großen Augen und runden Stirnen wurden süßer gefunden. Allerdings wollten nur die Frauen unter den Probanden auch lieber für die süßen Babys sorgen als für die weniger süßen. Für die Männer galt das nicht. »Die Männer hatten eine deutlich geringere Pflegemotivation«, sagt Sachser.

Lassen sich solche Ergebnisse ohne Weiteres auf unsere Beziehung zu jungen und erwachsenen älteren Tieren übertragen? Zumindest ist auch schon untersucht, ob unsere

Kategorien für süßes Aussehen sich auf andere Arten als den Menschen selbst anwenden lassen. Ein Forscherteam um Kazuhide Hashiya von der japanischen Kyushu University legte Probanden im Jahr 2007 für eine Studie im *Journal of Ethology* Fotoserien von Menschen, Schimpansen, Kaninchen, Hunden und Katzen in unterschiedlichen Altersstufen vor. Die Kaninchen und die Hunde auf den Bildern waren beispielsweise zwei, vier, sechs, acht, zehn und zwölf Wochen alt. Die Probanden, die sich die Fotoserien in einem ruhigen Raum an der Universität ansehen durften, fanden menschliche Babys am niedlichsten im ersten halben Jahr des Lebens. Schimpansen wurden in ähnlichen Lebensphasen wie menschliche Babys am süßesten gefunden, wohl, weil ihr Gesicht sich ähnlich entwickelt. Die Probanden urteilten, dass Hunde, Katzen und Kaninchen im Alter zwischen einem und zwei Monaten am süßesten waren. Die Wissenschaftler konnten so nachweisen, dass es bestimmte Zeitfenster gibt, in denen Säugetiergesichter dem Menschen besonders anziehend erscheinen. Und eine andere japanische Forschergruppe untersuchte 2012 an der Universität von Hiroshima, wie es die Konzentration und den Fleiß von Menschen beeinflusst, wenn sie auf ein Foto von einem Tier blicken, während sie eine Aufgabe lösen. Drei Gruppen wurden gebildet. Die erste durfte sich Fotos von erwachsenen Tieren ansehen, die zweite Fotos von Tierkindern und die dritte Fotos von Speisen. Bei der letzten Gruppe steigerte sich die Leistung nicht, aber bei den Probanden, die erwachsene Tiere ansahen, stieg sie um fünf Prozent. Die gezeigten Leistungen verbesserten sich aber noch zusätzlich, wenn die Tiere im Babyalter waren – nämlich um zehn Prozent.

Ist es also so einfach – das Band zerreißt, wenn die Kindlichkeit des Tieres dahinschwindet, das Süße, die »Cuteness«? Tierheimmitarbeiter sagen jedenfalls übereinstimmend, dass die sachlicher klingenden Gründe, selbst die, die sie in ihren eigenen Archiven sammeln und die in Studien einfließen, möglicherweise gar nicht stimmen. »Die Leute lügen uns das Blaue vom Himmel herunter«, sagt Stefanie Eschen vom Tierheim Berlin. Allergien und Umzüge halten sie und ihre Kollegen oftmals für vorgeschobene Gründe. Geht es also in Wirklichkeit um etwas, was tiefer in der Psyche des Menschen vergraben ist, um das, was uns im Innersten antreibt und motiviert? Eine Fixierung, über die man keinesfalls sprechen kann, wenn man vor dem Tresen der Schalterhalle in Berlin-Falkenberg steht und sich von der Katze trennt? Am Ende schlummern die wahren Gründe für das Scheitern vielleicht nur im Unbewussten und lassen sich nicht formulieren – anders als der Bericht über eine plötzlich aufgetretene Allergie.

Allerdings gibt es noch eine zweite, etwas profanere Erklärung dafür, dass Halter sich gegen alte Tiere entscheiden. Alte Tiere erkranken häufiger, und ihre Krankheiten sind meistens chronisch. Ihre Haltung ist deshalb teurer. Eine Studie aus einem Tierheim in Chicago ergab sogar, dass Besitzer sich nach Einsetzen der wirtschaftlichen Rezession in Amerika im Dezember 2007 bis zum Ende des Beobachtungszeitraums 2010 nicht leichtfertiger von ihren Hunden trennten als in den Jahren vor der Krise 2000 bis 2007. Eine Ausnahme waren alte Hunde. Wegen der hohen Tierarztkosten landeten sie nach 2007 deutlich häufiger im Tierheim als zuvor.

Diesen Zusammenhang kennt man auch in Deutschland. »Wir beobachten, dass immer mehr kranke Tiere ausgesetzt werden«, sagt Katrin Schäfer, gelernte Tierarzthelferin und Leiterin des Tierheims in Winsen in Niedersachsen. Ein kleines, provinzielles Tierheim im Vergleich zu Berlin. Zwanzig Hunde und fünfzig Katzen lassen sich in dem Ort südöstlich von Hamburg unterbringen. Inzwischen sind so viele kranke darunter, dass man jedes Mal froh sei, wenn die Tierarztrechnung noch zu bezahlen sei, sagt Katrin Schäfer, die das Heim seit drei Jahren leitet. »Oft haben wir es mit versteckten Krankheiten zu tun, zum Beispiel Diabetes.« Das ausgesetzte Tier hat zwar keine offensichtlichen Verletzungen, wirkt aber schwach und kränklich. Die Ursache erbringen erst teure und umfangreiche Tests. »Deshalb ist es besonders schade, dass die Besitzer der Tiere sie nicht selbst bringen und die Karten auf den Tisch legen«, sagt Schäfer. Sie erinnert sich beispielsweise an einen Schäferhund, der unlängst gefunden und ins Tierheim gebracht wurde, wo die Mitarbeiter merkten, dass er aus dem After blutete. »Er litt an einem fortgeschrittenen Darmtumor. Das müssen die Besitzer auch gewusst haben.« Chronische Krankheiten seien bei Katzen besonders häufig, denn in deren Population kursieren Viren, die Aids ähneln, das Tier lange leben lassen, aber es anfällig für Krankheiten machen. Für potenzielle neue Besitzer ist es wenig attraktiv, sich auf unwägbar hohe Tierarztrechnungen und damit eine ungewisse Zukunft mit dem Tier einzulassen.

In Berlin hat man bereits Konsequenzen gezogen und bietet chronisch kranke Tiere nur noch im Paket mit einer kostenlosen lebenslänglichen Therapie in der Tierheimpraxis an. »Lebenslange kostenlose Behandlung auf Diabetes« oder »auf Dauerschnupfen« steht etwa auf den Karteikarten einer Katze und eines Kaninchens.

Die Psychiaterin Gisela Wieland-Puskas aus Celle kümmert sich schon seit 14 Jahren gezielt um ältere Tiere. Sie hat einen Verein gegründet, deren Hauptsponsor sie selbst ist: den »Verein für ältere Tiere Celle e.V.«. Eine Website gibt es nicht, Gisela Wieland-Puskas befürchtet, dass sie überrannt würde von Anfragen, noch mehr Tiere aufzunehmen. Denn Organisationen, die sich gezielt um alte Tiere kümmern, sind rar – und der Bedarf ist riesig.

»Es sind immer die jungen Tiere, die anziehend sind«, sagt die 71-Jährige. »Die Leute denken zudem, sie könnten die jungen Tiere umerziehen, formen. Solange dann alles gut läuft, sind die Besitzer motiviert zu sorgen. Wenn das Tier aber krank wird, dann ist die Bindung entscheidend.« Gisela Wieland-Puskas ist Psychiaterin, sie hat sich nach elf Jahren an der Medizinischen Hochschule Hannover 1986 mit einer Praxis im niedersächsischen Celle selbstständig gemacht. Das Scheitern der Mensch-Tier-Beziehung betrachtet sie mit dem Blick einer Ärztin und Wissenschaftlerin, die sich mit der Psyche des Menschen im Allgemeinen und Bindungsverhalten im Besonderen schon oft auseinandergesetzt hat. Über die Situationen, aus denen sie die alten Tiere übernimmt, sagt sie: »Oft hat keine gute Bindung bestanden. Das Problem liegt meist in der Beziehungsfähigkeit des Menschen. Leute, die bindungsfähig sind, nehmen auch in Kauf, dass sie Pflichten haben für ein Tier. Aber viele Menschen haben eine große Selbstbezogenheit, das geht in die narzisstische Richtung. Sie betrachten das Tier als Fortsetzung ihres eigenen Ichs. Wenn das Tier dann nicht mehr richtig funktioniert, gibt das besondere Probleme, denn sie hatten nie vor, das Tier als Lebewesen mit Ecken und Kanten zu sehen.«

Allein im Jahr 2012 hat Wieland-Puskas für die Tierärzte ihrer greisen Schützlinge 65.000 Euro bezahlt. Ein großer Posten waren drei für den Schlachthof bestimmte Pferde, die sie 2010 aufnahm. Die hohen Kosten sind auch ein Grund, warum sie bis heute in ihrer Praxis in Celle arbeitet. In den Jahren ihrer ehrenamtlichen Arbeit für alte Tiere hat sie viel über Menschen gelernt – auch, dass manche leichter als andere zu jemandem werden, der sein Tier abgibt. »Die Persönlichkeitsstruktur spielt dabei auch eine Rolle«, sagt sie. »Eine gewisse Leichtfertigkeit und Oberflächlichkeit im Umgang mit Geld und mit Verpflichtungen« seien Risikofaktoren. »Aber die Beziehung ist das Wesentliche.«

Folgt man Wieland-Puskas, dann geht es oftmals gar nicht um ein Band, das zerreißt, um eine Beziehung, die scheitert. Die Beziehung wurde gar nicht erst hergestellt. Ist aber kein Band da, dann fällt es den Haltern vermutlich auch leicht, sich von einem Tier zu trennen. Die Trennung ist gar keine richtige Trennung, der Verlust wird nicht als Verlust wahrgenommen.

Offenbar ist den Haltern aber trotzdem klar, dass sie gescheitert sind, dass sie die Realität völlig falsch eingeschätzt haben und dadurch sich und das Tier in eine schwierige Situation gebracht haben. Dieses Bewusstsein für das eigene Versagen könnte der Grund dafür sein, dass sie oft nicht selbst in Erscheinung treten, wenn sie nicht mehr für ihr Tier sorgen wollen. Denn natürlich gibt es nur auf der einen Seite Statistiken mit Gründen, mögen es vorgeschobene sein oder nicht. Auf der anderen stehen die ausgesetzten Tiere. Man kennt ihre Vorgeschichte nicht und auch nicht die der Beziehung. Die Besitzer weichen sogar einer Lüge aus, sie wollen nicht einmal irgendjemandem gegenüber eine Allergie erfinden, sondern sich klammheimlich und unbeobachtet von ihrem Tier trennen. Vielleicht steht dahinter also die Scham, vor anderen Menschen zugeben zu müssen, dass man unrealistisch und naiv gewesen ist, dass man vor der Anschaffung unfähig war, das ganze Ausmaß der Entscheidung vorherzusehen.

Fakt ist: Das anonyme Aussetzen scheint stärker tabuisiert zu sein als die Abgabe. Nicht einmal in Internetforen gibt es Menschen, die anonym zugeben, ein Tier ausgesetzt zu haben, während etliche Einträge davon zeugen, wie jemand sich den Leidensdruck von der Seele schreibt, wenn er sein Tier schweren Herzens in neue Hände vermittelt hat. Das Abgeben, das Preisgeben eines wehrlosen Mitgeschöpfes könnte ein Tabubruch sein, den man weder unter Pseudonym in der digitalen Welt noch in der förmlichen Umgebung einer verglasten Schalterhalle, die nur zu diesem Zweck gebaut wurde, vor anderen zugeben will.

Die Suche nach Tierhaltern, die unter geändertem Namen in diesem Buch darüber hätten sprechen können, warum sie ihr Haustier aussetzten, blieb erfolglos. Eine Kollegin berichtete von einem Bekannten, einem Familienvater aus der gehobenen Mittelschicht, der bei einem Kneipenabend einmal gut gelaunt erzählt hatte, vor dem Urlaub habe er die Meerschweinchen seiner Kinder im Garten ausgesetzt. Auf Anfrage lehnte er aber ab, anonym darüber zu sprechen, nicht einmal am Telefon wollte er sich äußern.

Doch es gelingt nicht allen, in der Anonymität zu bleiben. Immer wieder kommt es vor, dass ein Tierhalter, der sein Tier aussetzt, im Nachhinein entlarvt wird. Steffi Kohn, die Leiterin des Tierheims in Neu-Ulm, hat sich sogar das ehrgeizige Ziel gesetzt, die Identität möglichst vieler solcher Leute aufzudecken – mithilfe der sozialen Netzwerke. Gerade erst hat sie die Besitzerin eines Schäferhundes ausfindig gemacht, der in einem Wäldchen ausgesetzt worden war. Die *Südwestpresse* brachte einen Artikel über diese Erfolgsstory und ein Foto des Hundes kurz nach dem Fund: ein großer schwarzer Mischling, der an einem Baum angebunden worden war und einen Maulkorb trug, als man ihn entdeckte.

Steffi Kohn leitet das Team des Tierheims seit 2003. Sie ist gelernte Tierpflegerin. Seit zwei Jahrzehnten arbeitet sie im Neu-Ulmer Tierheim. Auch ohne die amerikanischen Studien gelesen zu haben, weiß sie, dass der Hund keine idealen Vermittlungschancen hat: »Was sich schwertut im Tierheim, sind große, alte, schwarze Hunde«, sagt sie. »Hell, klein, jung ist immer am besten.«

Glücklich ist Steffi Kohn über den Bericht der Lokalzeitung nicht. »Ich bin ja dadurch aufgeflogen«, sagt sie. »Deswegen musste ich drei neue Internetprofile anlegen.« Bei Facebook richtete sie ein Profil einer fiktiven Person mit erfundenem Namen ein und zwei Hundeprofile. »Mit einem Hund kommuniziert man ja immer leichter«, sagt sie. »Ich sag mal, der heißt Bello. Wenn ein Tier ausgesetzt wurde, dann sucht ›Bello‹ über Facebook Informanten und schreibt gewisse Leute an.« Sechs Fälle hat sie auf diese Art in einem Jahr aufgeklärt. Sind die Entlarvten schuldbewusst? »Nee, überhaupt nicht. Aber ich denke, das ist ein Schutzreflex.«

Der Hund, über den die *Südwestpresse* berichtete, hatte einen Sack Futter neben sich stehen. Wie sich später herausstellte, hatte ihn die Besitzerin noch gefüttert und ihm erst dann den Maulkorb angelegt, damit er denjenigen, der ihn fand, nicht biss. Ein Spaziergänger entdeckte den Hund schließlich. »Ein Foto von dem Hund habe ich bei Facebook hochgeladen und dann gefragt: Wer kann helfen?«, erzählt Kohn. 351 Facebook-Nutzer teilten diesen Aufruf. »Nach einer Stunde meldete sich schon eine Frau und schrieb, den habe ich gesehen bei *Team Ulm*, das ist ein Flohmarkt.« Kurz zuvor hatte jemand versucht, den Hund auf diesem Internetflohmarkt zu verkaufen. Die Frau, die sich bei Steffi Kohn über Facebook meldete, hatte damals ohne Erfolg Kontakt zu der Verkäuferin des Hundes aufgenommen. »Sie fand deren Telefonnummer noch auf einem Schmierzettel wieder.« Steffi Kohn rief dort an. »Erst hat sie alles abgestritten, war dann aber geständig.« Die Frau erzählte, sie sei arbeitslos geworden und habe sich das Futter für den Hund nicht mehr leisten können. »Sie hatte aber drei Kinder im jugendlichen, teilweise erwachsenen Alter«, sagt Kohn, für die das ein Alarmsignal ist. Allzu oft kommen in ihr Heim Halter, die das Tier mit dem Hinweis abgeben: »Die Kinder sind jetzt groß, die haben keine Lust mehr.«

Die Frau, die den Schäferhund ausgesetzt hatte, war zuvor schon bei einem anderen Tierheim in dem benachbarten Landkreis, in dem sie lebte, abgewiesen worden, weil das Asyl voll war. Sie band den Hund nur 600 Meter vom Neu-Ulmer Tierheim an. Warum brachte sie ihn nicht einfach direkt dorthin? »Mir selber ist es auch unerklärlich«, sagt Kohn. »Sie hätte ja hier genauso klingeln können.« Aber Kohn hat schon oft gerätselt, warum Menschen die Tiere aussetzen, statt sie direkt abzugeben. Am Geldbetrag, der für eine Abgabe fällig wird, könne es in vielen Fällen nicht liegen, sagt Kohn. Das Aussetzen von Tieren finde sich in allen Gesellschaftsschichten. »Vor zwei Jahren hat ein Arzt aus der Region die Ratte seiner Tochter hier auf dem Gelände ausgesetzt, obwohl Betrieb war«, erzählt sie. Er bekam ein Bußgeld und musste die Abgabegebühr für den Nager dann doch zahlen – sie liegt nur bei 5 Euro. »Wir haben Kameraüberwachung«, sagt Kohn. »Der Mann ließ die Ratte zwischen zwei Steinpaletten frei, hier war gerade eine Baustelle. Es war Zufall, dass eine Mitarbeiterin die Ratte gleich gefunden hat.« Zur Rede gestellt, gab der Mann an: »Er hatte keine Zeit und wollte nicht lang warten, in der Anmeldung war wohl gerade etwas Betrieb.«

Steffi Kohns Tierheim unternimmt mehr als andere Tierheime gegen den Trend, dass immer mehr Tiere von unrealistischen Menschen aufgenommen und dann doch wieder abgeschoben werden. Zum einen erstattet Kohns Team immer Anzeige gegen unbekannt, wenn ein Tier ausgesetzt wird. »Andere Tierheime machen das nicht.« Zum anderen arbeitet Kohn auch direkt mit der Ulmer Polizei zusammen. Sie unterstützt vor allem Einsätze gegen Hundehändler. Sie mietete sogar schon mal eine leerstehende Wohnung an, um einen bestellten Chihuahua entgegenzunehmen – und den Boten gleich festnehmen zu lassen. Den illegalen Handel mit Hunden über Grenzen hinweg findet sie eigentlich noch schlimmer als die Abgabe von Tieren, weil die Kinder groß sind oder das Tier nicht mehr ins Lebenskonzept passt. »Oft bringen Montagearbeiter die Welpen aus dem Ausland mit«, erzählt sie. »Wenn die Leute dann nicht zum Abholtermin erscheinen, werden die Welpen direkt auf dem Rastplatz ausgesetzt. Sie sind häufig erst drei, vier Wochen alt und unterernährt.« Werden Welpen mit einem Auslandschip im Körper gefunden oder die Lieferanten, die meist aus Osteuropa kommen, fliegen mit ein paar Hunden im Kofferraum auf, müssen die Tiere in die amtliche Quarantäne im Tierheim, weil man nichts über mögliche Infektionskrankheiten und den Impfstatus weiß. »Drei Monate lang isoliert, ohne Gassi gehen, nur der Pfleger kommt mit dem Futter«, sagt Kohn. »Das ist für einen Welpen net so eine tolle Basis.«

Diese Entwicklung ist schwer aufzuhalten, obwohl es längst Aufklärungskampagnen gegen Hundehandel wie wuehltischwelpen.de gibt, an der verschiedene große Tierschutzverbände mitwirken. »Die Leute wollen in erster Linie Geld sparen, deshalb bestellen sie sich für 250 Euro einen Chihuahuawelpen im Internet«, erzählt Steffi Kohn. »Dabei haben wir auch hier im Tierheim Familienhunde, Top-Rassehunde mit Hundeschule.«

Aber sie weiß schon, worum es den meisten Menschen wirklich geht, wenn sie sich ein Tier zulegen. »Viele rufen an und fragen direkt: Haben Sie Welpen? Und wenn ich dann frage: Was für welche?, dann antworten sie: Ja, egal. Ich erwidere dann immer: ›Ist ja 'n Unterschied, ob es ein Dackel oder ein Bernhardiner ist.‹ Die beharren aber auf Welpen.« Werden sie im Tierheim nicht fündig, suchen sie andere Quellen, etwa Verkaufsportale im Internet wie *Ebay Kleinanzeigen, Deine Tierwelt* oder den *Haustieranzeiger.*

Die Verkaufsportale für lebende Tiere im Internet sind nicht nur Steffi Kohn ein Dorn im Auge. Auch Madeleine Martin, die hessische Tierschutzbeauftragte, hält die Art, wie Tiere hier angeboten werden, für einen Grund, warum Menschen immer naiver in die Tierhaltung schlittern. »Gehen Sie mal auf quoka.de. Geben Sie ein ›Chihuahuas‹ und Ihre Heimatstadt, Umkreis 50 Kilometer. Es wird Sie umhauen«, sagt Martin. Die exotischsten Rassen in einer Unmenge finde man auf solchen Portalen. »Sie kosten nicht 2000 Euro wie aus einer VDH-Zucht. Sie finden dort Hunde für 300, 400, 500 Euro. Da werden plötzlich Statussymbole erschwinglich – auch Paris Hilton hat einen Chihuahua.« Beobachte man die Portale länger, »dann sind diese Hunde alle nach ein paar Monaten wieder da«. Für Martin ist schon mit der Formulierung der Anzeigen klar, dass die Käufer hier an ihrer eigenen Naivität scheitern werden. »Haben wieder vier süße Schnuckelchen abzugeben«, zitiert Martin. »Man fragt sich: Was glauben die Leute, was das ist?« Sie meint, dass an der Wortwahl eine bestimmte Entwicklung ablesbar ist: »Der Hund wird zum Accessoire.« Bei Chihuahua-Anzeigen finde man inzwischen häufig den Hinweis, die Welpen seien bereits auf ein Katzenklo geprägt. »Motto: Der muss gar nicht mehr raus.« Der Zwerghund aus Mexiko, zu dessen Vorfahren die Urhunde Amerikas zählen, die schon vor den spanischen Eroberern und ihren Hunden auf dem Kontinent lebten und ursprünglich mit den Ureinwohnern über die Beringstraße eingewandert waren, ist für Madeleine Martin eine »Leithunderasse«. An ihr lasse sich ablesen, wohin die Wünsche vieler Menschen gehen, die von Hundehaltung träumen: »Den Chihuahua kann man am leichtesten vermenschlichen. Er läuft Gefahr, bald überhaupt nicht mehr als Hund wahrgenommen zu werden.«

Stellt sich heraus, dass ein solches Tier doch mehr Aufmerksamkeit, Zeit, Einsatz oder Geld benötigt als angenommen, dass es mehr Hund ist als Mensch und das Leben der Besitzer völlig durcheinanderbringt, dann ist das Scheitern der Beziehung zwischen Tier und Halter vorprogrammiert. Oft geschieht es auch schleichend, nicht mit einem plötzlichen Bruch. Solchermaßen zerbrochene Beziehungen enden manchmal vor Gericht – wenn Außenstehende etwas bemerken.

»Alle Tierärzte kennen eigentlich die Fälle von Kaninchen, die irgendwo im Kinderzimmer vergessen wurden und schon über und über mit Maden besetzt sind, wenn sie gebracht werden«, sagt Madeleine Martin. Sie hat solche Tiere bei Hausdurchsuchungen in Polizeibegleitung gefunden. Zuletzt hat sie eine Haltung begutachtet, bei der sich im Kinderzimmer in einem Käfig zwischen den noch lebenden mumifizierte Kaninchen fanden. Die hessische Tierschutzbeauftragte kommt häufig ins Spiel, wenn die Beziehung mehr als gescheitert ist, wenn Menschen ihre Tiere nicht nur aussetzen oder ins Tierheim bringen, sondern sie vergessen wie Dinge auf dem Dachboden.

Vier Tage vor dem Gespräch hat sie als Zeugin an einer Gerichtsverhandlung teilgenommen, angeklagt war eine Familie, die zu Hause viele Tiere hatte – »eine ganze Menagerie«, sagt Martin, Pferde, Hunde, Schweine, Kaninchen. »Man hatte in den Ferien für vierzehn Tage eine Betreuung für die Tiere engagiert, war aber drei Wochen weggeblieben«, sagt Martin. »Sie stehen davor und denken: Das kann nicht sein. Denen war ja klar, dass die Tiere versorgt sein müssen, deshalb hatten sie ja eine Pflegerin angestellt. Aber dann war der Urlaub so schön gewesen, große Ferien, es hatte ihnen so gut gefallen – da sind sie einfach eine Woche länger geblieben.« Die Nachbarn hatten die Polizei gerufen, als sie merkten, dass die Pflegerin nicht mehr kam. »Sie stehen vor diesen Menschen und sind erschüttert. Erschüttert wegen der Empathielosigkeit«, sagt Martin. Warum die Empathiefähigkeit bei den Menschen unterschiedlich verteilt ist, haben Biowissenschaftler in den vergangenen Jahren intensiv zu erforschen begonnen. Sie sprechen von Persönlichkeitszügen, die sie als »kalt, unemotional« bezeichnen. Diese Züge finden sich sowohl bei gewalttätigen Kriminellen als auch bei unbescholtenen Bürgern. Man geht davon aus, dass beispielsweise Investmentbanker von einer solchen Kälte in ihrem Job profitieren. Als psychische Krankheit im eigentlichen Sinne gilt eine Empathielosigkeit, die nicht mit Gewalttätigkeit einhergeht, deshalb bisher nicht. Madeleine Martin sagt, dass Psychiater, die bei Gerichtsverhandlungen als Gutachter bestellt werden, oft zu dem Ergebnis kommen, dass die verantwortungslosen Tierhalter schuldfähig sind. Sie sieht ein bisschen ratlos aus.

Der Mangel an Empathie bei einigen Tierhaltern lässt sich schwer kurieren. Für Martin erscheint es deshalb am sinnvollsten, an einem anderen Punkt anzusetzen: beim Verkennen der Realität. Offenbar kursieren völlig falsche Vorstellungen von dem, was ein Tier bedeutet. Viele Menschen machen sich vorher nicht klar, dass sie nicht mehr beliebig verreisen können, dass das Tier riechen könnte, krank werden kann, Geld kostet, dass sie Stress mit Nachbarn und Vermieter bekommen können. Das verwundert umso mehr, als sich gerade die Deutschen die Konsequenzen anderer Entscheidungen so genau überlegen, weshalb sie beispielsweise immer weniger Kinder bekommen. Madeleine Martin findet, dass schon jetzt genug Informationen erhältlich sind, damit jeder potenzielle Tierhalter sich vor der Anschaffung ein realistisches Bild verschaffen kann. Sie selbst hat dazu beigetragen, indem sie mehrere Fibeln zu unterschiedlichen Tierarten und ihrer Haltung veröffentlicht hat, die das Ministerium verlegt und die sich an Kinder richten. In der Pferdefibel hat sie zum Beispiel versucht, kindgerecht zu vermitteln, wie viel Geld und Zeit ein eigenes Pferd kostet. Weil das alles nicht geholfen hat, würde Martin sich wünschen, dass der Staat mehr Sachkundebescheinigungen und andere Nachweise fordert, wenn Menschen Tiere halten wollen, sodass sie gezwungen sind, sich vor der Anschaffung mit dem Thema auseinanderzusetzen.

Doch die Naivität von Menschen im Hinblick auf die Haltung von Tieren ist über Jahrzehnte gewachsen. Und bisweilen fördern Verbände und Politiker diese Blauäugigkeit. So geschehen beim Reiten. »Reiten ist kein elitärer Sport für Wohlhabende, sondern ein wichtiger Breitensport in Niedersachsen«, sagte beispielsweise der CDU-Politiker Gert Lindemann, der bis Anfang 2013 Landwirtschaftsminister in Niedersachsen gewesen ist, der Presse, als er sich gegen eine Steuer auf Pferdebesitz aussprach. Szenekenner sagen etwas anderes: Um ein Pferd halten zu können, ohne dass Tier und Halter Schaden nehmen, muss man reich sein. Noch immer. Weil viele Menschen das nicht wissen, gibt es seit dem Sommer 2013 eine Pferdeklappe in Schleswig-Holstein.

10. Die Pferdeklappe

Reitsportverbände werben in Kindergärten und Schulen um neue Mitglieder. Doch dabei werden Wünsche geweckt, deren Erfüllung viele Eltern nicht bezahlen können, denn Reiten ist noch immer ein exklusiver Sport. Ideologien über Tierhaltung können Menschen auch in die Irre führen. In Schleswig-Holstein versucht man solchen Menschen zu helfen: Hier wurde im Sommer 2013 die erste Pferdeklappe Deutschlands eröffnet. Finanziell überforderte Besitzer können ihre Pferde anonym auf eine abgelegene Koppel stellen. Die Organisatoren bekommen fast täglich neue Tiere. Sie finden: Das sagt etwas über die Armut im Land.

Ein kleiner Hain aus Ahornbäumen und Buchen verbirgt die mit einem Elektrozaun verschlossene Koppel. Wer mit Auto und Anhänger hier hält, kann sein Pferd im Schutz der Bäume ausladen. Zu verfehlen ist die Weide nicht: Ein großes weißes Schild am Straßenrand zeigt die Zeichnung eines jungen Mädchens, das zärtlich den Arm um ein Pferd legt, und daneben den Schriftzug »Pferdeklappe«.

Petra Teegen stapft vorsichtig durch den Morast am Eingang, ihr kleiner Terrier Happy ist ihr dicht auf den Fersen. »Darf ich vorstellen: unsere Empfangsjungs«, sagt die 60-Jährige und zeigt auf die drei Ponywallache, die auf der Weide grasen. »Wir haben nämlich keine Empfangsdamen, sondern Empfangsjungs.«

Wenn jemand sein Pferd unangemeldet auf der Weide abstellt, dann braucht der Neuankömmling dringend Gesellschaft. »Das Pferd ist ein Herdentier. Wird es allein zurückgelassen, schreit es sich die Lunge aus dem Hals und versucht, durch den Zaun zu gehen«, erklärt Teegen. Die Krankenschwester, die 20 Jahre lang in der Onkologie arbeitete, kümmert sich schon ihr halbes Leben ehrenamtlich um vernachlässigte Pferde. Am 1. Juli 2013 hat sie mit einem eigens gegründeten Verein die erste Pferdeklappe Deutschlands eröffnet, in Norderbrarup im Kreis Schleswig-Flensburg, ein paar Kilometer vor der dänischen Grenze. Hier können finanziell überforderte Pferdebesitzer ihre Tiere anonym abgeben. Modell standen die Babyklappen an Krankenhäusern für Eltern in schweren Notlagen.

Allerdings sind nur drei der mehr als 40 Klappenpferde, die in den ersten drei Monaten bis zu diesem Tag im Oktober eintrafen, wirklich anonym abgeliefert worden. Eines davon war die braune Stute Silke. In der für Briefe bestimmten Plastikbox am Zaun fand sich nur ein spärlich beschriebener Computerausdruck: »Das ist Silke. Sie ist 20 Jahre alt und gesund. Ich gebe sie hier in Eure Klappe, weil ich einfach nicht mehr kann.«

Die meisten Pferdebesitzer rufen an, bevor sie ihre Tiere nach Norderbrarup fahren. Für das Wochenende sind gleich fünf Vollblüter aus der Nähe von Hamburg angekündigt. »Die Leute sind alt und haben das Geld nicht mehr«, sagt Teegen. Bislang stammen die Pferde aus der näheren Umgebung bis in den Hamburger Raum hinein. Bald will aber jemand Pferde aus Bayern bringen. »Der Winter kommt«, sagt Teegen, »jetzt wird es erst richtig interessant bei uns. Jetzt kommen die nicht mehr einzeln, sondern gleich vier oder fünf.«

Was in Norderbrarup geschieht, erinnert an die spektakulären Berichte aus Irland, die in den vergangenen Jahren kursierten. In der Krise entließen verzweifelte Besitzer Pferde, die sie sich im Wirtschaftsboom angeschafft hatten, einfach in die freie Natur. Ähnliche Berichte gab es aus Spanien, Portugal und einsamen Gegenden der USA. Im dicht besiedelten Deutschland ist die Klappe für viele Halter die letzte Rettung.

Die Pferde versorgt Teegen vor der Vermittlung in neue Hände auf ihrem Hof, der nur ein paar Autominuten von der Klappe entfernt liegt. Heute wartet vor dem Stall schon Friederike Gitzel. Die 53 Jahre alte Tierärztin ist Mitglied im Vorstand des Vereins Pferdeklappe e.V., der inzwischen mehr als 40 Mitglieder hat. Gemeinsam mit ihrem Mann behandelt Gitzel die Pferde ehrenamtlich.

In ihrer hellen Küche stellt Petra Teegen Kaffeetassen vor den Gästen ab. Dann legt sie einen dicken Leitzordner auf den Tisch. Darin hat sie Briefe von Haltern und Fotos von Tierschutzfällen gesammelt – schon vor Gründung der Klappe. Sie zeigt auf das Bild einer Holsteiner Warmblutstute, die sie vor einem knappen Jahr aufgenommen hat. Das Pferd war so stark abgemagert, dass man durch die Haut die Knorpelspangen der Luftröhre erkennen konnte. Teegen blättert weiter zum Foto eines schönen braunen Pferdes, das unbeschwert über eine Wiese trabt. Es ist dasselbe Pferd, ein paar Monate später bei seiner neuen Besitzerin. »Die Frau war

Mitte fünfzig, Lehrerin«, sagt sie. »Solche Leute suchen wir auch immer für die Klappenpferde.«

Solche Leute: Gemeint sind finanziell abgesicherte Menschen, die auf lange Sicht für ein eigenes Pferd sorgen können. Hört man Petra Teegen und Friederike Gitzel länger zu, bekommt man rasch den Eindruck, dass nicht viele der deutschen Pferde bei solchen Leuten leben. Teegen erzählt von einer Familie, die ihr Pferd nicht auf die Weide stellte, sondern es direkt auf ihren Hof fuhr. Aus dem Auto stiegen fünf weinende Kinder, die nicht einmal Socken in den Schuhen trugen, ein Kleinkind trug nur Flipflops, obwohl es an dem kalten Tag regnete. Seitdem hat Petra Teegen immer Säcke mit Socken vorrätig, um sie armen Familien mitzugeben. Und arme Familien trifft sie oft. »Was wir hier in Norderbrarup sehen, hat ganz viel mit der Verarmung unserer Bevölkerung zu tun«, sagt sie. »Wir haben ein ganz wackeliges System für die Familien. Sobald einer aus dem System bricht, wenn plötzlich die Ehe kaputt ist oder das Schicksal zuschlägt – dann stürzt alles wie ein Kartenhaus zusammen.« Ein so teurer Besitz wie ein Pferd beschleunigt dann den sozialen Abstieg. Viel zu lange, sagt Teegen, verdrängten die Menschen den Gedanken, das Pferd abzugeben. »Irgendwie verschiebt sich das Weltbild. Es heißt dann: Pferde lebten ja schon immer draußen.« Ohne Stall, nur mit einem Flecken Gras, versucht man, das Pferd über den Winter zu bringen.

Petra Teegen war schon oft der Retter in der Not für solche Tiere. Sie wuchs in Eckernförde auf, in einem Haus am Hafen, mit Blick auf die Ostsee. In der Nachbarschaft war eine Pferdeschlachterei. »Die kriegten so schöne Pferde und am nächsten Tag waren sie immer weg«, erinnert sie sich. »Wahrscheinlich habe ich daher meinen Fimmel, jedes Pferd retten zu wollen.« Sie kümmerte sich schon als Kind um die Schlachtpferde und um die beiden Kaltblüter, die das Holz aus Schweden von den Schiffen zu den Holzhandlungen zogen. Früh wünschte sie sich ein eigenes Pferd. »Meine Mutter war alleinerziehend und sagte: Das geht erst, wenn du groß bist, aber dann werde ich dich auch unterstützen«, erzählt Teegen. Dann setzt sie hinzu: »Früher war das so. Kein Geld, kein Pferd.«

Wie selbstverständlich galt diese Regel wohl nur in den ersten Nachkriegsjahrzehnten. Heute, das legen die Berichte über die Klappenpferde nahe, ist der Pferdebesitz auch in von Armut bedrohten Schichten angekommen. Teegen und Gitzel glauben, dass die Neunzigerjahre den Umschwung brachten. »Damals waren Pferde billig, weil man über lange Zeit zu viele gezüchtet hatte«, erklärt Gitzel. Der Zusammenbruch der DDR spülte noch zusätzlich preiswerte Pferde auf den Markt. Das verführte viele Menschen. Später stiegen dann die Preise für Heu, Land und Energie. »Vor zehn Jahren betrug die Pacht für einen Hektar Weide achtzig, neunzig Euro. Heute sind es hier 680 Euro pro Hektar«, verdeutlicht Teegen. »Ein Rundballen Heu kostete 2001 siebzehn Mark. Jetzt sind es 35 Euro, im Hamburger Raum soll es bis hundert Euro gehen.«

Zudem bauen die Bauern Mais für Biogasanlagen an, statt Boxen und Weiden zu vermieten. »Und dann kann man nur ausweichen auf teure Pensionsställe«, sagt Teegen. Tierärztin Gitzel ergänzt: »Dann kann man natürlich auch verstehen, dass manche Leute, die sich vor fünfzehn Jahren zu vernünftigen Bedingungen ein Pferd angeschafft haben, jetzt in Schwierigkeiten kommen.«

Wissenschaftler beobachten den Wandel schon länger. Der Göttinger Professor Matthias Gauly, der als Tierarzt und Agrarwissenschaftler den Studiengang »Pferdewissenschaften« leitet, hat im Umkreis von 20 Kilometern um Göttingen Pferdepensionsbetriebe untersucht und festgestellt: »Ein Großteil der Boxen wird für deutlich weniger Geld angeboten, als es kostendeckend und im Sinne des Tierschutzes wäre.« Damit gehe man auf die finanziellen Engpässe der Kundschaft ein: »Viele Probleme, die wir in der Pferdehaltung haben, rühren daher, dass so viele Menschen Pferde halten, die es sich in Wirklichkeit nicht leisten können. Will ein Landwirt zum Beispiel alle Pensionspferde dreimal im Jahr entwurmen lassen oder die Boxenmiete um 20 Prozent erhöhen, gibt es sofort Konflikte, weil so viele Pferdebesitzer ökonomisch am Limit sind. Deshalb ist inzwischen auch so viel Unruhe und Fluktuation in den Ställen.«

Die finanziellen Probleme haben vor allem eine Bedeutung für den Tierschutz: »Wegen der angespannten wirtschaftlichen Verhältnisse, in denen die Pferdebesitzer leben, ist es oft nicht möglich, tiergerechtere Haltungssysteme auf einem Pensionshof einzurichten.«

Doch für solche Einwände sind viele Pferdehalter nicht erreichbar. Schließlich geht es häufig um hochemotionale Ziele. »Mit einem Pony oder Pferd will man die eigenen Kinder fördern«, sagt Teegen. »Die Eltern sehen, dass ein Mädchen aus der Schulklasse ein Pferd bekommt. Dann denken sie: Was die können, kann ich auch.«

Auch Gauly kennt den Zusammenhang zwischen Pferdekauf und dem Ehrgeiz der Eltern: »Man kann nur sportlich erfolgreich sein, wenn man ein Pferd zur Verfügung hat.«

Zwar gibt es auch im Reitsport Talentsichtungen, aber sie setzen erst an, wenn ein Kind durch Erfolg aufgefallen ist. Dafür braucht es zunächst ein Pferd und Eltern oder Unterstützer, die beide zu Turnieren fahren. »Dass jemand alleine über klassischen Unterricht in der Reitschule zum Spitzensport kommt, schließe ich fast vollständig aus«, sagt Gauly. Bis zum Zweiten Weltkrieg waren noch viele international erfolgreiche deutsche Reiter Soldaten, die ihre Reitausbildung im Zuge ihres Dienstes kostenlos erhalten hatten. In der Nachkriegszeit musste man in der Regel entweder aus einer Reiterdynastie kommen oder viel Geld investieren, um ganz oben mitreiten zu können – am besten beides.

Bei der Deutschen Reiterlichen Vereinigung (FN) in Warendorf kennt man das Problem und hat immer wieder über Stiftungen für begabte Kinder aus ganz normalen Verhältnissen nachgedacht. Derzeit kämpft die FN allerdings vorrangig gegen den Mitgliederschwund der Reitvereine – mit Kampagnen wie »Migranten aufs Pferd«, »Reiten als Schulsport« und einem Arbeitsheft für Kindergärtnerinnen, um schon die Kleinsten zu gewinnen.

Aus der Geschichte hat man offenbar nichts gelernt: Die Idee, dass Reiten ein Breitensport werden und der Pferdebesitz in allen Schichten ankommen könnte, ist schon mehr als fünfzig Jahre alt. Im Sommer 1957 lancierte eine Gruppe von Pferdefreunden um die Bonner Schriftstellerin Ursula Bruns, die Autorin des Kinderbuchbestsellers *Dick und Dalli und die Ponys* (verfilmt als *Immenhof*-Trilogie), eine Medienkampagne, um den Import von Pferden aus Island nach Deutschland anzukurbeln. Lokalzeitungen in der ganzen Bundesrepublik druckten die rührselige Geschichte ab: Die karge Insel Island könne nur einen Teil der jährlich geborenen Fohlen ernähren, mehrere tausend müssten deshalb geschlachtet werden. Ihre Rettung: die deutschen Tierschützer. Für 340 Mark sei ein Fohlen zu haben, viel mehr als eine Wiese und einen Schuppen brauche es nicht. Unbesehen orderten die Deutschen innerhalb weniger Wochen 8000 Tiere. Die Gruppe um Bruns argumentierte, man wolle den Pferdebesitz für alle Schichten öffnen. Immer wieder war die Rede von der »Sekretärin«, die nun neben dem »Fabrikanten« auf dem eigenen Islandpferd ausreiten könne. Doch das war nur ein schöner Traum: Als Anfang der Sechzigerjahre das Adressverzeichnis der ersten 800 Mitglieder des von Bruns gegründeten »Deutschen Pony-Klubs« herauskam, standen darin nur drei Sekretärinnen. Die häufigsten Berufe waren Kaufmann, Arzt oder Zahnarzt, Handwerksmeister, Fabrikant und Ingenieur.

Heute gehen Szenekenner davon aus, dass gerade die Kampagnen der Deutschen Reiterlichen Vereinigung, die dem Sport mehr Zulauf bringen sollen, die Probleme in der Pferdehaltung verschärfen. »Durch Kampagnen in Kindergärten und Schulen werden Begehrlichkeiten geweckt, die die meisten Eltern schlicht nicht finanzieren können«, sagt Gauly. »Reiten ist immer noch ein extrem teurer Sport, von dem ein großer Teil der Gesamtgesellschaft ausgeschlossen bleibt.«

Gaulys Sichtweise bestätigen vor allem die deutschen Tierärzte. Die schlechte Zahlungsmoral von Pferdebesitzern ist in der Branche berüchtigt. Ludger Matthies beispielsweise hat täglich damit zu kämpfen. Er ist einer der am besten ausgebildeten Pferdetierärzte in Deutschland, hat in renommierten Kliniken in ganz Europa gearbeitet. Man trifft sich in einem Landgasthof im Westfälischen. Matthies, der seinen richtigen Namen nicht öffentlich machen will, ist ein sportlicher Mann um die vierzig, der keine Scheu hat, sich bewertend zu äußern.

»Ich würde mir nie ein Pferd zulegen«, sagt Matthies ohne Umschweife. »Im Monat 400 Euro, leg das mal über zehn Jahre an. Und ein Pferd lebt ja nicht zehn Jahre, sondern 25. Da muss man die Freiheit haben zu fragen: Wer kann sich das wirklich leisten?« Die Besitzer von Matthies' Patienten offenbar nicht: »Bei uns auf der Stallgasse spielen sich Sozialdramen ab«, sagt der Tierarzt. »Heute habe ich ein Pferd eingeschläfert, dessen OP hätte 1000 Euro gekostet. Konnten die nicht bezahlen. Zwei heulende Frauen, ein vierzehnjähriges Mädchen aufgelöst daneben. Das ist bei uns Alltag. Am Anfang deiner Laufbahn denkst du noch: Die arme Frau. Heute denke ich: Es gibt Dinge, die sind wirklich wichtig. Und es gibt Dinge, die sind wünschenswert.«

300 Euro, schätzt Petra Teegen, muss man in ihrer Gegend ganz im Norden Deutschlands monatlich für ein Pferd aufbringen. In anderen Regionen Deutschlands kann die Miete für eine Pferdebox samt Auslauf auf der Weide auch deutlich mehr kosten, je nach Lage des Stalls, Service und Ausstattung, etwa mit Reithallen und -plätzen. Für die Tierarztrechnung ist dann nichts mehr übrig; viele Halter geben aber trotzdem eine Behandlung in Auftrag, um ihr Pferd zu retten. »Eine große Pferdeklinik hat immer Prozesse am Laufen«, sagt Ludger Matthies. »Wenn die Leute nicht zahlen können, behält man das Pferd ein. Das steht dann ein Dreivierteljahr im Stall und frisst dir die Haare vom Kopf. Danach

fahren wir es meist zurück nach Hause und binden es dort am Zaun an. Wenn der Besitzer irgendwann zu was kommt, kriegst du dein Geld.«

Leider stelle der Schritt, ein Pferd überhaupt erst anzuschaffen, heute kaum noch eine Hürde dar. »Ein Pferd bekommt man auch schnell mal geschenkt«, sagt Matthies. »Da spart einer ja schon 5000 Euro im Jahr, wenn er sein Pferd verschenkt – selbst wenn er es nicht verkauft kriegt.«

Und dass man das Pferd mangels Abnehmer gar nicht verkaufen kann, ist keinesfalls ein unwahrscheinliches Szenario. Ist das Tier in seinem Pferdepass als »Nicht-Schlachtpferd« deklariert, darf es nie geschlachtet werden. Ein Pferd erhält diesen Eintrag, wenn irgendwann einmal Arzneimittel eingesetzt wurden, die für Schlachttiere verboten sind. Aber auch einschläfern darf man ein Pferd nur, wenn es so krank ist, dass es schwer leidet. Arme Halter geraten deshalb schnell in eine verzweifelte Lage, gerade wenn ein Pferd chronisch krank ist – aber nicht krank genug, um eine Einschläferung juristisch und emotional möglich erscheinen zu lassen.

Auch so erklärt sich der Erfolg der Pferdeklappe. Tatsächlich haben Teegen und ihre Helfer schon einige chronisch kranke Pferde von der Weide geholt. Das waren meist die wirklich anonymen Fälle. Einigen wenigen Tieren konnten sie nicht mehr helfen, sie mussten eingeschläfert werden. »Es ist ein Problem, dass offensichtlich auch Pferde abgegeben werden, deren Besitzer es nicht schaffen, den letzten Weg mit ihrem Pferd zu gehen«, sagt Friederike Gitzel.

Viele der Fälle gingen aber auch noch gut aus. Ein Mann aus Hamburg übernahm eine Stute aus der Klappe, obwohl sie an Rehe litt, einer chronischen Hufentzündung. Inzwischen konnte der Verein sogar eine Warteliste einrichten, so viele Menschen möchten ein Klappenpferd aufnehmen. Manchmal muss Teegen allerdings auch Pferde vor den Bewerbern schützen.

Um viertel vor zwölf am Mittag summt Teegens Smartphone. Die SMS ist von einer Frau, die ein Pferd aus der Klappe übernehmen möchte. Sie bittet inständig und in abenteuerlicher Grammatik, dass Teegen einen Haflingerwallach noch nicht fortgeben möge. Sie habe kein Auto und müsse warten, bis eine Freundin sie nach Norderbrarup fahre und mit ihr gemeinsam das Pferd abhole. Eine Frau, die sich kein Auto leisten kann, aber ein Pferd besitzen möchte? »Das wäre so ein Fall, wo man Stopp sagen müsste«, sagt Teegen. Ihr Verein prüft alle Bewerber genau. Schließlich kosten die Klappenpferde nur etwa 200 bis 300 Euro – ein Betrag, mit dem man die Unkosten wieder hereinholt. Verführen will man damit aber auf keinen Fall jemanden, der sich ein Pferd eigentlich nicht leisten kann.

Noch sind Initiativen wie die in Norderbrarup, die mit ihrer Arbeit das öffentliche Bewusstsein auf lange verschwiegene Probleme in der privaten Tierhaltung lenken, rar gesät in Deutschland. Dass Menschen von ihren Tieren überfordert sein können, wird selten thematisiert. Stillschweigend nehmen allerdings einige Bevölkerungsgruppen vollständig Abstand von der Tierhaltung. Sie sind nicht irrational wie die finanziell überforderten Pferdehalter, sondern gnadenlos realistisch: Familien, in denen beide Eltern berufstätig sind, möchten ihren Kindern heute oft nicht einmal mehr einen Hamster erlauben.

Dahinter steht eine neue Weltanschauung: Man glaubt nicht mehr, dass man Kinder mithilfe eigener Haustiere erziehen kann.*

---

* Eine kürzere Version dieses Kapitels erschien am 5. November 2013 in der *Frankfurter Allgemeinen Zeitung* unter dem Titel »Letzte Rettung für verarmte Pferdehalter«.

11. Kein Platz für Kaninchen im Kinderkiez

Die Zeiten, in denen jedes Kind ein eigenes Haustier hatte, gehen langsam vorbei. Man verabschiedet sich davon, aus Kindern bessere Menschen machen zu wollen, indem man ihnen Pflichten überträgt: die Sorge für den Stallhasen oder den Hamster. Die Berufstätigkeit der Mütter, an denen schon früher alles hängen blieb, macht das eigene Haustier des Kindes zum Auslaufmodell. Doch die Tiere bleiben Teil der Kindheit. Statt des eigenen kommt jetzt der Schulhund, der gegen Leseschwäche hilft. Das Tier wird zum hochoffiziellen Erziehungshelfer in staatlichen Institutionen.

Renate Stahn war in dieser Woche gleich ein paar Mal in der Zeitung. Wegen eines unscheinbaren Zettels in Klarsichthülle, den sie an der Hauswand neben ihrer Ladentür befestigt hatte. »Ich boykottiere diese Zeitumstellung!« stand darauf. Die Ziervögel in ihrer kleinen Zoohandlung kämen mit der plötzlichen Sommerzeit und dem veränderten Tagesrhythmus nicht zurecht, daher mache sie den Laden nun zu denselben Zeiten auf und zu wie im Winter, hatte Stahn auf den Zettel geschrieben. Hier am Helmholtzplatz in Prenzlauer Berg kommen viele Medienleute vorbei, auch ein Journalist der *Berliner Morgenpost* war darunter, der Renate Stahn wegen des Zettels ansprach und einen kleinen Bericht darüber veröffentlichte. Der *Berliner Kurier* zog nach, mit einem Artikel, der »Die Sommerzeit-Rebellin« hieß.

Auch sonst ist Stahn eine Rebellin, nicht nur, was die Zeitumstellung angeht. Die 65-Jährige hat sich zum Beispiel davon verabschiedet, etwas verkaufen zu wollen – und das in einer Gegend, in der der Konsum blüht. »Die Vögel hab ich nur noch für die Kinder«, sagt sie und verschränkt die Arme trotzig vor der Brust. »Weil die heute nicht mehr wissen, was ein Reisfink und was eine Diamanttaube ist.«

Die Kinder: Es gibt hier etwas mehr als im Rest Berlins, zehn Prozent der Bevölkerung in dem Bezirk im Osten der Stadt sind unter zehn Jahre alt. Vor allem aber sind sie sichtbarer, wenn sie in ihren Kinderwagen von Bugaboo und Stokke spazieren gefahren werden oder mit ihren Laufrädern über die Gehsteige flitzen. Prenzlauer Berg galt deshalb lange als geburtenreichster Stadtteil Deutschlands, bis der *Spiegel* diese Behauptung irgendwann als Lüge entlarvte. Tatsächlich leben hier nicht mehr Eltern, Kinder und Schwangere als anderswo, aber sie zeigen sich offener, und ihr Kiez wirkt stärker auf ihre Bedürfnisse zugeschnitten als andere Gegenden. Prenzlauer Berg wurde schon als »Familienmekka«, »Babyboom-Stadtteil«, »Kinder-City«, »Enklave der Fruchtbarkeit«, »Pregnancy Hill« oder »Gebäroase« bezeichnet. In der Dunckerstraße, die den Helmholtz-Platz flankiert, wird diesem Klischee gehuldigt: Ein Kindermodeladen neben dem nächsten, dazwischen Geschäfte mit Holzspielzeug, eine Kinderbuchhandlung. Mitten auf dem Helmholtzplatz liegt ein riesiger Spielplatz mit dem mütterfreundlichen Café Kiezkind.

Mittags bekommt man auch an Wochentagen im Restaurant Malinikoff an der Ecke kaum noch einen freien Tisch, neben mindestens jedem zweiten steht ein Buggy. Im Lila Lämmchen, direkt gegenüber von Renate Stahns Zoogeschäft, drängeln sich die Kunden, hier werden Strampler, Leggings, Strickjäckchen und Stofftiere aus Naturmaterialien verkauft, das meiste davon mit Bio-Zertifikat. Bei Finkid ein paar Meter neben Stahns Laden gibt es die derzeit angesagtesten Funktionsjacken für Kinder, skandinavisches Design, fröhliche Farben. Selbst wenn der Laden um 18 Uhr zumachen will, befinden sich stets noch zwei, drei Kundinnen im Laden, die unbedingt noch einen schmal geschnittenen Mädchenparka in einem dunklen Rot und Größe 116 brauchen oder einen UV-dichten Sonnenhut mit Nackenschutz für die Ferien. Kürzlich entstand um die Ecke, an der Stargarder Straße, ein Streit zwischen Ladenbesitzern, weil die Kunden der Eisdiele Hokey Pokey mit dem Beginn der wärmeren Tage überhandnahmen, Trauben und Schlangen auf dem Bürgersteig bildeten und den Gästen in den angrenzenden Cafés die Sicht versperrten; vor allem die Kinder mit ihren Laufrädern störten. Hokey Pokey bietet hausgemachte Eissorten wie Indische Mango, Banane-Peanutbutter und Zimt-Zitrone, die Käufer ließen sich nicht einmal abhalten, als der Inhaber die Preise drastisch erhöhte, um den Nachbarschaftsstreit zu befrieden.

Wer hier Eiscreme oder Latte Macchiato oder Babyjäckchen aus Biobaumwolle verkauft, der kann sich gar nicht retten vor Kunden. Doch wie sieht es aus für jemanden, der Meerschweinchen, Hamster und Wellensittiche im Angebot hat?

Nicht gut. Sagt Renate Stahn. »Der Laden ist nur noch ein Hobby.« Bald wird sie in Rente gehen, vielleicht dieses Jahr noch. Seit dem Jahr 2002, als sie den Laden vom Vorbesitzer übernahm, ist ihr Umsatz auf ein Drittel des ursprünglichen geschrumpft. Aber die vielen Kinder in der Gegend? Renate Stahn winkt ab. »Das Interesse ist weniger geworden, das Geld auch.« Gerade in Prenzlauer Berg. »Wir haben hier 'n ganz schlimmen Generationswechsel«, sagt sie, »die Leute werden alle rausgemietet. Die Leute, die hier wohnen bleiben wollen, müssen immer mehr arbeiten, um die Miete zahlen zu können. Die haben alle mehr Stress und weniger Geld im Portemonnaie. Da wollen Familien sich nicht noch 'n Tier zulegen. Was meinen Sie, was wir hier oben in den Häusern überall für Wohngemeinschaften haben, weil die Leute sich die Mieten nicht mehr leisten können.« Aber für Zooläden im Kleinkind-Kiez gibt es noch ein zusätzliches Problem: »Wenn die Kinder so weit sind, dass sie ein Tier haben könnten, ziehen die Familien weg, weil sie hier keine Schulen finden und stattdessen teure Privatschulen nehmen müssten.« Rüber nach Pankow, raus nach Klein-Machnow: Die Kinder drücken sich auf ihrem Schulweg dann die Nase an anderen Zoohandlungen platt, schreiben – wenn überhaupt – die Kaninchen anderer Händler auf ihre Wunschzettel.

Mit Familien hat Renate Stahn aber sowieso schon viele schlechte Erfahrungen gemacht. »Nach vier Wochen stehen die dann wieder hier vor der Tür und geben das Tier zurück.« Und warum? »Warum?« Sie schnaubt. »Na weil's ganz einfach zu viel ist. Die Tiere sind zu laut, machen Dreck.«

Das sagen die Eltern allerdings nicht genau so. Sie finden Ausflüchte: »Entweder das Kind hat eine Allergie oder der

Mann«, sagt Stahn. »Manchmal stimmt das auch, aber meist, wenn man nachfragt, interessiert sich das Kind nicht mehr dafür.« Die seien nämlich schon ausgelastet. »Heutzutage ist es ja so, dass Kinder einmal die Woche zum Tanzen, zum Yoga, zum Geigen- und zum Klavierunterricht gehen. Die wollen aus ihren Kindern alle Stars machen. Ich finde, man kann auch ganz normale Berufe lernen.« Renate Stahn macht eine Pause, dann sagt sie etwas Merkwürdiges: »Arzt oder Verkäuferin zum Beispiel.« Wenn sie Schülerpraktikanten hat, stellt sie fest, dass Kinder heute keine Pflichten mehr im Haushalt übernehmen müssten. Deshalb kann sie sich denken, an wem die Reinigung des Meerschweinchenkäfigs hängen bleibt: »Am Ende müssen die Eltern alles machen.«

Die durchschnittliche Mutter aus Prenzlauer Berg, die zwei Kinder, einen Teilzeitjob und eine zu enge Wohnung hat, dürfte mit solchen zusätzlichen Aufgaben tatsächlich an ihre Grenzen gebracht werden. Der *Stern* wertete für ein Dossier über die Lage von Familien in Deutschland im Sommer 2013 mehrere große Studien aus, etwa den Kinder- und Jugendgesundheitssurvey, die Shell-Jugendstudie oder das Generationen-Barometer. Viel Streit gibt es zwischen Eltern und Kindern demnach über Fernseh- und Computerkonsum und Probleme in der Schule. Beide Themen werden aber noch getoppt: Den meisten Zoff gibt es in Familien heute über das Thema Unordnung – eine Situation, in der ein Kaninchenkäfig, aus dem die Späne in alle Richtungen fliegen, wohl nicht der Traum aller Eltern ist.

Und Renate Stahn versucht gar nicht erst, Eltern zu suggerieren, dass Tierhaltung etwas Stylishes, Planbares oder Beherrschbares ist. Während im Hokey Pokey jedes Frühjahr erneut die Dielen abgeschliffen werden und angesagte Lokale wie das Malinikoff ihre fünf Meter hohen Wände mit einer coolen Schwammtechnik marmorieren lassen, sieht Renate Stahns Laden ganz anders aus: Er ist eng und ein bisschen staubig, die Regale sind einfach, die gelblichen Fliesen am Boden abgenutzt, und es riecht nach Sägespänen und nach Tieren. Er kaschiert nicht, dass Tiere Staub und Dreck verursachen, dass sie Gerüche verbreiten, dass so ein Kaninchenkäfig richtig viel Platz in der Wohnung wegnimmt, dass man sich von Perfektion verabschieden kann. Er ist nicht perfekt – das Sortiment beispielsweise wirkt fast zufällig. Hier eine Lade mit Plastikpartnern für Wellensittiche, dort ein Stofftunnel für Frettchen. Manches hängt vielleicht nur noch da, um den Eindruck eines Zoogeschäftes aufrechtzuerhalten. Die bunten Etiketten auf einigen der Spielzeuge für Tiere sind jedenfalls schon ganz ausgebleicht. Während die Kinderkleidungs- und Spielzeugläden der Nachbarschaft jeden Trend früher im Schaufenster haben als der Rest der Republik, verzichtet die kleine Zoohandlung auf Moden. Hier sehen Käfige noch aus wie in den Achtzigerjahren: mit Gittern und Plastikflasche am Rand. Es gibt noch keine von Innenarchitekten durchdesignten Objekte aus Glas und Kirschholz, die man sich gern in die Wohnung stellt – wie sie andernorts längst für Kaninchen angefertigt werden. Auch Renate Stahn selbst trägt vermutlich nicht dazu bei, dass Eltern die Entscheidung leichtfällt, ihren Kindern den Wunsch nach einem Tier zu erfüllen. Ist das Kind schon acht oder neun Jahre alt, dann sagt sie den Eltern, es sei damit zu rechnen, dass die Schule in den nächsten Jahren immer zeitaufwendiger werden wird. Deshalb sollten sie lieber kein vier Wochen altes Kaninchen in ihrem Laden kaufen, sondern eines, das schon älter ist, sodass es nicht noch viele Jahre lang versorgt werden muss. »Oft sucht sich auch das Kind einen Hasen aus, die Mutter sagt aber: Oh, der da gefällt mir viel besser. Oder: Das ist ja 'n schönes Meerschwein. Das sind die Fehler, die die Erwachsenen machen.« Das Kind nämlich hört umso schneller auf, sich um ein Tier zu kümmern, wenn es sich dafür eigentlich gar nicht selbst entschieden hat. »Ein paarmal hab ich das Tier dann eine Woche später noch ausgetauscht, das klappte, weil ich das Tier noch hatte, das das Kind eigentlich hatte bekommen wollen.« Danach ging sie dazu über, die Eltern, die ihre eigenen Vorlieben äußern, beiseitezunehmen und zu fragen: »Wollen Sie sich drum kümmern oder soll das Kind das machen?«

Wenn man Prenzlauer Berg als einen Ort sieht, an dem Trends, die junge Familien betreffen, entstehen oder zumindest schneller aufgegriffen und intensiver gelebt werden als anderswo, dann müsste man nach einem Gespräch mit Frau Stahn bilanzieren: Der Trend geht offenbar nicht unbedingt dahin, dass die Deutschen nach der Familiengründung beginnen, sich Haustiere zuzulegen. Und er geht auch nicht dahin, dass Kinder über längere Zeit mit einem eigenen Haustier aufwachsen.

Tatsächlich sind Marktforscher zu demselben Ergebnis gekommen wie Renate Stahn. »Das ist richtig erkannt«, sagt Antje Schreiber, die Pressesprecherin des Zentralverbands Zoologischer Fachbetriebe. »Die Zahl der Kleinsäuger-haltenden Haushalte nimmt ab, also Haushalte, die Kaninchen, Meerschweinchen oder Hamster halten.« Typischerweise halten Familien diese Tierarten – und es gibt eben immer weniger Familien. Zum einen hat die Abnahme von Haushalten, in denen Meerschweinchen, Hamster oder Kaninchen gehalten werden, also mit der absoluten, schwindenden Zahl von potenziellen Haltern zu tun. »Der demografische Wandel macht sich so langsam bemerkbar«, sagt Schreiber. Aber der Verband hat auch noch andere Ergebnisse aus seinen Befragungen gezogen. »Es gibt eine ganz starke Korrelation zwischen der Anwesenheit von Personen im Haushalt und dem Vorhandensein von Haustieren.« Das heißt: Ist eine Mutter Hausfrau, steigt die Wahrscheinlichkeit, dass ein Tier im Haushalt lebt. Das Gleiche gilt übrigens für den Fall, dass Rentner und Studenten zum Haushalt gehören – Menschen, die viel Zeit zu Hause verbringen. Dass immer mehr Mütter früh wieder arbeiten gehen, verdrängt die Haustiere also noch zusätzlich aus den Familien. Bei neuen Studien will der ZZF nun gezielt danach fragen, ob die Eltern tagsüber zu Hause sind. »Wir werden das noch aufsplitten in ständig zugegen/teilweise/gar nicht«, erklärt Schreiber. Womöglich trauen sich Frauen mit einer halben Stelle immerhin zwei Kaninchen zu, während der Hundewelpe vielleicht eher in den Haushalt gelangt, in dem eine Frau ihren Job für mehrere Jahre auf Eis gelegt hat. »Viel verändert sich gerade«, sagt Schreiber. »Das wird noch sehr spannend.« Denn die Kindheit erlebt in Deutschland gerade einen tief greifenden Wandel.

Das Deutsche Jugendinstitut nennt das Leben von Kindern heute eine »organisierte und betreute Kindheit«. Vorbei sind die »Familienkindheit« des Kleinkindalters und die »Straßenkindheit« der Grundschulzeit, die noch in den ersten Nachkriegsjahrzehnten in Westdeutschland die Regel waren. Stattdessen übernehmen immer häufiger professionelle Kräfte außerhalb des Haushaltes die Betreuung der Kinder, ein Wandel, der sich vor vierzig Jahren langsam anbahnte. In den Siebzigerjahren änderte sich das Verhältnis der Geschlechter, die Erwerbstätigkeit der Frauen nahm zu. Die Wissenschaftler an dem Münchner Institut verzeichnen heute eine hohe Belastung der Eltern, insbesondere, wenn beide berufstätig sind. Immer längere Arbeitszeiten, Arbeit an immer neuen Projekten und ständige Erreichbarkeit stressen Eltern offenbar so sehr, dass sie das Familienleben auch in ihrer Freizeit oft nicht aktiv gestalten können. Die Kinder wachsen also in Institutionen auf, mit weniger Geschwistern als früher, aber auch mit Zugang zu neuen Lebenswelten, die es früher nicht gab, etwa den digitalen Medien.

In dieser Situation suchen Eltern Orientierung, denn in der Vergangenheit finden sie keine Modelle für ein Leben, wie es heute auf sie zukommt. Frauen- und Elternzeitschriften wie *Nido* und *Eltern* greifen diese Orientierungssuche auf und widmen sich zum einen immer wieder der allgemeinen Alltagsbewältigung: Wie lassen sich Beruf und Familie überhaupt vereinbaren? Zum anderen geht es in den Magazinen aber auch um ein grundlegendes »Wie«: Von Anfang an vegetarisch? Gläubig? Mit Geschwistern oder ohne? In der Stadt oder auf dem Land?

Im September 2012 war das Thema Tierhaltung an der Reihe. In der Zeitschrift *Eltern Family* kamen die Verhaltensbiologin Manuela Wedl und die Pädagogin Evi Myska zu Wort. Sie warnen geradezu davor, dem Wunsch der Kinder nach einem Haustier zuzustimmen. »Die Haustierhaltung wirkt sich nur dann positiv auf Kinder aus, wenn die Tiere artgerecht gehalten werden«, sagt Wedl. »Es ist also auch ein Zeichen von Tierliebe, wenn man kein Haustier hält, weil man seine Bedürfnisse nicht erfüllen kann. Keinesfalls sollte man zum Beispiel ein Pferd nur deshalb anschaffen, um seinem Kind etwas Gutes zu tun.« Und Myska verweist auf gute Alternativen zum eigenen Haustier: »Zum Beispiel die tollen Betreuungspatenschaften in Tierheimen. Oder vielleicht wohnt auch jemand in der Nähe, der sich freut, wenn man die Betreuung seines Haustieres mit übernimmt.« Es ist ein Artikel, der den Eltern auch eine Last von den Schultern nehmen soll: Sie müssen nicht mehr von sich erwarten, ihren Kindern um jeden Preis das »eigene Tier« zu ermöglichen.

Früher galt das einmal als Verpflichtung. Eltern, die auf Tiere verzichten wollten, mussten sich regelrechte Warnungen von Experten wie dem Arzt und Psychoanalytiker Alexander Mitscherlich anhören, der 1965 in seinem damals einflussreichen Buch *Die Unwirtlichkeit unserer Städte* schrieb: »Der junge Mensch braucht seinesgleichen – nämlich Tiere, überhaupt Elementares, Wasser, Dreck, Gebüsche, Spielraum. Man kann ihn auch ohne das alles aufwachsen lassen, mit Teppichen, Stofftieren oder auch auf asphaltierten Straßen und Höfen. Er überlebt es, doch man sollte sich dann nicht wundern, wenn er später bestimmte soziale Grundleistungen nie mehr erlernt.«

Jahrzehntelang hielt sich in der Gesellschaft wie auch in der psychologischen und pädagogischen Forschung die Ansicht, dass ein eigenes Haustier einem Kind dabei helfen kann, zu reifen und Verantwortung zu übernehmen. Es ging um Tugenden, um moralische Stärke: Sich überwinden, zuverlässig sein, Pflichten übernehmen. Im viktorianischen England war die Meinung verbreitet, man könne Kinder mithilfe von Tieren erziehen – und zwar nicht nur zu Pflichtbewusstsein, sondern auch zu Freundlichkeit, Fairness, Mitgefühl. Ende des 19. Jahrhunderts wurden an der Ostküste der USA nachmittägliche Clubs für Schulkinder angeboten, in denen sie etwas über Tiere lernten, beteten und regelmäßig berichten mussten, ob sie Tieren geholfen hatten – alles mit dem Ziel, sie für Leid empfänglich, sie empathisch zu machen.

Schon vor einem Vierteljahrhundert wurden diese Theorien allerdings angezweifelt. Im August 1990 erschien im Fachmagazin *Psychological Reports* eine Publikation der Kansas State University, die bisherige Vorstellungen über die Erziehungsfunktion von Tieren grundlegend infrage stellte. Die Autoren ließen Mütter die Beziehung ihrer Kinder zum Haustier und die allgemeine Sozialkompetenz der Kinder mithilfe eines Fragebogens bewerten. Zusätzlich besuchten die Forscher die Familien zu Hause und beurteilten selbst, wie mitfühlend, zugewandt und kooperativ das Kind sich verhielt. Empathie und soziale Kompetenz korrelierten den Autoren zufolge nur mit der Enge der Beziehung zwischen Kind und Tier. Die bloße Anwesenheit eines Tieres in der Familie hatte überhaupt keine Auswirkung.

Dreizehn Jahre später wurde die Sichtweise, ein eigenes Tier könne die Entwicklung von Kindern ausschließlich positiv beeinflussen, erneut erschüttert. Beth Daly von der University of Windsor in Kanada verwendete für eine Studie im Jahr 2003 einen Fragebogen, mit dem man bei Kindern die Fähigkeit zur Empathie feststellt. Sie fand keinerlei Unterschiede zwischen Kindern, die mit, und Kindern, die ohne Haustier aufwuchsen.

Auch der deutsche Psychologe Reinhold Bergler zeigte in verschiedenen Studien, dass die bloße Anwesenheit eines Hundes das Verhalten eines Kindes noch nicht positiv zu beeinflussen vermag. »Es gibt eben Kinder, die eine enge Beziehung zum Haustier entwickeln, bei anderen ist die Beziehung dagegen von Launen abhängig«, sagt Bergler. Der emeritierte Psychologieprofessor gilt als einer der profiliertesten Wissenschaftler in Deutschland, die sich mit der Mensch-Tier-Beziehung befassen; jahrzehntelang forschte er dazu an der Universität Bonn. »Sie werden nur bei denjenigen Kindern eine positive Wirkung nachweisen können, die schon früh den starken Wunsch nach einem Haustier hatten, die verlässlich Gassi gehen mit dem Hund und die sich intensiv mit ihm beschäftigen: Solche Kinder sind weniger aggressiv, weniger isoliert in der Schulklasse von anderen, weniger schüchtern, sozial offener.« Die Frage aber, was zuerst da war – die soziale Kompetenz, die das Kind dazu befähigte, eine Beziehung zum Haustier zu gestalten, oder das Haustier, das diese Fähigkeit stimulierte – ist noch offen: »Das ist eben die Frage nach Henne und Ei«, sagt Bergler. Er ist aber überzeugt: »Der Lebensstil der Kinder, die sich verantwortungsbewusst um ihren Hund kümmern, wird ganz wesentlich von einem Hund mitgeprägt. Und Lebensstile sind entscheidend für das, was wir an Verhaltensmustern entwickeln.« Bergler fertigte deshalb im Jahr 2006 eine Studie mit 150 Scheidungskindern zwischen sechs und elf Jahren an, von denen 75 einen Hund hatten, 75 nicht. »Durch den Hund bleibt in der schwierigen Situation eine konfliktfreie Beziehung für die Kinder bestehen, etwas bleibt gleich, man hat immer noch Geborgenheit, man geht immer noch raus«, resümiert Bergler. »Es bleiben Räume der Harmonie.« Für die Studie befragten Bergler und seine Mitarbeiter die Mütter der Kinder. War ein Hund vorhanden, waren die Kinder weniger mürrisch, aggressiv, wütend, aufmerksamkeitsheischend und antriebslos als Kinder, denen in der Scheidungskrise kein Hund zur Seite stand.

Noch in den Achtzigerjahren glaubten Forscher, dass Kinder in ihrer sozialen Hierarchie, in der »Peer-Group«, Vorteile haben, wenn die Familie Haustiere hält. Amerikanische Wissenschaftler stellten beispielsweise jedem Kind einer Schulklasse die Frage: »Mit wem aus deiner Klasse würdest du am liebsten etwas gemeinsam unternehmen?« Es fielen signifikant häufiger die Namen von Kindern, die mit einem Haustier aufgewachsen waren. Inzwischen sieht man solche Studien kritisch: Möglicherweise hängen Popularität und Tierhaltung gar nicht direkt zusammen. Es ist denkbar, dass in wirtschaftlich besser gestellten Familien und in Familien mit weniger belasteten Eltern, die sich eine zusätzliche Aufgabe zutrauen – etwa, weil es nicht notwendig ist, dass die Mutter arbeitet –, Kinder häufiger die Möglichkeit haben, ein Tier zu halten. Diese Daten hätte man aus der Studie »herausrechnen« müssen. Ohne diese Angleichung ist das Ergebnis verfälscht. Möglicherweise reagierten die Kinder, die angaben, gern etwas mit bestimmten Klassenkameraden unternehmen zu wollen, nicht auf das Sozialverhalten der betreffenden Kinder, das, so der Unterton der Studie, durch das Aufwachsen mit Tieren positiv beeinflusst wurde, sondern ganz einfach auf den generell höheren sozialen Status bestimmter Kinder – in deren Familien es eben zufällig auch Tiere gab.

Völlig vom Tisch sind die alten Theorien trotz aller Zweifel nicht. Bis heute beeinflussen sie auch noch die Sichtweise mancher Eltern. So erzählt etwa die Erlanger Psychologin Andrea Beetz, die sich in ihren Forschungsarbeiten mit der Mensch-Tier-Beziehung und deren Bedeutung für das Potenzial von tiergestützten Therapien beschäftigt, von einem Gespräch mit der Mutter eines Kleinkinds. Die Frau, die einen Buggy mit ihrem gerade dem Babyalter entwachsenen Kind vor sich her schob, deutete auf Beetz' Hund und seufzte: »Wahrscheinlich muss ich das irgendwann auch mal auf mich nehmen. Das soll ja so gut für die Entwicklung sein.« Andrea Beetz, in ihrem Wohnzimmer in Erlangen, ringt die Hände. Sie ist eine Vertreterin der modernen Forschung zur Kind-Tier-Beziehung. Man hat Abschied genommen von ideologisch verklärten Annahmen über den Nutzen der Tierhaltung. Heute weiß man genauer, was das Zusammensein mit Tieren in Kindern bewirkt. Schulklassen mit Fragebögen zu traktieren, gilt nicht mehr als zeitgemäß. Die Wissenschaftlerin Andrea Beetz misst das Stresshormon Cortisol im Speichel von Kindern, sie registriert Blutdruck und Herzfrequenz, um die konkreten Auswirkungen von Kontakt mit Tieren zweifelsfrei belegen zu können. Auf diese Weise konnte sie im Jahr 2011 zeigen, dass Kinder Aufgaben in der Schule besser bewältigen, wenn man ihnen einen Hund an die Seite stellt. Der Hund milderte die Stressreaktion der Kinder besser ab als ein Stoffhund oder eine sympathische junge Studentin. Beetz zeigte diesen Zusammenhang, indem sie an Schulen

Jungs zwischen sieben und zwölf Jahren für das Projekt auswählte, die in drei Gruppen aufgeteilt wurden. Eine Gruppe durfte einen Stoffhund, eine andere die nette Studentin, die dritte den echten Hund mit in einen fremden Klassenraum nehmen. Dort wartete eine Jury aus mehreren Erwachsenen, das Kind musste an der Tafel stehen und eine Matheaufgabe lösen. Der Hund sorgte besser als die menschliche Assistentin und der Plüschhelfer dafür, die Stressreaktion im Zaum zu halten. Je mehr Körperkontakt das Kind mit dem Hund hatte und je öfter es ihn streichelte, desto geringer fiel der Cortisol-Anstieg aus. In einer anderen Studie gestaltete Beetz ein Lesetraining für acht- bis neunjährige Mädchen und Jungen, die unter einer Leseschwäche litten. Eine Gruppe verwendete als Maskottchen einen Stoffhund, die andere einen echten Hund. In der Gruppe mit lebendigem Hund machten die Kinder deutlich größere Fortschritte. »Mit Hund sind Kinder, die schon Misserfolge beim Lesen hatten, entspannter und können dadurch besser lernen«, bilanziert Beetz.

Derart ermutigende Forschungsergebnisse können einen gesellschaftlichen Trend nicht aufhalten: Der »eigene Hund« des Kindes verschwindet aus den Familien. Doch Tiere verschwinden deshalb nicht aus dem Leben von Kindern. Im Gegenteil.

»Ich habe lange gedacht, ich müsste mir einen eigenen Hund verkneifen«, sagt die Iserlohner Lehrerin Lydia Agsten. »Ich hatte kleine Kinder, war berufstätig. Dann aber plötzlich, im Jahr 2001, hatte ich diesen Gedanken: Doch, es geht. Du kannst das verbinden – den Beruf und den Hund.«

Lydia Agsten unterrichtete damals an einer Förderschule. »Alles war erlaubt, Hauptsache, die Kinder sitzen eine Weile ruhig auf ihrem Platz«, erinnert sie sich. Im Herbst 2002 begann sie, ihren Hund mit in den Unterricht zu nehmen. Sie war mit diesem Schritt eine Pionierin: »Damals fand man noch wenig im Internet zu dem Thema, geschweige denn etwas, das in Richtung Ausbildung von Hund und Lehrer gegangen wäre.« Ein paar Jahre ließ sie sich von ihrem Hund begleiten und gestaltete die Unterrichtsstunden im Beisein des Hundes so, wie es ihr richtig erschien. »Im Jahr 2005 dachte ich dann: Irgendwas stimmt da nicht, ist der Hund überhaupt richtig in der Schule? Vielleicht machst du das Ganze ja falsch?« Sie wandte sich an Symbiosys, eine Akademie in München, die Menschen ausbildet, die ihr Tier beruflich einsetzen wollen. Dort absolvierte sie ein Seminar gemeinsam mit Hundebesitzern, die in Behindertenwerkstätten oder Wohngruppen arbeiteten. Sie war die einzige Lehrerin im Kurs. »In den Jahren seitdem hat sich wahnsinnig viel entwickelt«, sagt Agsten. Sie hat inzwischen ein eigenes Trainingszentrum in Iserlohn für Lehrer gegründet, die mit Hund unterrichten wollen; dort arbeiten Hundetrainer und Pädagogen. »Bei uns sind bisher 250 Mensch-Hund-Teams durchgegangen«, sagt sie. Agsten schrieb ein Buch über »Hupäsch« – so nennt sie ihr Konzept, das ist eine Abkürzung für »Hundegestützte Pädagogik in der Schule«. Sie baute eine Website auf, schulhundweb.de. Im Jahr 2011 richtete sie die erste deutsche Schulhundkonferenz aus. Und im Herbst 2013 gründete sie mit einer Handvoll Kollegen den Berufsverband Schulhund e.V. Zwei- bis dreitausend Lehrer, schätzt sie, nähmen ihren Hund momentan wohl in Deutschland mit zur Schule. »Die Frage ist: Nehmen die die Hunde einfach mit? Haben die sich weitergebildet?« Ob sie das überhaupt immer alles so gut finde – da sei sie nicht so sicher. Lydia Agsten hat eine kritische Haltung zu der Bewegung, die sie selbst begründet hat. Seit sie als deren Sprecherin agiert, hat sie auch mit den Bedenken von Rektoren, Schulbehörden und Ministerien zu tun. »In den Lehrgängen am Trainingszentrum ist es teilweise erschreckend, wie wenig die Teilnehmer über Hunde und Kommunikation wissen. Sie können ihren Hund gar nicht deuten, nehmen ihn aber teilweise schon länger mit in die Schule.« Inzwischen weiß sie von einigen Hunden, die frei in Schulen herumlaufen. »Das ist meiner Meinung nach nicht fair einigen Schülern und Kollegen gegenüber. Gerade muslimische Mädchen haben oft Angst vor Hunden.« Sie fürchtet, dass irgendwann auch Schlagzeilen auftauchen wie »Schulhund biss Schulkind«. »Das würde unsere Arbeit sehr infrage stellen«, sagt Agsten, die sich deshalb dafür einsetzt, dass die Bundesländer geeignete Weiterbildungen für Lehrer und ihre Hunde verbindlich vorschreiben. »Mir hat neulich noch eine Referendarin erzählt, dass ihre Schulleitung einen Wesenstest verlangt. Das macht gar keinen Sinn.« Der Wesenstest, den Tierärzte durchführen, wurde für als aggressiv geltende Hunderassen entwickelt, deren Haltung in Deutschland reglementiert ist. Für Agsten ist deutlich geworden: »Die wollen nur einen Stempel, irgendein Papier, weil es ihnen um die Sicherheit geht.«

Ihre erste Hündin ist inzwischen gestorben. Den zweiten Hund, einen Streuner aus Italien, konnte sie in den vergangenen Jahren nicht oft in den Unterricht mitnehmen. »Ich unterrichte inzwischen an einer Hauptschule, die Kinder sind sehr unruhig«, sagt sie. »In die Küche kann er nicht mit, in die Turnhalle nicht, zum Schwimmen nicht – es ist schon sehr stressig.« Schwierig sei es auch, wenn sie jede Stunde in einer anderen Klasse unterrichten müsse. »Der Hund braucht eine Decke, Wasser, einen Rückzugsbereich.«

Trotz aller Schwierigkeiten steht sie weiter hinter dem Konzept. So fest, dass sie auch nichts dabei findet, wenn Lehrer ihren Traum vom Schulhund gegen Widerstände durchsetzen. »Es gibt immer einzelne Eltern, die dagegen sind«, sagt sie. »Aber fast immer lässt sich eine Lösung finden: Man sollte den Hund zunächst vorführen. Falls das nichts hilft, kann man die Presse einschalten.«

Für viele Lehrer scheint ein so großer Traum wahr zu werden, wenn sie ihren Arbeitsalltag mit einem Tier teilen können, dass sie sich diese Möglichkeit um keinen Preis nehmen lassen wollen. Und die Kinder? Lydia Agsten sagt, dass sie oft ihre wirklichen Fähigkeiten erst im Umgang mit dem Hund zeigen. »Man hat teilweise ganz chaotische Schüler. Aber wenn man so einen Jungen dann mit dem Hund erlebt, erkennt man: Im Herzen ist er ein Guter.« Es geht allerdings nicht nur um das Sozialverhalten: In verschiedenen deutschen Großstädten wurden Projekte mit dem Namen »Lesehund« gegründet, bei denen man Kindern mit Leseschwäche oder Kindern, für die Deutsch eine Fremdsprache ist, die Hunde Ehrenamtlicher zur Seite stellt. Der Hund muss dafür in den meisten Fällen nur anwesend sein, es geht um Körperkontakt, Spielen ohne feste Regeln und Entspannung. Die Psychologin Andrea Beetz hat wie Lydia Agsten ein Buch über Hunde in der Schule geschrieben und empfiehlt darin, dass die Hunde der Lehrer die meiste Zeit einfach nur im Klassenraum dabei sind oder für »Kuschelphasen« zur Verfügung stehen.

Die wachsende Zahl an Schulen, die einen Hund erlauben, spiegelt vielleicht auch einen der Trends im Umgang mit Kindern: Kein Kind soll heute zurückgelassen werden, noch das letzte Mittel zur Motivation wird genutzt – und wenn es ein Hund im Klassenraum ist, der beim Lesenlernen hilft. Andrea Beetz ist sicher, dass auch ein eigener Hund in der Familie die Leistungen von Kindern verbessern kann, dass sie zum Beispiel ihre Hausaufgaben besser bewältigen, wenn der Hund in der Nähe ist. Den Trend, dass Familien weniger Haustiere halten, wie ihn die Heimtierindustrie registriert hat, hält das bislang nicht auf.

Aber auch die Familientradition spielt in der Frage der Tierhaltung eine Rolle. Ob eine Familie Tiere hat, hängt besonders stark davon ab, ob die Mutter als Kind Tiere hielt, ergab eine britische Studie aus dem Jahr 2010, für die fast 15.000 Kinder von der Geburt bis zum zehnten Lebensjahr begleitet wurden. Man erfasste Hunde, Katzen, Kaninchen, Nagetiere, Fische, Vögel und Schildkröten und berücksichtigte auch Informationen über das sozioökonomische Niveau der Familie, die Zahl der Geschwister, das Geschlecht des Kindes. Der Faktor »Mutter hielt als Kind schon Tiere« hatte die größte Vorhersagekraft hinsichtlich der Frage, ob in einer Familie Tiere lebten.

»Wir wissen nicht, was die Zukunft bringt«, sagt Antje Schreiber hinter dem großen Konferenztisch im Erdgeschoss der Villa in Wiesbaden, von der aus der Zentralverband Zoologischer Fachbetriebe die Trends der Tierhaltung verfolgt. »Eine Frage ist zum Beispiel, ob die Motivation, ein Tier anzuschaffen, steigen wird, weil Kinder heute seltener Geschwister haben. Bei vielen Eltern haben wir aber auch ein hohes Bewusstsein für Tierschutz. Da gehen viele Überlegungen los, bevor man ein Tier überhaupt erst anschafft. Bis der Plan dann wirklich umgesetzt wird, kann es für das Kind zu spät sein.« In anderen Ländern, sagt Schreiber, gehe man mit solchen Fragen entspannter um als in Deutschland. Noch gibt die Heimtierindustrie aber die Hoffnung nicht auf. »Nach dem Krieg, in den Sechzigerjahren, hat man versucht, so ein Idyll zu leben: mit Eigenheim und Haustieren. Ich glaube, das ist nicht mehr vor den Augen der Menschen, wenn sie heute an Familie denken. Aber vielleicht wird das Thema Bindung noch mehr in den Trend geraten und die Tierhaltung dadurch wieder in Mode kommen. So etwas hat ja wie alles Wellenbewegungen.«

Im Hinterzimmer des Zooladens in Prenzlauer Berg hört man die Türglocke dezent klingeln. Renate Stahn steht auf und verlässt das vollgestopfte Kämmerchen. Vor dem Verkaufstresen steht ein Vater mit Pferdeschwanz und Fußball unter dem Arm, neben ihm sein etwa fünfjähriger Sohn, die Mutter ist in der Tür stehen geblieben. »Na, was brauchst du denn?« fragt Renate Stahn.

»Was für 'n Tier hast du oben in deinem Zimmer?«, fragt der Vater.

»Meerschwein«, antwortet der Junge verlegen.

»Und was willst du dafür kaufen? 'ne Garage?«

»Nee ... Futter!«

Sie kaufen eine Tüte für drei Euro.

Renate Stahn kehrt ins Hinterzimmer zurück. Sie sagt, und es klingt wie eine Zusammenfassung dessen, was sie von der heutigen Kindererziehung und der Haltung von Tieren in

Familien hält: »Eltern heute denken, sie müssten ihren Kindern alle Wünsche erfüllen, aber so funktioniert das nicht. So ist das nicht im Leben.« Ihr Blick streift die alten Poster von Nymphensittichen, mit denen sie die Wände geschmückt hat, einen verstaubten Setzkasten mit winzigem Nippes, die Kacheln, auf denen kitschige Tiermotive zu sehen sind. Der Laden samt seinem Hinterzimmer ist mit den Jahren ein Museum geworden, obwohl Renate Stahn hin und wieder noch eine Tüte Futter oder ein Hamsterrad verkauft – ein Museum, das zeigt, wie eine Zoohandlung bis in die Achtzigerjahre ausgesehen hat, bevor die großen Ketten wie Fressnapf und Kölle den Markt beherrschten. Damals waren Tierhandlungen kleine, enge Läden, an deren Fenstern Kinder auf dem Schulweg stehen blieben. Für Renate Stahn war das die bessere Zeit. »In den Siebziger- und Achtzigerjahren sind die Leute zu Ostern, Pfingsten und Weihnachten in die Zooläden gegangen«, sagt sie. »Da wurden die Tiere neu eingekleidet, es gab einen neuen Käfig, neues Halsband, neues Körbchen. Wir haben ganz doll viele Zoogeschäfte gehabt. Jede zweite Hauptstraße in Berlin hatte ein Zoogeschäft. Auf der Greifswalder, der Prenzlauer, der Schönhauser: Überall war 'n Zooladen.«

Es ist nicht nur eine andere Zeit, an die Renate Stahn so gern zurückdenkt, es ist eine andere Welt. Renate Stahn ist in der DDR aufgewachsen. 1973 fing sie ein paar hundert Meter von hier, in der Schönhauser Allee, mit ihrer Ausbildung zum »Facharbeiter für Zoologie« an. Sie arbeitete damals als Putzfrau in dem Geschäft, und ihrem Chef fiel auf, dass sie die Kunden gut beriet. Er sprach sie an, ob sie nicht eine Ausbildung machen wollte. »Kein halbes Jahr hab ich als Putzfrau gearbeitet. Dann saß ich wieder auf der Schulbank.« Erst in den Neunzigerjahren wurde sie immer wieder nach befristeten Stellen arbeitslos und machte sich schließlich selbstständig. Der Laden in Prenzlauer Berg existierte schon seit 1947, sie übernahm ihn vom Sohn des ersten Besitzers.

In den letzten Jahren brachen nicht nur ihre Umsätze ein. Sie ist auch deprimiert, weil ihr zu Beginn der großen Ferien regelmäßig Mäuse, Hamster, Meerschweinchen und Vögel vor die Tür gestellt werden, in Käfigen oder Kartons, an denen Zettel mit der Aufschrift »Zu verschenken« hängen. Häufig hat sie auch schon Meerschweinchen oder Kaninchen auf dem Helmholtzplatz eingefangen. »Vor dem Urlaub lassen die Leute die Tiere einfach frei. Und kaufen sich danach neue«, sagt sie. »Zu DDR-Zeiten hatten Tiere einen ganz anderen Stellenwert. Ja, die Leute sind auch in Urlaub gefahren und in den Garten. Aber dann nahmen alle Anteil, Onkel, Tanten, Nachbarschaft, man hat sich gegenseitig geholfen, es war selbstverständlich, dass jemand sich kümmerte. Ein Tier war nicht nur Sache des Kindes. Es hat der ganzen Familie gehört.«

Renate Stahn ist eine Nostalgikerin. Sie kann sehr wütend klingen, wenn sie über Geld und Gentrifizierung spricht. Ihre Stimme und ihr Gesicht werden aber weich, wenn man sie auf ihre Kindheit anspricht, sie fragt, ob sie sich schon immer für Tiere interessiert habe. »Icke? Ja und ob«, sagt sie. Sie ist Berlinerin. »Waschecht«, sagt sie. Als Achtjährige bekam sie einen Spitz zu Weihnachten. Sechzehn Jahre alt wurde der Hund. »Später nach der Hochzeit haben wir einen Schäferhund gehabt, der ist mit meiner Tochter großgeworden.« Ihre Augen leuchten, wenn sie davon erzählt. Dass Kinder mit Tieren aufwachsen, ist ihr eigentlich ein Anliegen. Ihren ersten Hund, den Spitz, hat sie nur »nach vielem Jammern und Zetern« bekommen. Es war ihr sehnlichster Wunsch, ein Tier halten zu dürfen.

Damit steht sie nicht allein. Es gibt viele wissenschaftliche Hinweise darauf, dass Kinder generell positiv auf Tiere reagieren, ja, dass ein Interesse an Tieren geradezu in den Genen von Menschen festgeschrieben ist, dass wir nicht anders können, als unsere Aufmerksamkeit von Kindesbeinen an auf Tiere zu richten. Der amerikanische Biologe Edward O. Wilson stellte in den Achtzigerjahren die sogenannte Biophilie-Hypothese auf: Demnach fühlen sich Menschen zu allem Lebendigen hingezogen und brauchen den Kontakt zu anderen Lebewesen. Heute konfrontiert man Kleinkinder in Studien mit lebenden Tieren und interessantem Spielzeug oder mit lebenden kleinen Tieren – etwa Hamstern, Geckos oder Fischen – und ähnlich aussehenden Stofftieren und kann dabei beobachten, dass sie den lebendigen Tieren in jedem Fall den Vorzug geben.

Kleinkinder träumen offenbar sogar besonders häufig von Tieren, legen bisherige Studien nahe. Allerdings steht die Traumforschung bei Kindern noch ganz am Anfang. Lediglich in den Siebzigerjahren haben Wissenschaftler für einige wenige Studien Kinder ab drei Jahren nach ihren Träumen befragt. Besonders häufig kamen Tiere in den Träumen vor, vor allem Hunde, Pferde, Katzen, Vögel und Schlangen. Man weiß nicht, ob hier ein grundlegendes genetisches Programm abläuft oder ob die Kinder spiegeln, dass Erwachsene mit ihnen oft über Tiere sprechen oder die handelnden Figuren in Kinderbüchern häufig Tiere sind.

Nicht immer bleibt von dieser frühen Faszination viel übrig. Immerhin konnten sich viele 18 Jahre alte Probanden in einer Studie in Michigan nicht mehr genau daran erinnern, welche Haustiere die Familie gehalten hatte, als sie im Vorschulalter gewesen waren. 20 Prozent der 800 teilnehmenden Jugendlichen machten falsche Angaben zu Hunden, vierzehn Prozent wussten nicht mehr genau, ob und wann eine Katze im Haushalt gelebt hatte. Viele Jahre zuvor, als die Jugendlichen Babys und Kleinkinder gewesen waren, hatten die Wissenschaftler die Eltern schon einmal nach Haustieren gefragt, deshalb konnten sie nun die Realität gut mit der gefärbten Erinnerung vergleichen. Die Wissenschaftler bilanzieren, es sei nicht sinnvoll, Menschen im Erwachsenenalter zu fragen, welche Tiere es in ihren Familien gab, als sie Kinder waren, wenn man beispielsweise damit den Ursprung einer Tierhaarallergie finden wolle. Zumindest müsse man dann das Geschlecht der Befragten berücksichtigen: Junge Frauen konnten sich deutlich akkurater erinnern. Es beeinflusste das Ergebnis außerdem, ob die Familie zum aktuellen Zeitpunkt Tiere hielt. Waren keine vorhanden, konnten sich die 18-Jährigen besser an die Tiere der Vergangenheit erinnern.

Manchmal ist diese Erinnerung so positiv, dass Erwachsene sich nach einer Pause wieder dieselben Tierarten zulegen, die ihre Eltern ihnen als Kind erlaubt hatten: kleine Säugetiere wie Kaninchen, Meerschweinchen, Hamster oder Mäuse. Deren Population schrumpft nun erst einmal, weil immer weniger Familien sich diese Arten halten. Aber vielleicht bringt das neue Interesse von Erwachsenen doch noch die Wende für die »Kleinsäuger«. Sie machen derzeit einen

Rollenwechsel durch. Inzwischen werden viele von ihnen von jungen Erwachsenen gehalten, die Hund und Katze nicht mit dem Job vereinbaren könnten. Für die Tiere ändert sich dadurch einiges: Ein Kaninchen lebt in der Wohnung einer Berufstätigen heute ganz anders als im Kinderzimmer eines Grundschülers.

12. Der Aufstieg der Kleinsäuger

Ist das Meerschweinchen der neue Hund, das Kaninchen die Katze von morgen? Die Rolle der kleinen Säugetiere ändert sich grundlegend. Im Internet entsteht eine wachsende Meerschweinchen-Community, Käfige werden als wohnzimmertaugliche Designobjekte getischlert, und Mäusehalter sind heute meist junge Erwachsene und bezahlen exorbitante OP-Rechnungen. An dieser Entwicklung haben Verhaltensbiologen einen großen Anteil. Ihre Erkenntnisse änderten den Blick der Haustierhalter auf ihre Schützlinge.

Janina Klaus hat ein ausgeklügeltes Karteikartensystem entwickelt, um die Wünsche ihrer Kunden erfüllen zu können. In ihrer Praxis in Neustadt in Schleswig-Holstein notiert die Tierärztin alles Wissenswerte über eine wachsende Meerschweinchenherde: Geschlecht, Vorlieben, Charaktereigenschaften. »Es gibt ja welche, die können nur mit Weibchen. Oder nur mit Älteren. Oder nur mit Jüngeren«, erklärt sie. Janina Klaus ist Ende dreißig, vor zehn Jahren hat sie sich in Neustadt niedergelassen. Nebenbei betreibt sie seit Anfang 2012 ein kleines Zweitunternehmen. Bei ihr kann man Meerschweinchen leasen. 40 Euro kostet ein Tier, mehr als im Zoohandel, aber man erwirbt mit dem Betrag auch das Recht, das Tier jederzeit an die Praxis zurückgeben zu können. »Die Idee entstand ursprünglich, weil wir häufig mal Meerschweinchen einschläfern mussten, die mit einem zweiten Meerschweinchen zusammenlebten. Die Leute schauten uns dann an und fragten: Und was machen wir jetzt?«, erklärt Klaus.

Das übrig gebliebene Tier allein alt werden zu lassen, kam für die meisten nicht infrage. Das Leasing sei als Serviceleistung für diese Kunden gedacht gewesen. »Sonst hat man einen Teufelskreis. Man holt ein junges Tier aus dem Zoohandel, dann stirbt das ältere, man holt wieder ein neues. Irgendwann sind die Kinder aus dem Haus und die Eltern halten immer noch Meerschweinchen.«

Klaus und ihre Mitarbeiter züchteten ein paar Tiere für genau diese Fälle. »Dann saßen wir auf den Meerschweinchen und es gab erst mal keinen Absatzmarkt.« Die Tierärztin schrieb einen Artikel über ihr Projekt und schickte ihn an die *Lübecker Nachrichten*. Kurz darauf rief ein Redakteur an. »Ihr Artikel ist ja ganz niedlich geschrieben, aber wir wollen da eine ganze Seite mit Bildern draus machen«, sagte er. Der Bericht erschien Anfang 2012 in der Sonntagsausgabe der *Lübecker Nachrichten*. Daraufhin fragten andere Medien bei ihr an, sagt Janina Klaus – *Radio Schleswig-Holstein, Sat 1, NDR*. Auf Umwegen, ohne dass sie davon erfuhr, landete eine Meldung auch im *db mobil*, dem Magazin der Deutschen Bahn, das in allen überregional fahrenden Zügen ausliegt. »Wir kamen daraufhin mit der Meerschweinchenproduktion nicht mehr nach.« Sogar Anfragen aus Süddeutschland erreichten die Praxis an der Lübecker Bucht. Janina Klaus musste eine Warteliste einrichten.

Inzwischen wird in den Medien oft auf Janina Klaus' Leasingunternehmen hingewiesen, um zu illustrieren, wie massiv sich die Beziehung zu Haustieren verändert hat. Der Tenor ist dann: Sogar für Meerschweinchen gibt es jetzt schon Partneragenturen! Ihr Projekt wird in einen Topf geworfen mit Facebook-ähnlichen sozialen Netzwerken, in denen Tierhalter beispielsweise Gassi-Freundschaften für ihre Hunde anbahnen können. Klaus selbst hat schon als Kind in den Achtzigerjahren Meerschweinchen gezüchtet. Damals, sagt sie unumwunden, sei tatsächlich noch alles anders gewesen. Meerschweinchen galten als Kindertiere, die Einzelhaltung habe man kaum infrage gestellt, sie seien oft mit Kaninchen zusammen gehalten worden. »Dass diese beiden Tierarten gemeinsam gehalten werden, erleben wir heute nahezu überhaupt nicht mehr«, sagt Klaus. Gerade drei Jahrzehnte sind seitdem ins Land gegangen. Waren es allein die Bedürfnisse der Halter nach einem Rollenwechsel, die den Tieren so völlig veränderte Bedingungen bescherten? Oder, anders gefragt: Was muss passieren, um die Haltung einer Tierart so grundlegend zu verändern?

Die Frage lässt sich rund vierhundert Kilometer entfernt von Neustadt beantworten. Im westfälischen Münster arbeitet ein Wissenschaftler, der nachwies, dass Meerschweinchen intensive Bindungen zu Artgenossen aufnehmen, dass sie sogar vor Kummer sterben können, wenn sie ihren Partner verlieren, und dass sie sich in Anwesenheit von Kaninchen gestresst fühlen. Seine Erkenntnisse flossen in ein achthundert Seiten dickes Buch ein, ein Standardwerk, das Wissenschaftler auf der ganzen Welt zurate ziehen, wenn sie Versuchstiere im Labor ordnungsgemäß halten wollen.

Von hier zog das Wissen über Meerschweinchen Kreise, es landete bei Ärzten, Laboranten, Biologielehrern und Doktoranden, bis es schließlich in den Wohnungen der privaten Halter ankam.

Aber der Reihe nach.

Das kleine Gemälde hat einen Ehrenplatz in Norbert Sachsers Arbeitszimmer. Abstrakter Expressionismus, drei Schleifen, ineinander verschlungen, eine rot, eine blau und eine gelb. Es macht sich gut dort auf der Fensterbank, gelehnt an ein Wandstück zwischen zwei Scheiben.

Norbert Sachser hat das Gemälde mit dem Arbeitszimmer übernommen, als er 1994 Leiter des Institutes für Verhaltensbiologie in Münster wurde. Ein Vierteljahrhundert vorher gehörten Büro und Bild einmal dem Zoologen Bernhard Rensch, der das Institut in der Nachkriegszeit leitete. Das Bild hatte aber nicht ständig hier gestanden, sondern hing in den Fünfzigerjahren eine Zeit lang in einer Expressionismus-Ausstellung in Stockholm. »Es erhielt total gute Kritiken«, sagt Sachser. »Natürlich wusste keiner, dass es von einer Schimpansin war.« Die drei Pinselstriche waren in Wirklichkeit von Julia ausgeführt worden, Renschs Schimpansin, mit der er in den Fünfzigerjahren die kognitiven Fähigkeiten von Tieren erforschte. Dabei entdeckte er das Talent von Affen, Bilder harmonisch zu gestalten, wenn man ihnen Stift und Papier in die Hand drückt. Julia war damals ein Star, Rensch einer der ersten Wissenschaftler überhaupt, die sich damit beschäftigten, ob und wie Tiere lernen können. Er wies erstaunliche Fähigkeiten bei Affen nach: Sie können Farben und Formen unterscheiden und diesen Symbolen einen Wert zuordnen, wenn sie beispielsweise die Erfahrung gemacht haben, dass sie für unterschiedlich gefärbte Ringe eine unterschiedliche Menge an Erdnüssen bekommen. Außerdem sind sie in der Lage, ihre Handlungen zu planen und dabei sogar mehrere Zwischenschritte einzubeziehen, wenn man ihnen zum Beispiel die Aufgabe stellt, einen Gegenstand durch ein Labyrinth zu einem bestimmten Ort zu bewegen.

Heute sitzt Norbert Sachser im Arbeitszimmer von Bernhard Rensch, von hier aus leitet er das Institut in einem ruhigen und grünen Teil der Münsteraner Innenstadt. Inzwischen heißt es nicht mehr »Zoologisches Institut«, sondern »Institut für Neuro- und Verhaltensbiologie«, und anders als Rensch hat Sachser auch keinen Schimpansen mehr in seinem Büro. Seine Versuchstiere leben eine Etage tiefer, und es sind Hunderte, in immer neuen Generationen: Meerschweinchen, darunter wilde mausbraune, die mit dem Flugzeug aus Südamerika geholt worden sind, und die typischen zahmen, die man aus Kinderzimmern kennt, beige, gefleckt, pechschwarz oder schneeweiß, manche glatthaarig, manche etwas wuscheliger. Die Meerschweinchen, die heute hier in Münster leben, haben es, wie einst Julia, in die internationalen Medien geschafft, darunter sowohl in abendfüllende Fernsehreportagen als auch in launige Artikel in der Boulevardpresse. Manchmal sind einige der Tiere dabei mit Namen erwähnt worden, um die Geschichte spannender erzählen zu können: Emil zum Beispiel, ein rotes Glatthaarmeerschweinchen, oder der gescheckte Kalle, einer seiner Rivalen. Doch weder Emil noch Kalle wurden für ihre herausragenden kognitiven oder künstlerischen Leistungen berühmt. Es ist die komplexe soziale Dynamik in der gesamten Meerschweinchenherde, die heute als faszinierend empfunden wird.

Sachser befasst sich als Verhaltensforscher mit sozialem Stress. Was er über große Gruppen von Meerschweinchen herausgefunden hat, erhellt Fragen, die viele Menschen in ihrem Alltag beschäftigen: Was bedeuten Hierarchien für den Einzelnen? Welche Strategien gibt es, mit Rivalität umzugehen? Wie lässt sich Stress reduzieren? Kann Stress sogar krank machen? Kann er am Ende Lebewesen umbringen? Auch die Medien lieben Sachsers Studien. Berichte über anthropomorphes Tierverhalten sorgen zuverlässig für gute Quoten. Für Menschen scheint es spannend und entlastend zugleich zu sein, Tierverhaltensstudien gedanklich abzugleichen mit ihren eigenen Alltagserlebnissen.

Sachser und seine Mitarbeiter wissen um diese Faszination, sie sind selbst dadurch inspiriert. Eine Doktorandin hängte im ersten Stock, in dem Raum mit den beiden Hausmeerschweinchen-Kolonien, ein Schild mit der Aufschrift »Tat tvam asi« auf. Das ist Sanskrit, ein Ausspruch, der aus der altindischen Philosophie stammt und bedeutet: »Das bist auch du« oder »In jedem Wesen bist du«. Das Meerschweinchen und seine sozialen Beziehungen können, so der Gedanke dahinter, als ein Modell herhalten, das den Menschen hilft, ihr eigenes Leben besser zu verstehen.

Die Forschung am Münsteraner Institut ist reich an einzelnen Experimenten, die man als ein solches Modell deuten kann. Ein Beispiel: Norbert Sachser fand heraus, dass ein männliches Meerschweinchen, das man aus seiner angestammten Kolonie herausnimmt und einzeln in ein kleines

Gehege setzt, mit einer schweren emotionalen Krise reagiert. Bevor er Tiere separierte, beobachtete Sachser für diesen Versuch zunächst die Beziehung zwischen Männchen und Weibchen in großen Gruppen. »Für das einzelne Männchen gibt es drei verschiedene Kategorien von Weibchen«, bilanziert Sachser. »Das Lieblingsweibchen, mit dem es oft und gern zusammen ist, dessen Nähe es sucht. Daneben bekannte Weibchen aus derselben Gruppe.« Man grüßt sich, hat aber ansonsten keine Vorliebe füreinander. »Dann gibt es noch fremde Weibchen aus anderen Gruppen.« Selbst wenn das Männchen diese fremden Weibchen schon einmal gesehen hat – sie haben für es keine Bedeutung. Sachser trennte nun nacheinander zehn Männchen von ihrer Kolonie. In den behaglichen kleinen Gehegen einige Meter entfernt zeigte sich immer dasselbe – »ein Anstieg der Stresshormone um hundert Prozent«. Gesellte man ein bekanntes Weibchen aus derselben Gruppe hinzu, kam es immer noch zu einem Anstieg um hundert Prozent. »Setzte man ein fremdes Weibchen dazu, stiegen die Stresshormone sogar noch stärker an.« Nur wenn das Lieblingsweibchen dem Männchen ins Separee folgte, blieb die Krise aus. Die Männchen reagierten gelassen auf die Trennung von ihrer Gruppe. Schon diese Ergebnisse allein lassen sich als spannende Geschichte erzählen, die Vergleiche mit menschlichen Gesellschaften ergeben sich wie von selbst. Wissenschaftlich betrachtet, ist es zunächst einmal nicht legitim, solche Vergleiche anzustellen. Am Stammtisch jedoch darf man das. Zu allem Überfluss lässt sich Sachsers Experiment aber tatsächlich in Beziehung setzen mit Ergebnissen, die man in Untersuchungen an Menschen gewann. Allerdings mit einem kleinen, hochinteressanten Unterschied. Psychologen an der Universität Trier fanden heraus, dass Männer, die einen Vortrag halten müssen, mit ihrer Partnerin in der Nähe weniger in Stress geraten als Probanden ohne Vertraute bei sich – sie profitieren vom »Meerschweinchen-Effekt«, wie Sachser sich ausdrückt. Bei Frauen allerdings war es umgekehrt: »Sie kriegen das ohne Partner besser hin«, sagt Sachser. Bei der Reaktion der Meerschweinchen auf die Isolation zeigen sich keine Geschlechterunterschiede. Die meisten der Erkenntnisse über Meerschweinchen aus Sachsers Institut lassen sich auf diese Weise erzählen, als lehrreiche Geschichte, als Fabel auf die komplexen Beziehungen zwischen Menschen und zwischen Lebewesen allgemein. So können sie als Orientierungshilfe dienen in der Auseinandersetzung mit Lebensthemen wie Angst, Glück, Liebe, Einsamkeit.

Norbert Sachser steht in dem gefliesten Raum mit dem zweigeteilten Meerschweinchengehege, in dem das Schild mit der Aufschrift »Tat tvam asi« hängt. Es riecht nach Heu und Spänen, die Meerschweinchen sind eilig in Richtung ihrer Schützhütten gehuscht, als die Tür aufging, sie haben sich aber schnell beruhigt. Vor ein paar Jahren hat hier ein Filmteam eine Reportage gedreht, die immer wieder auf Arte wiederholt wird. Gleich in einer der Anfangsszenen sieht man Norbert Sachser auf dem Platz vor dem Münsteraner Dom, um ihn fließt die Masse der Passanten, die den Wochenmarkt besuchen. Aus dem Off sagt ein Sprecher: »In den Städten wimmelt es fast wie in Meerschweinkolonien. Gibt es Gesetze und Regeln des Soziallebens, die man bei den Nagern und beim Menschen findet? Wie viel Mensch steckt im Meerschweinchen?«

Sachser erzählt: »Jedes Mal, wenn die Sendung wieder läuft, bekommen wir danach fünfzig E-Mails von Meerschweinchenhaltern, mit zum Teil ausgezeichneten Verhaltensbeobachtungen.« Manche Besitzer berichten auch von umfangreichen medizinischen Behandlungen, die sie für ihre Meerschweinchen finanziert haben. »Inzwischen werden hohe Summen dafür ausgegeben«, sagt Sachser. Das Wissen um ihre psychische und soziale Komplexität hat den lange unterschätzten Meerschweinchen einen Rollenwechsel beschert. Die Veröffentlichung der Studien aus Münster hatte daran einen gehörigen Anteil. »Die Tiere haben seitdem ein anderes Image«, sagt Sachser.

Dazu haben aber auch gesellschaftliche Veränderungen beigetragen – das glauben zumindest die Marktforscher der Heimtierindustrie. Dass immer mehr Menschen ihr Leben lang berufstätig sind, in Familien meist beide Partner, und dass dabei häufig eine hohe Mobilität erforderlich ist, hat Hunde und Katzen aus vielen Haushalten verdrängt, die eigentlich offen für die Tierhaltung wären. Als Alternative entstand auch bei Erwachsenen ein wachsendes Interesse an den sogenannten »Kleinsäugern«, die in den ersten Nachkriegsjahrzehnten noch Kindern vorbehalten waren. Das Meerschweinchen macht derzeit schon ein knappes Drittel aller Kleinsäuger in den deutschen Haushalten aus. Übertroffen wird es vom Kaninchen: Die Hälfte aller Haushalte, die Kleinsäuger halten, haben Kaninchen. Auf Kaninchen und Meerschweinchen folgen Hamster, Mäuse, Ratten, Chinchillas und Degus.

Zahlenmäßig schwankt diese Population beträchtlich, ein klarer Trend nach oben lässt sich nicht ausmachen. Von den

Neunzigerjahren bis 2007 stieg die Zahl der gehaltenen Kleinsäuger erst einmal, dann sank sie wieder und pendelt sich derzeit auf ein Niveau von etwas mehr als fünf Millionen Tieren ein. Von einem ungebrochenen Boom kann deshalb, zumindest mengenmäßig, zwar keine Rede sein. Aber wenn Kleinsäuger gehalten werden, dann weitaus aufwendiger als noch vor zwanzig Jahren, heißt es beim Zentralverband Zoologischer Fachbetriebe. »Die Gehege sind größer; kleine Käfige werden zumeist ergänzt durch Freilaufgehege für draußen oder drinnen«, berichtet Pressesprecherin Antje Schreiber über die Marktforschung des Verbandes. »Außerdem hat das Verständnis bei den Haltern zugenommen, dass Kleinsäuger regelmäßigen Auslauf benötigen. Es gibt viele Beschäftigungsangebote wie Spielzeug, Wippen, Tunnel, sogar Burgen, die erklettert werden können.«

Vor allem aber hält man die Tiere heute nicht mehr isoliert, sondern in Gruppen. Die Marktforschungsdaten der Haustierindustrie haben ergeben, dass heute in Haushalten, die gesellige Kleinsäuger halten – etwa Meerschweinchen, Kaninchen oder Mäuse – im Durchschnitt drei Tiere auf einmal leben.

»Heute erzählen einem fünfjährige Kinder: Ein Meerschweinchen darf man aber nicht allein halten und auch nicht mit einem Kaninchen zusammen«, sagt Norbert Sachser. Es ist eine Entwicklung, die ihn immer wieder begeistern kann, wenn er darüber nachdenkt: »Es waren viele Jahre Forschungsarbeit notwendig, um das auf den Punkt zu bringen. Dass das Wissen nun in einer Art anderen Sprache in der Bevölkerung kursiert, finde ich toll.« Als Fazit vieler Versuche und Studien konnte Sachser plausible und verlässliche

Regeln dafür formulieren, wie man Meerschweinchen halten sollte und wie nicht. Als er mit den Nagern zu arbeiten begann, verschwendete er allerdings an solche Fragen keinen Gedanken. Noch heute sagt er: »Ich mache Grundlagenforschung. Es war nie meine Triebfeder, Animal-Welfare-Forschung zu machen. Aber man bekommt irgendwann ein Bild: Wann geht es den Tieren gut, wann nicht? Was ist belastend für sie?«

Dieses Bild entstand langsam, innerhalb von mehr als drei Jahrzehnten. Als Sachser in den Siebzigerjahren anfing, sich mit Meerschweinchen zu beschäftigen, war er Anfang zwanzig und hatte gerade die Vordiplomprüfung in Biologie abgelegt. »Ich wollte immer Verhaltensforscher werden, Vorbild Konrad Lorenz. Es gab nur einen Lehrstuhl in Deutschland für Verhaltensphysiologie, das war der von Klaus Immelmann in Bielefeld. Wer Verhaltensforschung machen wollte, ging dorthin.« So auch Sachser. »Die Bedingungen waren damals so, dass man früh mit Forschung anfangen konnte. Ein Thema hat mich sehr fasziniert, das war Dichtestress: Stress, Krankheiten, Sterblichkeit nehmen zu, wenn Tiergruppen größer werden.« Im fünften Semester begann er am Bielefelder Lehrstuhl ein Forschungsprojekt zu dem Thema, aus dem er seine Diplomarbeit machen wollte. »Jeder, der eine Idee hatte, konnte anfangen zu forschen. Dafür war dann auch Geld da. Die Bedingungen waren noch toll.«

Zunächst recherchierte er den Stand der Forschung und fand heraus: »Über Meerschweinchen und Dichtestress gab es noch nichts, und am Institut gab es Meerschweinchen.« Seine Entscheidung, mit dieser Tierart zu forschen, war nüchtern, nur orientiert an den Möglichkeiten, damit erfolgreich zu sein. Noch heute wirkt Sachser sehr sachlich, wenn er über die Meerschweinchen spricht, bei all seiner Eloquenz, die einer der Gründe ist, weshalb die Medien ihn und seine Forschung so gern porträtieren. Immer wieder hat er Journalisten, die oft bei ihm anfragen, erzählt, dass er keineswegs eine frühe Prägung auf Meerschweinchen gehabt hat, dass er als Kind keine besaß, dass andere Tierarten ihn als Mensch mehr faszinieren, Delphine zum Beispiel. Am Ende waren die Meerschweinchen aber ein extremer Glücksfall für ihn als Wissenschaftler – und er für die Meerschweinchen.

Bielefeld, Ende der Siebzigerjahre. Der Student Norbert Sachser setzte zunächst vier Männchen und vier Weibchen in ein Gehege. Die Tiere vermehrten sich, der Platz wurde knapp. Sachser rechnete mit Rangkämpfen, mit Aggression.

»Das Faszinierende war nur: Alles, was ich in der Vorlesung gehört hatte, trat nicht ein«, sagt er heute. »Es wurden immer mehr, und mein subjektiver Eindruck war: Denen ging's immer besser.« Ab einer bestimmten Dichte wurde es zwar etwas chaotisch im Gehege. »Aber dann kehrte wieder Ruhe ein.«

Nach vielen Beobachtungen kam er auf die Lösung: »Meerschweinchen können ihre soziale Organisationsform wechseln. Sind es nur wenige Tiere, haben sie eine lineare Dominanzhierarchie: Ein Chef, es folgt ein zweiter Chef, darauf ein dritter und so weiter. Das heißt: Der Chef ist der Vater der Jungtiere in der Gruppe, das Sozialsystem ist stabil.«

Sachser malt mit Kugelschreiber Kreise auf ein Blatt Papier. Erst ist da ein Symbol für das männliche Geschlecht, ein

Kreis mit Pfeil und senkrecht unter ihm drei andere Kreise mit Pfeilen. Das sind der Meerschweinchen-Chef und die nacheinander im Rang folgenden Männchen der Gruppe. Daneben malt Sachser vier weitere Kreise, diesmal jeweils mit einem Kreuz, das nach unten zeigt – die Weibchen der Gruppe. Sachser malt einen Kringel um den obersten Chef und die Weibchen. So sah es Ende der Siebzigerjahre in seinem Meerschweinchengehege in Bielefeld aus: Es gab eine klare Hierarchie, keine Rangeleien, einen Vater für alle Jungen. »Der oberste Chef monopolisiert die Weibchen«, erklärt Sachser die Zeichnung.

Dann zeichnet er ein zweites Schema. Ein männliches Symbol, von ihm gehen sternförmig Striche zu drei Weibchen aus. Dann noch ein männliches Symbol mit mehreren Weibchen. Daneben noch eines. Aus der großen Gruppe mit einem einzigen Chef sind mehrere kleine Untergruppen geworden, winzige Harems. Sachser beobachtete diese Umstrukturierung, sobald die Gruppe auf etwa ein Dutzend Tiere angewachsen war. Andere typische Labortiere, die auf Dichtestress untersucht worden sind, Mäuse und Ratten etwa, zeigen keine solche Umstrukturierung.

Meerschweinchen können also etwas, was andere kleine Nager nicht können: »Die Meerschweinchen bilden soziale Bindungen aus«, bilanziert Sachser. »Das bis dahin ranghöchste Tier interessiert sich nur noch für wenige Weibchen.« Der zweite in der Rangfolge interessiert sich nur noch für andere. Es tritt etwas ein, was Sachser »Respect of Ownership« nennt. »Die stärksten Männchen der Gruppe konkurrieren nicht mehr um dieselben Ressourcen. So wird vermieden, dass die Aggression eskaliert.«

Um zu diesem Schluss zu kommen, sitzen Verhaltensforscher stundenlang vor dem Gehege und zählen, wie oft Kontakte zwischen welchen Tieren vorhanden sind, welches Männchen sich für welche Weibchen interessiert. Tabellen, Videos, harte Fakten müssen auf den Tisch: »Was Verhaltensforschung nicht ist: Ich setze mich davor, schaue Tiere an und erzähle danach 'ne Geschichte darüber«, sagt Sachser.

Es reicht aber auch nicht aus, lediglich Zahlen und Filme zu liefern. So glaubwürdig und anerkannt ist Sachsers Forschung nur, weil früh etwas anderes hinzukam. »Bis hierhin« – Sachser zeigt auf die Zeichnung mit mehreren sternförmigen Strukturen – »kriegt man das alles über die Verhaltensbeobachtung raus.«

Danach fragte er sich: Kann man noch mit anderen Mitteln belegen, dass die Tiere keinen Stress empfinden? Man kann – mithilfe der Hormone.

»Es gibt dabei universelle Prinzipien«, erklärt er. »Die Meerschweinchen haben im Prinzip dieselben Hormone wie die Menschen auch.« Sachser entschied sich, die Stresshormone der Meerschweinchen zum Thema seiner Promotion zu machen. Sein Projekt wurde von der Studienstiftung des deutschen Volkes gefördert. Er konzentrierte sich auf das Hormon Cortisol, das in der Nebennierenrinde gebildet wird. Das winzige Molekül besteht auf den Abbildungen in Biochemiebüchern aus drei Sechsecken, an denen ein Fünfeck klebt und ein paar Fransen hängen. Bis heute wurde es immer wieder genutzt, um festzustellen, wie stressig Haltungsformen für Nutztiere oder Experimente für Versuchstiere wirklich sind. Cortisol flutet langsamer an als die anderen Stresshormone Adrenalin und Noradrenalin. Würde man diese beiden Stoffe im Blut messen, erhielte man lediglich Informationen über die Stressreaktion eines Tieres, die sich auf das Anfassen hin zeigt – so rasant schnellen ihre Gehalte nach oben. Die Cortisolmenge im Blut hingegen bildet auch längerfristigen Stress ab, wie er etwa durch eine soziale Hierarchie zustande kommen kann.

Anfang der Achtzigerjahre. Sachser betrachtete seine Kolonie und fragte sich: »Wie krieg ich denn jetzt eine Blutprobe?« Er erkundigte sich bei Tierärzten, die ihm rieten, entweder das Herz zu punktieren oder mit einer Kanüle Blut aus dem Augensinus zu gewinnen. Beides sind schwere Eingriffe, die das Tier über den Moment der Entnahme hinaus schwächen und die Hierarchie verändern. Sachser schüttelt den Kopf. »Wenn Sie das machen beim Chef, ist der die nächsten Tage nicht mehr Chef.«

Sachser wohnte damals in einer Wohngemeinschaft, in der auch ein Krankenpfleger ein Zimmer hatte. »Der erzählte: Wir streichen bei den Patienten in der Psychiatrie immer eine leicht durchblutungsfördernde Salbe aufs Ohr und gewinnen dann mit einer Kanüle etwas Blut. Damals waren gerade erste Methoden aus den USA gekommen, mit denen man aus wenigen Tropfen drei, vier Hormone bestimmen konnte, etwa Östradiol, Cortisol, Testosteron.«

Das Verfahren wurde genau zur rechten Zeit bekannt, alles passte, damals, Anfang der Achtzigerjahre, als Sachser an seiner Dissertation arbeitete. Er stellte zwei Fragen: »Stimmt das wirklich, dass die Meerschweinchen trotz Dichte nach der Umstrukturierung nicht gestresst sind? Und: Sind eventuell die unterlegenen oder auch die überlegenen doch etwas gestresster?« Die Blutanalyse mit wenigen Tröpfchen Blut, die Sachser vorsichtig aus den Ohrgefäßen seiner Meerschweinchen presste, brachte eine eindeutige Antwort: »In stabilen Sozialsystemen gibt es keine Unterschiede zwischen dem sozialen Rang. Alle sind gleich wenig gestresst.«

Diese ersten Verhaltensstudien führten zu weiteren. Dass Meerschweinchen Bindungen ausbilden können, war nun klar. »Ich fragte mich: Könnte es sein, dass diese Bindungen eine stressreduzierende Wirkung haben?« Die Frage musste mit Ja beantwortet werden, nachdem Sachser zeigen konnte, dass die isolierten Männchen sich vom Stress erholen, sobald ihre Partnerin zu ihnen kommt. Isoliert man ein Meerschweinchen dauerhaft, kann das fatal enden: »An einem Bindungsentzug kann ein Meerschweinchen sterben. Das sind die Fälle, die man aus der privaten Haltung kennt, in denen plötzlich, ohne erkenntlichen Grund, ein Meerschweinchen daliegt.« Nicht nur der Verlust des Meerschweinchen-Partners kann solchen enormen Stress auslösen. Auch ein Kind, das älter wird und sich von seinem isoliert gehaltenen Meerschweinchen abwendet, löst solche überwältigenden Verlustgefühle bei dem Tier aus. »Auf den Bindungsentzug reagieren Meerschweinchen offenbar noch sensibler als Hunde«, sagt Sachser. »Es ist noch nicht klar, woran sie sterben. Ein Herzinfarkt ist es nicht.«

Später begann Sachsers Team auch, mit wilden Meerschweinchen aus Südamerika zu arbeiten. Er suchte sich die Tiere für seine Verhaltensbeobachtungen auf einer ehemaligen Kaffeeplantage in Brasilien. Hier studierten die Münsteraner die Art *Cavia aperea*, von der die zahmen Hausmeerschweinchen abstammen. In Argentinien erforschten sie eine zweite Art: das Wieselmeerschweinchen *Galea musteloides*. Die Weibchen dieser Art leben promisk, sie paaren sich mit möglichst vielen Männchen, selbst die Jungen einzelner Würfe stammen von unterschiedlichen Vätern. »Das war die erste Säugetierart, bei der man zeigen konnte, dass Weibchen etwas von Promiskuität haben«, erzählt Sachser. »Das Paarungsverhalten in den Gruppen sieht wie folgt aus: Die Weibchen rasen los, verfolgt von Männchen, die Weibchen stoppen, wer gerade dahinter ist, kopuliert. In über achtzig Prozent der Würfe findet man multiple Vaterschaften.« Es gibt eine Erklärung für dieses Verhalten: »Die Art lebt unter schwierigen ökologischen Bedingungen, der Inzuchtgrad ist hoch. Deshalb sind die Spermien oft beschädigt. Für die Weibchen ist es deshalb ein Vorteil, wenn die Spermien verschiedener Männchen untereinander ausmachen, wer die Befruchtung der Eizellen übernimmt.« Setzt man diese Meerschweinchenart als Pärchen zusammen, sinkt die Überlebenswahrscheinlichkeit der Jungen gegenüber Würfen, bei deren Zeugung mehrere Männchen zum Zuge kamen. »Nur dadurch kommen die besseren Gene zur Befruchtung.«

Für die promiske Art *Galea musteloides* erfand Norbert Sachser den Wahlversuch. Auf ein Stück Papier zeichnet er den Grundriss eines Geheges: Vier Kammern, von denen Tunnel in eine Kammer in der Mitte abgehen. In der Mitte sitzt das Weibchen, in den Außenkammern die Männchen. Nur das Weibchen kann durch Klappen überallhin gelangen.

»Wenn Sie das mit dieser promisken Art machen, laufen die Weibchen überallhin«, erklärt Sachser. »Wenn man den Wahlversuch aber mit den wilden Vorfahren der Hausmeerschweinchen macht, schauen sich die Weibchen alle Männchen genau an und entscheiden sich dann für eins.« Der Wahlversuch ermöglichte es, Tiere zu fragen, mit wem sie sich paaren und wie sie leben wollen.

Sachser setzte den Versuch schließlich auch ein, um Meerschweinchen zu befragen, ob sie lieber mit Kaninchen oder mit Meerschweinchen zusammen sein wollen, indem er die Kammern mit beiden Arten bestückte. Die Antwort war eindeutig: Meerschweinchen ziehen Artgenossen vor. »Meerschweinchen und Kaninchen haben unterschiedliche Tagesrhythmen«, erklärt Sachser. »Wenn das Meerschweinchen schläft, stört das Zwergkaninchen. Bestimmte Verhaltensweisen sind vom Zwergkaninchen positiv gemeint, für das Meerschweinchen sind sie aber bedrohlich.«

Anlass für Sachsers Kaninchenexperiment war, dass man vor zwanzig Jahren langsam ein Gefühl dafür bekam, dass Meerschweinchen besser nicht isoliert gehalten werden sollten – auch wenn die wissenschaftliche Evidenz dafür noch nicht den Weg in die Zoohandlungen gefunden hatte und Fehlinterpretationen an der Tagesordnung waren. »Damals gab es in den Tierhandlungen schon häufig die Empfehlung: Halten Sie ein Meerschweinchen nicht allein. Nehmen Sie ein Zwergkaninchen dazu. Daraufhin haben wir den Wahlversuch gemacht.«

Anfang der Neunzigerjahre wurde Sachser eingeladen, auf einer Tagung über artgerechte Tierhaltung in Freiburg über seine Forschung zu sprechen. »Dort fiel plötzlich die Frage: Kann man daraus nicht Richtlinien ableiten für die Haltung?« Man bat Sachser, im international bedeutendsten Lehrbuch für die Haltung von Versuchstieren das Kapitel über Meerschweinchen zu schreiben. Die erste Ausgabe des

Standardwerkes *The Care and Management of Laboratory and Other Reserach Animals* erschien schon 1947. Alle fünf bis zehn Jahre wird es aktualisiert. Sachser schrieb mit zwei Kolleginnen neunzehn Seiten, hier findet sich unter anderem eine Tabelle, die ganz einfach zeigt, wie die Gruppen aussehen sollen, in denen Meerschweinchen zusammenleben: Pärchen gerne, kleine Harems gehen auch, ebenso wie große gemischte Gruppen und Herden nur aus Weibchen. Mehr als zwei Böcke zusammen aber lieber nicht, von einem Tier allein wird auch abgeraten. »Idiotensichere Daumenregeln«, nennt Sachser diese Tabelle. Das Buch brachte den neuen Erkenntnissen den großen Durchbruch, sie gingen dadurch um die ganze Welt. »Wenn man Grundlagenforschung seriös und kontinuierlich macht, wenn die Fakten stimmen, dann läuft vieles über Multiplikatoren«, ist Sachsers Fazit. »Das, was auf Tagungen berichtet wird oder in Lehrbüchern landet, gelangt zwar nicht direkt bis in die Zoohandlungen. Aber es erreicht beispielsweise Tierärzte, die mit Tierbesitzern sprechen.«

In der Schweiz ist es seit September 2008 sogar verboten, Meerschweinchen allein, ohne Artgenossen, zu halten. Sachser ist skeptisch, ob man solche Regeln gesetzlich festschreiben sollte. »Mittlerweile ist eine Ideologie da: Jedes Tier braucht einen Sozialpartner«, sagt er. »Aber das kann auch gefährlich sein. Am Ende verwechselt doch wieder einer Meerschweinchen und Hamster. Wenn man aber den Hamster gesellig hält, produziert man ganz schnell Leichen.« Er setzt lieber weiter auf Aufklärung.

Im Fall seiner Meerschweinchen funktioniert die Strategie gut, weil auch die Boulevardmedien als Multiplikatoren mitarbeiten. Das Meerschweinchenthema enthält genau die richtige Prise Sex, um die *Bildzeitung* immer wieder zur Berichterstattung anzuregen. Sie berichtete etwa ausführlich über eine gerichtliche Auseinandersetzung im Sommer 2013: Nachbarn des Institutes in Münster hatten sich über das laute Quieken der Wieselmeerschweinchen im Institutsgarten beschwert und forderten, die Tiere anderweitig unterzubringen. »Wildes Sex-Leben, nachtaktiv und ganz schön laut: das gemeine Wieselmeerschweinchen«, hieß es in dem Artikel. *Bild* brachte sogar ein kurzes Wörterbuch der Meerschweinchensprache. »Brommmmsel« bedeutet demnach »Komm her, ich will Sex!«, Zähneklappern heißt: »Alter, willst du Stress?«

Das Wörterbuch stammt von einer Website über Meerschweinchen – einer von vielen. Im Internet entsteht eine wachsende Meerschweinchen-Community. Eine der meistfrequentierten deutschsprachigen Seiten ist www.salatgurken.net. Die Informatikerin Novella Calow aus dem hessischen Viernheim hat diese Website im Jahr 2001 aufgebaut. Regelmäßig schreibt sie hier über ihre fünfzehn Meerschweinchen und stellt Videos von deren Sozialleben online. Calow kennt Sachsers Literatur und fast alle anderen Texte von Wissenschaftlern, die sich in den vergangenen Jahrzehnten mit Meerschweinchen beschäftigt haben. Nach und nach hat sie sich über Ebay eine Büchersammlung zusammengesteigert. Auch aus der Not heraus: Lange Zeit fand sie keine Tierärzte, die sich mit Meerschweinchen auskannten, deshalb musste sie selbst zur Expertin werden. »Selbst beim Einschläfern musste man den Tierarzt manchmal noch anleiten«, sagt Calow. Das ändere sich erst langsam. In den Neunzigerjahren wurde plötzlich ein immer mehr in die Breite wachsender Graben augenfällig: zwischen den veränderten Ansprüchen der Meerschweinchenhalter, die sich für ihre Tiere eine Behandlung wie für Hund und Katze wünschten, und den noch nicht ausreichenden Kenntnissen der Veterinäre. In dieser Zeit, sagt Calow, habe sich die erste Internetcommunity zum Thema Meerschweinchen zusammengefunden, die Generation, zu der sich die 40-Jährige selbst zählt. »Diese Älteren haben sich Ende der Neunziger, Anfang dieses Jahrtausends getroffen. Die Gruppierung weiß relativ viel über Tiermedizin, musste auch relativ viel wissen, weil die Tiermedizin die Meerschweinchen noch weitgehend ausklammerte. Da gab es für alles Mögliche eine Aufbauspritze. Wir mussten unsere Meerschweinchen teilweise richtiggehend vor den Tierärzten schützen.« Man sammelte überlebenswichtiges Wissen und tauschte sich im Internet darüber aus. »Die jüngere Generation, die unter 30-Jährigen, findet sich mehr in Foren zusammen«, sagt Calow. »Da sind zum Teil recht extreme Gedanken zu finden, wie das bei jungen Leuten so ist. Die stoßen sich halt die Hörner ab.«

Zum Beispiel?

»Zum Beispiel die Meinung, dass ein 140 Zentimeter langer Käfig für zwei Meerschweinchen schon nicht mehr ausreicht.«

Die Käfige: Sie sind das zentrale Thema der Community, damals wie heute. Für Novella Calow steht deshalb fest, wie es zum Aufstieg der Kleinsäuger kam. »Das hat ganz viel mit Wohnkultur zu tun«, sagt sie. Meerschweinchen und andere kleine Säugetiere haben nicht nur andere Plätze in den Herzen, sondern auch in den Wohnungen bekommen. »Käfige im

Wohnzimmer sind nicht hübsch«, sagt Calow. »Überall, wo Meerschweinchen nicht als Kindertiere gehalten werden, ist die Haltung jetzt mehr auf Wohnkultur ausgerichtet. Inzwischen gibt es Zimmerer, die schöne Möbelstücke produzieren.«

Auch ihre Website verdankt die hohen Klickzahlen dem Thema Gehegebau. Vor zehn Jahren begann sie, Pläne ihres ersten selbst gebauten Geheges auf die Website zu stellen. Sie nannte es »Zwergenhausen«. Sofort kamen viele Anfragen anderer Halter, zum Beispiel zu den Baumaterialien. Calow, die in der DDR aufwuchs, ist Elektrikerin, erst später studierte sie Informatik. »Ich hatte also eine gute handwerkliche Grundausbildung.« Auch für das Nachfolgemodell »Schweinögeln« stellte sie Baupläne online; es bestand aus Ikearegalen, Plane und Volierendraht. Aktuell leben ihre Tiere in »St. Gürks«. Es hat eine Grundfläche von vier Metern mal einem Meter, besteht aus Spanplatten, die mit Teichfolie abgedichtet wurden, und hat große Plexiglasfenster.

Auf ihrer Website hat Novella Calow einen »Gehegerechner« installiert, der oft in Foren verlinkt wird. Man kann die Maße des eigenen Geheges eingeben und ermitteln, wie viele Meerschweinchen man darin halten darf. Gibt man beispielsweise ein, dass der Käfig 140 mal 80 Zentimeter groß ist und keine weiteren Ebenen hat, so erfährt man, dass darin maximal drei Meerschweinchen leben sollten, besser nur zwei. Auch einen warnenden Hinweis spuckt das Programm aus: »Achtung: Deine Tiere haben keine Rennstrecke. Vielleicht kannst du einen Auslauf vor das Gehege bauen?« Auch die Politik der Notstationen habe sich gewandelt, jener privaten Auffangheime für Meerschweinchen, deren Halter sich nicht mehr kümmern können oder wollen, sagt Calow. »Vor zwanzig Jahren hat man dort noch zwei Meerschweinchen bekommen, wenn man angab, der Käfig sei achtzig lang und vierzig breit. Jetzt geht unter 140 da nichts mehr.«

Bis anerkannt wurde, dass Meerschweinchen so viel Platz und Aufwand benötigen, war es ein langer Weg. Novella Calow, die in den Siebzigerjahren in Merseburg in Sachsen-Anhalt aufwuchs, erinnert sich noch, dass in der DDR das Gerücht kursierte, Meerschweinchen hielten die Ratten von Kaninchenställen fern, wenn man sie mit den Mastkaninchen zusammensperre. »In den Ställen ist deshalb meist noch ein Meerschweinchen mit rumgewieselt.« Aus den alten Büchern, die sie sich über Ebay gekauft hat, erfuhr sie, dass es in den Fünfzigerjahren noch die Empfehlung für Züchter gab, die Tiere in alten Weinfässern zu halten. Sie selbst war neun Monate alt, als sie sich das erste Meerschweinchen aussuchen durfte. Bekannte der Familie kamen mit einem Schuhkarton vorbei, darin ein Wurf Meerschweinchen. Das Kind zeigte auf eines. Das Tier wurde in einem Terrarium gehalten, mit Spänen aus dem Sägewerk als Unterlage. Bis in die Neunzigerjahre, sagt Calow, seien die Haltungsbedingungen für Meerschweinchen eigentlich konstant geblieben, erst danach änderte sich viel. Sie selbst schaffte sich erst mit Mitte zwanzig wieder Meerschweinchen an, natürlich gleich eine Gruppe.

Neben der Begeisterung für schöne Gehege spiele für sie wie für viele andere eine große Rolle, dass die Tiere so leicht ins Berufsleben zu integrieren sind, sagt Calow. Sie ist angestellte Informatikerin in Vollzeit. »Wenn ein Tier krank ist, darf ich es auch mal mit ins Büro bringen«, sagt sie – etwa, um es regelmäßig zu füttern, denn Meerschweinchen brauchen sechzig bis achtzig kleine Mahlzeiten am Tag.

Nicht nur ihr Arbeitgeber toleriert ihren Einsatz für die Haustiere. Novella Calow hat gemerkt, dass ihr Interesse an Meerschweinchen zunehmend auf Akzeptanz stößt. »Es setzt sich ja zum Glück immer mehr die Auffassung durch, dass Meerschweinchen ganz eigene Charaktere sind, dass man bei drei Meerschweinchen nicht drei Standardausgaben hat – wie es bei Hunden schon lange anerkannt ist«, sagt sie. »Wenn man heute im Wartezimmer beim Tierarzt sitzt und sich unterhält, wird man nicht mehr belächelt, wenn man vom Tier spricht wie von einem Individuum.« Meerschweinchen ist nicht gleich Meerschweinchen – diese Sicht, die private Halter schon lange vertreten, wurde auch von dem Verhaltensbiologen Norbert Sachser bestätigt. Er konnte zeigen, dass die Erfahrungen, die ein Tier während seiner Adoleszenz macht, entscheidend für das Sozialverhalten sind. »Ein Männchen, das allein mit einem Weibchen aufgewachsen ist, greift in Gruppen andere an, zeigt aggressive Paarungswerbung«, erklärt Sachser. »Nur, wenn es in einer Gruppe sozialisiert wird, kann ein heranwachsendes Meerschweinchen lernen, dass es erst mal warten muss, wenn es ein Weibchen trifft, ob nicht ein anderes Männchen auftaucht. Sie können aus einem Meerschweinchen eine hochaggressive Kampfmaschine machen oder ein Tier, das sich immer mit anderen arrangiert.« Entscheidend sind die sozialen Erfahrungen zwischen dem fünfzigsten und hundertsten Tag des Lebens, der Adoleszenz. Für Meerschweinchenweibchen konnte Sachser nachweisen, dass noch viel frühere Erfahrungen ihr Verhalten bestimmen. Ist ein trächtiges Meerschweinchen

Stress ausgesetzt, treten die weiblichen Nachkommen später »männlich« auf, sie sind durchsetzungsstark und zeigen Balzverhalten. Auch der Spiegel männlicher Hormone in ihrem Blut ist höher.

Es gibt inzwischen eine Gruppierung unter den Haltern kleiner Säugetiere, die noch weiter geht als Novella Calow. Im Internet ist diese Fraktion beispielsweise vertreten durch die Website www.diebrain.de, die Informationen über die Haltung vieler verschiedener Nagetiere und von Kaninchen zusammenstellt. Hier wird eindringlich davor gewarnt, kleine Säuger als Spieltiere für Kinder anzuschaffen; auch Erwachsene sollten nicht glauben, mit Meerschweinchen und Kaninchen »kuscheln« zu können, sondern sie nur in Notfällen anfassen und hochheben.

»Bei den meisten Haltern, auch bei mir, ist das Meerschweinchen in gewisser Weise ›Nutztier‹«, erklärt Calow. »Es erfüllt seinen Zweck, wenn ich nach einem stressigen Tag von der Arbeit nach Hause komme und ihm die Nase kraule. Die Zutraulichkeit ist der Lohn dafür, dass man gute Haltungsbedingungen schafft.« Bei der neuen Strömung ist das anders: »Für diese Gruppe ist es ganz selbstverständlich, dass man ideale Bedingungen herstellt.« Es gehe dabei nicht darum, dass die Tiere dem Halter nützen, nur um ihrer selbst willen sollte man sie so halten, dass es ihnen gut geht – eine Verpflichtung, ohne dass der Halter eine Gegenleistung erwarten kann. »Im Extrem heißt das: Ich darf mein Tier nicht einmal anfassen«, sagt Calow, die anderer Meinung ist: »Wir halten die Tiere immer um unserer selbst willen. Um der Tiere selbst willen lassen wir sie in den Anden.«

Unabhängig davon, zu welchem Haltungsstil man sich eher hingezogen fühlt und welchen man für Ideologie hält: Die Entstehung unterschiedlicher Strömungen ist jedenfalls ein Symptom des tief greifenden Rollenwechsels, den kleine Säuger derzeit erfahren. »Es sind eben nicht mehr die Kuscheltiere«, stellt Ralf Sistermann fest. Der Biologielehrer gehört zum Redaktionsteam der im Jahr 2000 gegründeten Zeitschrift *Rodentia*, die sich mit der Haltung unterschiedlicher Kleinsäuger – vom Kaninchen über das Frettchen bis hin zum Präriehund – befasst. Die Artikel beschäftigen sich mit »Diabetes bei Zwerghamstern«, »naturnaher Kaninchenfütterung« oder auch einer Einschätzung, wie viel Körperkontakt, wie viel Kuscheln man einem Meerschweinchen eigentlich zumuten kann. Und immer wieder geht es um die Gehege – bis hin zu der Frage, ob »ein Leben ohne Gitter« möglich ist, ob man ein Kaninchen frei in der Wohnung halten kann wie einen Hund. Sistermann hat den Eindruck, dass das veränderte Design und die gewachsene Offenheit in der Frage nach Behausungen bei neuen Gruppen von Menschen Interesse an Kleinsäugern geweckt haben – eine Entwicklung, die noch vor ein paar Jahren nicht möglich gewesen wäre. »Die Gehege sind heute einfach ansprechender«, sagt der 41-Jährige. »Einen Gitterkäfig mit pinkfarbener Plastikunterschale setze ich mir nicht in die Wohnung, wenn ich Wert auf einen gewissen Stil lege.« Jetzt kämen stattdessen die schicken großen Glasscheiben, die Aquarien und Terrarien schon vorher zu bieten hatten.

Aber auch unabhängig von diesen Möglichkeiten sind neue Ansprüche bei den Haltern aufgekommen: »Das Tier ist nicht nur zur Belustigung des Menschen da, das will auch beschäftigt und richtig ernährt werden«, erklärt Sistermann die neuen Vorstellungen. »Der Stellenwert der Tiere hat sich geändert: Von ›die Maus kost' ja nur einen Euro‹ zu ›das Tier hat Bedürfnisse, die müssen erfüllt werden‹.« Mit dieser Einschätzung habe sich dann das Publikum gewandelt. »Es sind jetzt die jungen Erwachsenen, die Kleinsäuger halten.«

Ein Wandel, der auch eine neue Ausrüstung für altbekannte Haustiere entstehen ließ: Statt eines typischen Hamsterrades gibt es jetzt das »Rodent Wheel«, das keine Verletzungsgefahr birgt – anders als die alten Modelle. »Vor zehn Jahren benutzte man noch runde, aus Metall geschweißte Räder, die quietschten wie verrückt«, sagt Sistermann. »Wenn die Tiere zwischen die Seitenstreben traten, die sich nicht mitdrehten, gab das Amputationsverletzungen.« Inzwischen machten erste Halter sogar Clickertraining mit Nagern: »Um die Tiere zu beschäftigen und den Halter mit den Tieren. Da tut sich viel.« Das betrifft auch die medizinische Versorgung. Tierärzte berichten längst von einer gestiegenen Bereitschaft, für die Behandlung von Kleinsäugern Geld auszugeben. In Berlin-Lichterfelde gründete Anja Ewringmann vor wenigen Jahren die erste deutsche Tierarztpraxis, in der ausschließlich Nager, Kaninchen, Mäuse, Frettchen und andere kleine Säuger behandelt werden. »Praxis für kleine Heimtiere« heißt diese Spezialeinrichtung. In der Tierärzteszene machte sich Ewringmann einen Namen mit einer Reihe von Fachbüchern über die Behandlung von Kleinsäugern, die seit 2005 erschienen sind. Schnell sind sie zu Standardwerken avanciert, inzwischen ist die Autorin eine gefragte Referentin auf Kongressen. Aus ihren Fachbüchern erfahren Tierärzte, dass man Röntgenaufnahmen des Brustkorbs in zwei Ebenen machen muss, wenn man bei einer Ratte Hautkrebs feststellt, weil man nur so abklären kann, ob bereits Lungenmetastasen entstanden sind. Sie erklärt, dass man regelmäßig ACE-Hemmer zermörsern, in Wasser auflösen und dem Tier einflößen sollte, wenn ein Hamster herzkrank ist. Und sie schlägt vor, dass man es auch bei einer winzigen Rennmaus mit Knochenchirurgie versuchen kann, wenn ein Bein gebrochen ist. Als Marknagel, um die Enden des hauchdünnen Knochens wieder zusammenzufügen, kann die zarte Spitze einer Spritzenkanüle verwendet werden.

Manchmal sind die mit solchen Eingriffen verbundenen Kosten aber auch noch ein Schock für Halter. Dann kollidieren die neuen Möglichkeiten, die Veterinäre für die anspruchsvollsten der Kleinsäugerbesitzer geschaffen haben, mit dem Wunsch, in Mäusen und Hamstern weiterhin eine richtige Alternative zu größeren Haustieren finden zu können, ein Tier, das deutlich weniger Geld und Aufwand erfordert als Hund und Katze.

Oktober 2013, kurz vor Semesteranfang. Ina H. sitzt während ihrer Mittagspause in einer kleinen Kaffeerösterei in Frankfurt am Main, gut hundert Kilometer von ihrer Studentenbude in Marburg entfernt. Heute Morgen ist sie um sieben Uhr aus dem Haus gegangen, zurückkehren wird sie nicht vor 19 Uhr am Abend. Zwei Monate lang macht sie ein Praktikum in Frankfurt, täglich pendelt sie mit dem Semesterticket hin und zurück. Auch ihr Freund, mit dem sie zusammenwohnt, ist den ganzen Tag außer Haus. Die beiden haben sich deshalb gezielt drei Rennmäuse angeschafft. »Unkomplizierte Haustiere«, sagt die 24-Jährige. Sie ist mit einem

Hund aufgewachsen. Ihre Mutter kaufte den Cairn Terrier, als Ina fünf Jahre alt war, das Tier wurde sechzehn Jahre alt. Als Teenager, erzählt Ina, habe sie den Hund manchmal verflucht. Ihre Mutter hatte einen Vollzeitjob, der Hund war allein zu Hause, während Ina in der Schule und die Mutter bei der Arbeit war. »Ich musste immer schnell nach Hause nachmittags, um mit dem Hund rauszugehen«, sagt Ina. Einfach mal so mit den Freunden noch einen Kaffee trinken gehen nach der letzten Stunde oder schnell noch in die Stadt – für Ina war das jahrelang unmöglich. Als sie und ihr Freund in Marburg zusammenzogen, wollten sie sich trotzdem gern Haustiere anschaffen. Mit ihrem Lebensstil sollten sie aber vereinbar sein: Ina studiert und hat noch einen Nebenjob als Tutorin an der Uni, ihr Freund macht eine Ausbildung, am Wochenende verreisen sie oft, machen Ausflüge, gehen angeln, fahren zu den Großeltern des Freundes, um ihnen zu helfen. Ihre Wohnung in Marburg ist zudem winzig.

»Mein Freund hatte schon mal Rennmäuse und wusste, dass sie unkompliziert sind«, sagt Ina. Sogar allein lassen könne man sie für einige Zeit. »Ich würde sagen: Vier Tage gehen ohne Probleme, fünf Tage auch noch, ab sechs Tagen sollte man jemanden haben, der mal vorbeischaut«, sagt Ina. Wenn sie über Nacht oder länger wegbleiben, geben Ina und ihr Freund den Mäusen viele unterschiedliche Sorten von Futter: »Damit sie nicht alles auf einmal fressen. Oder wir legen das Futter in eine Klopapierrolle, die auf beiden Seiten verschlossen ist. Oder man lässt härtere Sachen zum Knabbern da, zusammengepresstes Fertigfutter oder Hirse zum Beispiel. Wir achten auch darauf, das Gehege nicht vorher sauber zu machen, weil Rennmäuse dazu neigen, Essen zu verstecken.«

Sie halten die drei Männchen, die sie Max, Moritz und Pumuckel nannten, in einem Aquarium, das in der Länge einen Meter misst. »Oben ist ein selbst gebauter Deckel aus Kaninchendraht drauf«, erzählt Ina. »Mein Freund hat extra eine Umrandung aus Holz für den Deckel gebaut, damit es schön aussieht, mit ordentlich zugeschnittenen Ecken. Im Gehege steht noch ein kleineres Aquarium mit Sand, weil Rennmäuse es lieben, sich im Sand zu wälzen.«

Ina und ihr Freund sind gut informierte Tierhalter. Als sie die Mäuse vor zwei Jahren bei einer Gartencenterkette kauften, achteten die beiden darauf, dass die drei Männchen Geschwister waren. »Du musst sie aus einem Wurf nehmen, weil sie sich sonst anfeinden.« Sie haben an alle Eventualitäten gedacht, wissen auch, dass Rennmäuse nur drei bis vier Jahre alt werden. Das ist ihnen recht, schließlich sind sie selbst jung und wissen nicht, wohin ihr späterer Beruf sie noch mal verschlagen, was für ein Leben sie führen werden. Sie haben sich genau überlegt, warum sie Rennmäuse halten wollen.

Und doch hielt das Zusammenleben mit den Mäusen noch Überraschungen bereit. Kurz vor den Sommersemesterferien wurde Max krank. »Er hatte ein Geschwür an der Duftdrüse«, erzählt Ina. Zum ersten Mal gingen sie mit ihm zum Tierarzt. Die Tierärztin, die sie sich rasch bei Google Maps gesucht hatten, meinte: »Eine OP lohnt sich nicht.« Wenn das Geschwür anfange zu bluten, sollten sie wiederkommen, dann würde sie ihnen eine Tinktur mitgeben.

Es fing an zu bluten, an einem späten Freitagnachmittag. Die Tierärztin war schon nicht mehr im Dienst. Von sechs Praxen, die sie anriefen, erreichten sie nur noch eine. Die Veterinärin, die sich Max diesmal ansah, war Fachtierärztin für Chirurgie. »Sie hat gesagt, dass sie sehr gute Erfahrungen mit einer OP gemacht hat und dass wir auch keine andere Wahl haben, weil die Haut nicht mitwächst, während das Geschwür immer größer wird.«

Achtzig Euro sollte die OP kosten – viel Geld für eine Studentin und einen Azubi. »Im ersten Moment fand ich es absurd«, gibt Ina zu. »Die Maus selbst hat schließlich nur zehn oder elf Euro gekostet. Aber mein Freund meinte, das können wir nicht machen.« Und auch die Einschläferung hätte schon vierzig Euro gekostet, erfuhren sie. Sie entschlossen sich für den Eingriff. Doch der Entschluss stellte sie auch vor Schwierigkeiten: »Es war mitten in der Klausurenphase.« Ina hatte eigentlich keine Zeit für zusätzliche Termine. Montags sollte die OP stattfinden, am Dienstag schrieb sie eine wichtige Klausur. »Ich musste dann am Montag durch die ganze Stadt gondeln statt zu lernen, um die Maus abzuholen. Sie hätte keinen ganzen Tag weg sein dürfen, weil die Geschwister sie danach nicht mehr erkannt hätten.«

Max überlebte. Ob das Geschwür bösartig war, wissen sie bis heute nicht. »Eine Biopsie ins Labor schicken zu lassen, fanden wir dann doch ein bisschen übertrieben«, sagt Ina mit schiefem Lächeln. Das Ganze hat sie vor neue Fragen gestellt. Sie hat erkannt, dass es für sie Grenzen gibt, die für andere längst aufgeweicht sind. Ein bisschen hat das auch mit ihrem naturwissenschaftlichen Studium zu tun, in dem mit Mäusen wie Max experimentiert wird. Wenn sie später ihren Master macht oder promoviert, wird sie wahrscheinlich auch gesunde Versuchsmäuse töten müssen. Die Tierärztin, zu der sie mit Max gingen, erzählte ihnen hingegen gleich, sie habe eine solche lebensrettende OP schon bei etwa hundert Mäusen durchgeführt. In der Veterinärmedizin und bei vielen Haltern sind neue Standards entstanden. Für manche Tierhalter sind sie aber noch immer gewöhnungsbedürftig – und für viele Nicht-Tierhalter wahrscheinlich erst recht.

Es ist eben eine Entwicklung, die sehr schnell vonstattenging. Wie schnell, hat die Veterinärmedizinerin Irene Salaschek im Jahr 2009 einmal am Beispiel des Kaninchens nachgezeichnet. Für ihre Dissertation an der Ludwig-Maximilians-Universität München recherchierte sie, wie das Kaninchen innerhalb weniger Jahrzehnte von einem Fleischlieferanten, den man niemals dem Tierarzt vorgestellt hätte, zu einem Hausgenossen wurde, bei dem man auch mal ein EKG machen lässt. »Vom Notstandstier zum Wohlstandstier« heißt ihre Arbeit. Die Geschichte der Kaninchenhaltung in deutschen Wohnungen ist, folgt man Salaschek, wirklich sehr kurz: Kaninchen wurden erst in den Sechzigerjahren als Haustiere in Familien populär. Das selbstverständliche Equipment, das man heute kennt, fehlte zunächst: Käfige, Trinkflaschen oder industriell gefertigtes Futter aus Tüten und Packungen gab es noch lange nicht. Viele damalige Halter orientierten sich an den einzigen Unterbringungen, die sie je in Zusammenhang mit Kaninchen gesehen hatten, wenn es nicht um professionelle Zucht und auch nicht um das Mästen und Schlachten ging: Sie ließen sich von sogenannten »Kaninchendörfern« inspirieren, Gärten mit kleinen Häuschen in Tierparks, in denen man Kaninchengruppen zeigte. Viele Familien hielten ihre »Hobby«-Kaninchen auch in Schrebergärten, obwohl das verboten war. Anfang der Siebzigerjahre sollen 300.000 Kaninchen als Spieltiere in deutschen Haushalten gelebt haben. Erst 1971 tauchte die Untersuchung des Einzelkaninchens als Posten überhaupt in der Gebührenordnung für Tierärzte auf – ein deutliches Indiz dafür, dass es inzwischen viele Halter gab, deren Bindung an die Kaninchen stark und wichtig genug war, um die Tiere in Praxen vorzustellen, wenn etwas nicht stimmte. Fachliteratur und Forschungsprojekte über spezielle Kaninchenkrankheiten gab es dann erst ab den Achtzigerjahren.

»Kaninchen und Meerschweinchen sind seit Langem die zahlenmäßig stabilsten Populationen unter den Kleinsäugern«, sagt Ralf Sistermann von *Rodentia*. Bei anderen Arten gab es dagegen starke Fluktuationen und Trends. »Bis vor etwa drei Jahren erlebten ausgefallene Arten wie Stachelmäuse und Zwergmäuse einen Boom.« Diese Phase ist aber jetzt auch schon wieder vorbei. Und neue Moden, sagt Sistermann, seien nicht in Sicht.

Gegenüber manchen Kleinsäugerarten herrscht auch immer noch traditionell ein wenig Skepsis, wenn nicht sogar Abneigung, was ihnen den Aufstieg zum Trendtier wohl langfristig versperrt. »Ratten haben in Deutschland immer noch diesen Iiiihh-Faktor«, sagt Sarah Gerresheim. Die 26-Jährige ist Vorsitzende des erst im Jahr 2011 gegründeten Rattenschutz- und Zuchtbundes e.V. Gerresheim sitzt hinter ihrem Infostand auf der Messe »Hund & Heimtier« in den Dortmunder Westfalenhallen. Der Rattenschutz- und Zuchtbund hat hier einen separaten Raum, abseits der großen Halle mit den Ständen von Futtermittelfirmen, Meerschweinchen- und Taubenzuchtvereinen. Ist die Absonderung ein weiteres Zeichen dafür, dass Rattenhaltung noch immer nicht Mainstream ist? Ganz so will der Vorstand des jungen Verbandes das nicht stehen lassen. »Vor sechs, sieben Jahren ist das losgegangen, dass Leute abseits der Punkerszene der Achtziger und Neunziger sich für Ratten interessiert haben«, sagt Gerresheims Vize Stephan Flechsig, ein seriös wirkender 50-Jähriger, der als Leiter der IT-Abteilung eines Energieversorgers arbeitet und seit seinem zehnten Lebensjahr Ratten hält. Eine tolle Alternative sei die Ratte zu weniger intelligenten Kleinsäugern, man könne »richtig Kontakt bekommen«, sagt Flechsig. »Wie kleine Hunde«, ergänzt Gerresheim. »Hören aufs Wort«, fügt Flechsig hinzu.

Der Durchbruch ist trotzdem noch nicht geschafft. Viel Mühe hat es den jungen Verein in den zwei Jahren seit seiner Gründung gekostet, überhaupt erst einmal eine Zuchtordnung aufzustellen. »Im angloamerikanischen Bereich gibt es Zuchtvereine für Ratten seit fast hundert Jahren«, sagt Flechsig. »Wir ziehen jetzt erst nach.« Überhaupt gebe es in den meisten Ländern um Deutschland herum schon lange etablierte Zuchtstandards für Ratten, in England sei man sogar im internationalen Vergleich Vorreiter auf dem Gebiet. »Die Briten sind exzentrischer«, versucht Flechsig eine Interpretation. »Die Ratte als Kuscheltier – das ist einfach noch zu neu in Deutschland«, sagt Sarah Gerresheim. Ein weiterer Grund könnte sein, dass die ersten zahmen Ratten nicht als Nutztiere im Umfeld von Familien gehalten wurden, bevor sie dann zu »Kuscheltieren« wurden – anders als etwa Kaninchen. Wilde Ratten wurden erst Ende des 19. Jahrhunderts von Wissenschaftlern in Frankreich und England domestiziert. Eine gezielte Zucht von Albinoratten für Laborversuche begann dann Anfang des 20. Jahrhunderts am Wistar Institute in Philadelphia, einer unabhängigen Forschungseinrichtung, in der man vor allem Arbeiten über Krebserkrankungen anfertigte. Der Weg in die Haushalte war für Ratten, die zunächst Labors vorbehalten waren, also weiter als für kleine Nutztiere, die von vielen Menschen privat gehalten und gemästet wurden.

Der neu gegründete deutsche Zuchtverband hat im Moment auch noch Probleme damit, dass Ratten bei den deutschen Tierhaltern ganz verschiedene Rollen einnehmen. Sie sind zwar für einige Menschen jetzt schon Kuscheltiere und Familienmitglieder, andere züchten sie aber einfach nur, um ihre Schlangen zu füttern. Auch manche Zoohandlungen unterscheiden zwischen Futterratten und anderen Ratten. »Mittlerweile gibt es schon getrennte Käfige für Futter- und Kuschelratten in Zooläden«, sagt Sarah Gerresheim.

Es ist das Schicksal des Haustieres, dass seine Rolle von den Menschen definiert wird. Manchmal kann es sie wechseln, wie das Beispiel der Kleinsäuger zeigt – vom Notstandstier zum Wohlstandstier, vom Kinderspielzeug zum aufwendig gehaltenen Mitgeschöpf. In solchen Fällen erfordert es mehrere Generationen von Tieren, bis die neue Rolle in den Köpfen der Menschen angekommen ist. Doch es gibt den Rollenwechsel auch innerhalb eines einzigen kurzen Tierlebens. Er steht an, wenn das Leben des Tieres sich seinem Ende zuneigt. Und dann entscheidet wieder einmal der Mensch darüber, wie er sein Tier und die Beziehung zu ihm sehen will.

13. Vom Festhalten und Loslassen

Ein uraltes Haustier: Das ist eine neue Situation für Halter, denn die Lebenserwartung von Katzen und Hunden ist gestiegen. Studien zeigen, dass Besitzer »besorgniserregend unvorbereitet« auf das Altern ihrer Tiere sind – auf Demenz, Inkontinenz, Wesensveränderungen, nächtliches Schreien. Und das Ende wird oft zum bitteren Drama: Das Einschläfern von Tieren ist derart schambesetzt, dass die Halter danach den Tierarzt wechseln.

Als Johanna B.* Paschek in die Familie holte, war Helmut Kohl noch Bundeskanzler, man bezahlte noch mit D-Mark und kannte kein Internet und kaum Mobiltelefone. In den Nachrichten war es in dem Sommer, der gerade zurücklag, um den Aufbau Ost gegangen, um die Anschläge auf Asylbewerber in Rostock-Lichtenhagen und die bevorstehende Wahl in den USA, die schließlich Bill Clinton ins Präsidentenamt bringen sollte. Johanna B.s Tochter war vierzehn, der Sohn war gerade erst aufs Gymnasium gekommen. »In der Zeitung fanden wir kurz nach den großen Ferien die Anzeige: ›Katzen billig abzugeben‹.« Johanna B. schüttelt noch heute den Kopf. »So was schreibt doch kein Mensch, haben wir gedacht.« Sie riefen trotzdem an und bekamen die Adresse eines abgelegenen

Bauernhofs im nördlichen Münsterland, wo jemand Perser- und Siamkatzen züchtete. Hier war ein Wurf Mischlingskätzchen aus beiden Rassen entstanden. »Der Siamkater lebte auf dem Dachboden und war ausgebüchst«, erinnert sich Johanna B. Ihre Tochter hatte sich eine »warmschwarze« Katze gewünscht, keine blauschwarze, deren Fell wie Lack glänzte, sondern eine, deren schwarzes Fell in ein sanftes Braun hineinchangiert, wenn die Sonne darauf scheint. Genau so sah das Kätzchen aus, das sie sich aussuchten. Die einzelnen Haare waren ein paar Millimeter länger als bei den Katzen der Rasse Europäisch Kurzhaar, die man am häufigsten in Deutschland sieht – ein Erbe des Persers. Der Kater war zwölf Wochen alt, als er abgegeben wurde. Er war im Mai geboren, an welchem Tag genau, wusste niemand mehr. Johanna B.s Familie legte später den zehnten Mai als Geburtstag fest. Den 10. Mai 1992.

Sie nannten den Kater nach einem Reim in einem tschechischen Kinderbuch, das Johanna B. in der Kindergartenzeit vorgelesen hatte: »Waschek, Paschek jagt die Ziegen, bis sie Durst auf Wasser kriegen.« Das Erste, was Paschek tat, war: Er verschwand. Johanna B. war nur kurz zum Einkaufen gegangen, die Kinder machten Hausaufgaben. Sie trug ihnen auf, auf den Kater zu achten, doch dann ging jeder in sein Zimmer, sie vergaßen das Kätzchen, und als die Mutter zurückkehrte, war es wie vom Erdboden verschluckt. Sie stellten das ganze Haus auf den Kopf, hatten sogar den Eindruck, dass auf dem Balkon Kratzspuren waren, und überlegten, ob das Kätzchen abgestürzt und davongelaufen sein könnte. Irgendwann wurde es Abend, sie mussten die Suche aufgeben und ins Bett gehen. Doch dann, tief in der Nacht, hörte

Johanna B. ein Maunzen. Sie fand den Kater hinter einer alten Spüle auf dem Dachboden. »Von da an war Paschek ruhig, zahm und genügsam. Er war die liebste Katze, die man sich wünschen kann.«

Zu diesem Liebsein gehörte auch, dass Paschek immer blieb, anders als die Katzen, die Johanna B. zuvor gehabt hatte. Die erste Katze brachte schon ihr Vater von der Arbeit mit nach Hause, als sie als Kind im Rheinland aufwuchs; er hatte das Tier auf dem Gelände der Firma, bei der er angestellt war, gefunden. Als die erste Katze starb, schafften sich die Eltern weitere an. Später, als Johanna B. selbst Kinder hatte und in einer Reihenhaussiedlung in einem Vorort von Münster lebte, gab es in der Nachbarschaft eine junge halbwilde Katze, die mal von der einen, mal von der anderen Familie gefüttert wurde. »Dann im November saß sie zitternd bei mir auf der Terrasse, das Futter fror zu dem Zeitpunkt schon«, erinnert sich Johanna B. »Ich sagte zu den Nachbarn: Entweder jemand nimmt sie oder sie kommt ins Tierheim.« Schließlich nahm sie selbst die Katze auf. »Jetzt mach ich's auch ganz, habe ich mir gesagt.« Die junge Katze wurde bald überfahren; ihre zweite Katze holte Johanna B. von einem der umliegenden Bauernhöfe. »Irgendwann war sie weg, ich vermute, dass ein Jäger sie erschossen hat«, sagt Johanna B. »Bei der dritten Katze habe ich dann schon angefangen, sie an die Leine zu gewöhnen, und auch darauf geachtet, dass sie abends reinkam. Aber sie war trotzdem bald verschwunden, nach zwei Jahren schon.«

Paschek, die vierte Katze, verunglückte nicht. Es verging ein Jahr, dann noch eins. Dann noch eins. Und noch eins, und viele weitere.

Paschek wurde nicht krank, er lief nicht weg, er hatte das Glück, nie unter ein Auto oder vor das Gewehr eines Jägers zu geraten.

Paschek ist jetzt 21. Johanna B. ist pensioniert, Tochter und Sohn sind über 30, ein Enkelkind ist geboren. Gerade jetzt sitzt Paschek auf der dunkelgrauen Couch im Wohnzimmer, vor der Fensterfront zur Terrasse, sphinxartig aufgerichtet. Er zeigt sich nur im Profil und reagiert auch nicht auf leise Lockrufe. Auch der Staubsauger störe ihn kaum noch, sagt Johanna B., sie habe den Eindruck, dass sein Gehör stark beeinträchtigt sei. Sie sitzt am Tisch und blickt zu Paschek hinunter, zwei Treppenstufen trennen das Ess- vom Wohnzimmer. Johanna B. hat bewusst daran gearbeitet, dass Paschek sicherer leben konnte als seine Vorgänger. Sie nennt ihn einen »kontrollierten Leinenkater«. Allein durfte Paschek nicht nach draußen, stattdessen brachte ihm Johanna B. bei, an einer Flexihundeleine spazieren zu gehen und mit ihr gemeinsam die Umgebung zu erkunden, meist am Abend, weil das am besten zu seinem Biorhythmus passte. »Ich bin mit ihm ganz viel und weit gegangen, damit er zurückfindet, falls er doch mal ausbüchst«, erzählt Johanna B. Sogar in den Urlaub fuhr der Kater mit. Johanna B. hat alles getan, um Paschek ein langes Leben zu ermöglichen, weil sie nicht noch einmal einen abrupten Verlust erleben wollte.

»Nur was ich halt nicht wusste: Wie es sein würde, wenn der Kater so alt ist«, sagt sie. »Keine dieser Katzen, die ich in meinem Leben hatte, ist so alt geworden. Ich hatte keine Erfahrungen damit. Die älteste Katze, die mein Vater damals hatte, ist vielleicht neun Jahre alt geworden.«

Halter seien »besorgniserregend unvorbereitet« auf das Altern ihrer Tiere und darauf, ein Leben lang mit deren Gesundheitsproblemen umzugehen – so lautet die Bilanz der Firma Petplan, eines britischen Tierversicherers, nach einer Befragung von Katzen- und Hundebesitzern im Frühjahr 2012. Die Marktforscher meinen das wirtschaftlich: Werden die Tiere alt, gehen die Halter sogar seltener zum Tierarzt mit ihnen, hat die Studie ergeben.

Wenn Johanna B. sagt, dass sie nicht wusste, was auf sie zukommt, dann meint sie nicht die wirtschaftliche Seite. Sie meint die Emotionen und die Eingriffe in den Alltag, die sie erlebt.

»So richtig gibt es das Problem erst seit drei, na, jetzt will ich nicht tiefstapeln, seit fünf Jahren«, sagt sie. Es fing damit an, dass der Kater immer mäkeliger fraß. »Er hatte schon immer wenig gefressen und oft Futter erbrochen, wohl auch wegen der langen Haare.« Aber mit steigendem Alter war manchmal kaum noch etwas in Paschek hineinzubekommen. Johanna B. kaufte wasserreiche Futtersorten, die auf der Packung mit dem Zusatz »in Sauce« angepriesen wurden und in die sie noch zusätzlich Flüssigkeit hineinrührte. Der Tierarzt untersuchte Pascheks Blut und verkaufte ihr ein Nierendiätfutter, mit 38,52 Euro ist es auf der Rechnung ausgewiesen. Eins der lilafarbenen Beutelchen findet Johanna B. noch in der Küche. »Renal« heißt das Futter. »With tuna«, liest Johanna B. die Packungsaufschrift vor, dann hebt sie ratlos die Schultern und sagt: »Er mochte es trotzdem nicht.«

Einmal fand sie Blutstropfen auf den Kacheln neben dem Katzenklo und las danach in einem Artikel im Magazin *Geliebte Katze*, das könne auf einen Leberschaden hinweisen.

Sie kaufte auf eigene Faust ein Spezialfutter. Paschek fraß ein bisschen davon, dann lehnte er es wieder ab. »Im Winter vor anderthalb Jahren habe ich dann gesagt: Was soll's. Dann soll er wenigstens in den letzten Wochen seines Lebens das bekommen, was er will«, sagt Johanna B. »Ich hab ihm auch Butter gegeben, nachdem er auf den Tisch gesprungen war und die Butter gewollt hatte. Und Büchsenmilch. Und ich habe ihm Schweinefilet und Hühnerbrust geschnitten.« Im Moment sorgt sie dafür, dass immer Trockenfutter dasteht, und versucht es weiter mit wasserangereichertem Feuchtfutter. Paschek bekommt auch immer noch Butter und Büchsenmilch, wenn er alles andere zurückweist.

Es ist nicht so, dass Johanna B. bei ihrem Mann nur auf Verständnis stößt. »Es ist ihm peinlich, wenn ich anderen Leuten davon erzähle, dass der Kater unsauber ist. Mein Mann kommt aus einem Haushalt, in dem man der Meinung war, Tiere gehören nach draußen.« Und manchmal macht es auch Paschek selbst ihr schwer. Er ist nicht mehr immer nur lieb und anschmiegsam. Manchmal faucht er sie urplötzlich an oder wird ohne Grund aggressiv, kratzt oder beißt sogar zu.

Aber wenn es nur das Fressen, die Unsauberkeit und die Stimmungsschwankungen wären. Vor zwei Jahren begann ein Verhalten, das Johanna B. »das Schreien« nennt. »Irgendwann kam dazu, dass die Katze wie verloren rumschrie. Sitzt irgendwo. Schreit. Tief aus dem Inneren heraus, wie verloren. Ich interpretiere das als Desorientiertheit. Es ist anders als das normale Maunzen. Man hat das Gefühl, er weiß nicht, wo er ist.« Sie seufzt. »Das ist das, was das Zusammenleben mit der Katze in den letzten Jahren wirklich problematisch macht«, sagt sie. »Es macht das Leben völlig anders.«

Denn Paschek hat diese Zustände nicht nur am Tag. Bis zu dreimal hat er die Schreianfälle auch in jeder Nacht. »Manchmal schläft er durch. Manchmal wird man nach zwei Stunden von ihm geweckt, manchmal nach vier. Manchmal versuche ich, es zu ignorieren. Dann wieder steh ich auf, seh nach ihm, biete ihm Futter an. Butter steht immer da, Büchsenmilch auch.« Manchmal ist sie froh, wenn der Kater sich entschließt, die Nacht im früheren Zimmer der Tochter zu verbringen. Dann wacht ihr Mann, der noch arbeitet und deshalb morgens fit sein muss, wenigstens nicht mitten in der Nacht auf, wenn Paschek wieder einen Anfall von Desorientiertheit hat. »Der Kater schreit einem direkt ins Ohr, es ist ein Schrei, als ob ihn Urinstinkte überfallen.« Manchmal hat Johanna B. sogar den Eindruck, dass Paschek für ein paar Momente nicht mehr weiß, wer sie ist. »Gestern war ich im Begriff, aufzuschließen«, erzählt sie. »Dabei hörte ich das Schreien. Dann sah er mich, versuchte, geduckt an mir vorbeizuflitzen, als ob er mich nicht erkennt. Erst als ich ihn ansprach, entspannte er sich.« Dann wieder ist der Katze nichts anzumerken. Gerade jetzt liegt sie ruhig und aufmerksam auf dem Sofa und leckt sich das Brustfell.

Deutet Pascheks Verhalten auf eine Demenz hin – auf so etwas wie die Alzheimer-Erkrankung beim Menschen? In der Veterinärmedizin ist dieses Thema noch wenig erforscht, aber es wurden bereits erste Arzneimittel entwickelt. Inzwischen finden sich sogar Werbeanzeigen im *Deutschen Tierärzteblatt* für die neuen Medikamente, die die Demenzsymptome bei Hund und Katze lindern sollen. Das lässt ahnen, wie verbreitet das Problem schon ist. Tatsächlich ist die veterinärmedizinische Geriatrie eine Disziplin, die sich im

Aufschwung befindet. Ende der Neunzigerjahre gab es die ersten Tagungen zu altersmedizinischen Fragestellungen bei Tieren im deutschsprachigen Raum. Inzwischen haben Studien bestätigt, dass die Lebenserwartung von Hunden und Katzen in den vergangenen Jahrzehnten deutlich gestiegen ist. Eine Untersuchung über Tiere, die in der Münchner Veterinär-Uniklinik behandelt wurden, zeigte über dreißig Jahre eine stete Zunahme des Lebensalters. 1967 gab es im Patientenstamm der Klinik noch keine einzige Katze, die über 20 Jahre alt war. 1997 waren es schon 3,9 Prozent. Bei den Hunden waren im Jahr 1967 knapp 20 Prozent zwischen zehn und neunzehn Jahre alt, 1997 war schon beinahe die Hälfte in dem Alter. 1967 gab es keinen einzigen über 20 Jahre alten Hund, 1997 machten Hunde in diesem biblischen Alter immerhin 0,2 Prozent aus. Generell gilt: Je älter Hund und Katze sind, desto mehr Krankheiten haben sie auch. Hunde beginnen schon ab sechs Jahren, plötzlich immer mehr verschiedene Krankheiten zu entwickeln, »multimorbide« zu sein. Bei Katzen steigt die Kurve der Krankheiten zunächst gleichmäßig an, ab elf Jahren knickt sie rasant nach oben. Und dann kommt eine Überraschung: Bei Katzen, die älter werden als 15, geht die Zahl der Krankheiten pro Individuum wieder zurück. Beim Hund gibt es diese vergleichsweise gesunden Vertreter im hohen Alter nicht.

Die Liste der möglichen Alterskrankheiten ist beinahe unendlich lang: Tumoren, Über- und Unterfunktionen der Schilddrüse, Bluthochdruck, Leberschäden, chronisch verlaufende Infektionen, Diabetes ... Theoretisch können die meisten dieser Krankheiten ein verändertes Verhalten bewirken. Die wenigen wissenschaftlichen Veröffentlichungen, die sich konkret der Frage widmen, ob Hund und Katze in ähnlicher Weise dement werden wie Menschen, stammen aus Nordamerika. Besonders intensiv hat sich der kanadische Veterinärmediziner Gary Landsberg mit Gehirnleistungsstörungen bei alternden Haustieren auseinandergesetzt. Er hat an mehreren Studien mitgewirkt, die zeigten, mit welchen Verhaltensproblemen die Halter älterer Hunde und Katzen sich konfrontiert sehen. Bei Hunden, die neun Jahre und älter sind, finden sich häufig Trennungsängste, Aggressionen, exzessives Bellen und Jaulen, Phobien, Aufwachen in der Nacht, Unsauberkeit und zwanghafte Verhaltenswiederholungen. Bei alten Katzen stehen Unsauberkeit, exzessives Schreien, Ruhelosigkeit und übertriebene Fellpflege ganz oben auf der Liste. Daten einer australischen Studie zeigten sogar, dass fast ein Viertel der Hunde und fast zehn Prozent der Katzen wegen einer solchen »Senilität« eingeschläfert werden. Landsberg empfiehlt einen geregelten Tagesablauf für die Tiere und hält daneben die Verwendung von Schlafmitteln, Antidepressiva und angstlösenden Medikamenten für hilfreich.

Man hat auch schon herausgefunden, dass sich bei alten Hunden und Katzen genau wie bei Menschen, die an einer Alzheimer-Demenz leiden, Plaques aus Beta-Amyloid im Gehirn ansammeln. Insgesamt ist das Thema Alter aber noch immer ein schwarzer Fleck in der Forschung mit Tieren. Immerhin weiß man aus Laborversuchen, dass eine angereicherte, anregende Umgebung hilft, eine Demenz hinauszuschieben. Mit Beaglen konnte in einer zwei Jahre währenden Studie demonstriert werden, dass ein Umfeld mit neuem Spielzeug, Training, Bewegung und häufigen Intelligenztests die Hunde im Vergleich zu einer Kontrollgruppe geistig fitter bleiben ließ.

Insofern macht Johanna B. alles richtig. Sie hat schon immer dafür gesorgt, dass Paschek auch als »kontrollierter Leinenkater« Abwechslung hat. Über Jahre hat sie ihn jeden Tag an der Leine spazieren geführt, abends, wenn sein Aktivitätsniveau stieg. »So mancher 20:15-Uhr-Film ist an mir vorbeigegangen, weil ich mit der Katze beschäftigt war«, erzählt sie. »Ich hab in der Zeit so manche Belauerung anderer Katzen mit dem Kater durchgestanden. Es war mir oft lästig, aber ich hab auch oft gedacht: Pff, dann bin ich halt noch mal zwanzig Minuten draußen. Ich habe in einem Alter, in dem man das oft nicht mehr richtig registriert, noch einmal den Sternenhimmel betrachtet, wie man das sonst nur mit kleinen Kindern erlebt.« Viel Fürsorge und eine starke Bindung waren im Spiel. Das lässt sich nicht einfach abbrechen, nur weil der Kater sich verändert. Lange behielt Johanna B. die alten Rituale bei, nahm hin, dass das Zusammenleben mit Paschek komplizierter wurde.

So richtig in Konflikte geriet sie dann aber vor anderthalb Jahren. Damals wurde ihr erstes Enkelkind geboren. Die Tochter lebt mit ihrem Mann in England, und Johanna B. sah sich vor der Situation, dass sie ihre Tochter unterstützen wollte, aber die Reisen nicht planen konnte. Die Betreuung von Paschek ist so aufwendig geworden, dass man nicht mehr, wie sie es früher getan hat, der Nachbarin den Schlüssel geben und sie bitten kann, zweimal am Tag Futter und Wasser zu wechseln. Eigentlich vertraut Johanna B. nur einem einzigen Freund völlig. Wenn sie verreist, hinterlässt sie ihm lange Briefe. »Lieber Peter*«, schreibt sie. »Paschek frisst nur noch wenig Trockenfutter.« Sie macht genaue Angaben, zu welchen Teilen die Feuchtfutterschälchen mit Wasser vermischt werden sollen. »Lieber etwas mehr Futter und trockene Reste wegwerfen«, schreibt sie. »Hauptsache, der Kater ist zufrieden.« Sollte das alles nicht funktionieren, empfiehlt sie, Butter und Kondensmilch anzubieten. Bei Peter kann sie sich darauf verlassen, dass er sich die Mühe macht.

Als der Kater noch ein paar Jahre jünger war, brachten sie ihn während der Urlaubstage abwechselnd zu den Kindern, die in Berlin und Hamburg studierten. »Wir konnten damals auch einfach so mal eine Woche ins Elsass.« Jetzt leben beide Kinder im Ausland. Eine Zeit lang sind Johanna B. und ihr Mann einfach weniger gereist als früher. Das wurde anders, als vor anderthalb Jahren der Enkel zur Welt kam. Seitdem sind sie sehr häufig gemeinsam nach England geflogen. Und jedes Mal war die Versorgung des Katers eine Zitterpartie. »Monate vorher muss man Peter fragen. Sonst kann man keinen Flug buchen.« Im vergangenen Sommer hatte sie noch einmal einen anderen Bekannten gebeten, Paschek zu versorgen. Damals war der Enkel erst ein halbes Jahr alt, sie hatte ihrer Tochter versprochen, einige Tage auf ihn aufzupassen, und wollte anschließend mit ihrem Mann zu den Olympischen Spielen nach London. »Kurz vorher sagte der Bekannte plötzlich ab«, sagt Johanna B. »Da hab ich erst mal hier gesessen und geheult.«

Um die Betreuungsprobleme zu umgehen, vermeiden sie und ihr Mann es inzwischen, gemeinsam in den Urlaub zu fahren. »Mein Mann hat aber manchmal Dienstreisen zu ganz netten Orten«, tröstet sich Johanna B. Und sie selbst? Sie hadert erst einmal nicht mehr mit den Unwägbarkeiten und der ständigen Verpflichtung. Irgendwann hat sie sich entschieden, diesen Weg zu gehen. Es hat aber auch eine Zeit der Unruhe vor dieser Entscheidung gegeben, eine Phase, in der sie unausgeglichen, wütend und unglücklich war.

Damals, als das Enkelkind gerade erst auf der Welt war, sagt Johanna B., begann das mit ihrer Ungeduld. »Da fing es an, dass ich so genervt war, dass alle Zuneigung zu der Katze weg war.« Irgendwann unterbrach sie ihre kreisenden Gedanken und Gefühle, sagte sich ganz bewusst, dass es keine Lösung war, auf Dauer von der Situation frustriert zu sein. Im Internet suchte sie nach Menschen mit ähnlichen Erfahrungen. Fündig wurde sie in Haustierforen. »Es nützt nichts, Aggressionen gegen den Kater aufzubauen«, bilanziert sie das, was sie dort las. »Das habe ich geändert.« Johanna B. hat sich entschieden, einfach weiterzumachen, solange es geht und solange sie glaubt, es verantworten zu können – ohne Groll gegen den Kater und möglichst, ohne sich selbst unter Druck zu setzen, wenn ihre Absichten wieder einmal durchkreuzt werden. Sie muss ihre Pläne nun häufiger ändern, sie muss flexibel bleiben, wo ihr Kater es nicht mehr ist. Lässt sie ihren Mann mit dem Kater allein, verschönert sie die Pflegeanleitungen für Paschek noch mit kleinen Zeichnungen, zum Beispiel malt sie das Katzenklo und ein Schäufelchen neben den Terminplan, der für Dienstag vorsieht, dass die Katzenstreu erneuert werden muss. Als Johanna B. über Halloween allein verreiste, schrieb sie ihrem Mann: »Nicht den Kater an böse Geister abgeben.« So richtig versteht Johanna B.s Mann den Aufwand nicht, den seine Frau betreibt – und die Einschränkungen, die das Leben mit dem Kater erfordert, nötigen ihm einiges an Toleranz ab.

Aber der Schritt, der immer wieder im Raum gestanden hat, den vielleicht andere Menschen schon längst gegangen wären – mit dem hat Johanna B. sich so rational wie möglich auseinandergesetzt und ihn fürs Erste verworfen. »Ich kann doch nicht den Kater einschläfern, weil er mal danebenmacht und kratzt«, sagt sie. Hilfe fand sie bei Recherchen im Internet. Dort las sie, wie andere Katzenhalter mit ihren Zweifeln und Konflikten umgingen. Ein Satz in einem Katzenforum ist ihr noch exakt in Erinnerung, eine Halterin schrieb über das Einschläfern zynisch: »Komm Miezi, heute passt's mir, wir fahren zum Töten.« Derart leichtfertig, das wollte das Forenmitglied zum Ausdruck bringen, könne man mit dem Thema nicht umgehen. Auch für Johanna B. brachte das eine Haltung auf den Punkt, die sie für sich einfach nicht akzeptieren könnte.

Sie hat in dieser Zeit auch viel über das nachgedacht, was ihr Freunde und Bekannte erzählt haben, die ihr Tier einschläfern ließen. Ihre langjährigen Nachbarn hielten eine Rauhaardackelhündin, die mit fortgeschrittenem Alter unter Tumoren der Milchdrüsen litt. Die Dackelhündin war schwer krank, aber den Gedanken an eine Einschläferung hatten die Eltern und die drei Kinder lange weggeschoben. Eines Tages hatte der Nachbar mit der Hündin einen Routinetermin beim Tierarzt. »Dann kam er ohne den Dackel wieder«, erinnert sich Johanna B. Der Tierarzt hatte vorgeschlagen, den Hund nun endlich einzuschläfern, der Mann hatte eingewilligt, ohne seine Frau noch einmal zu fragen. Seine Rückkehr ohne den Hund war ein Schock. »Unsere Nachbarin war völlig entsetzt, dass der Dackel nun eingeschläfert worden war, ohne dass das abgesprochen war.«

Andere Freunde organisierten mit ihrem alten, schwer kranken Hund den Besuch bei einer Tierärztin, die ihren Kunden versprach, dass sie an einem besonders schönen Ort würden Abschied nehmen können. »Dort setzten sie sich mit dem Hund noch einmal hin, blickten ins Tal. Die haben ganz viel Aufwand betrieben, als es so weit war«, sagt Johanna B.

Einmal hat sie auch schon mit ihrem Tierarzt über das Einschläfern gesprochen, im gerade vergangenen Winter. »Der Kater wurde immer magerer, struppiger, unwilliger, knochiger«, erinnert sie sich. War es an der Zeit, fragte sie sich, wäre alles andere vielleicht eine Qual für Paschek? Der Tierarzt sagte nur: »Das ist Ihre Entscheidung.« Seitdem ist sie wieder allein mit dieser Frage, auch wenn sie sie erst einmal vertagt hat. Der geplante Tod eines Haustiers, das ist auch so eine Sache, mit der Johanna B. keine Erfahrung hat, genau wie mit dem hohen Alter eines Tieres. Nie zuvor hat sie eine ihrer Katzen einschläfern lassen müssen. Oder anders gesagt: Noch nie hatte sie die Gelegenheit dazu. »Die anderen«, sagt sie, »sind einem genommen worden, sind verschwunden.« Und dann setzt sie hinzu, mit einem leisen Zweifel in der Stimme, als ob sie nicht sicher ist, was das noch für sie bedeuten könnte: »Jetzt hat man es mal in der Hand.«

Jetzt hat man es mal in der Hand: Das ist Fluch und Segen zugleich. Nicht nur für Johanna B.

Das Ende des Lebens eines Haustiers wird heute für Halter zu einer Prüfung, die mit schweren emotionalen Konflikten verbunden sein kann. Es ist eins der schwierigsten Kapitel der Mensch-Tier-Beziehung. Und wenn man es erzählen will, muss man bei den Fläschchen im Schrank des Tierarztes anfangen, bei den Substanzen, mit denen man »es in der Hand hat«. Jahrzehntelang gab es nur zwei pharmazeutische Mittel, das eine ist T 61, ein Produkt der deutschen Firma Hoechst. T steht für »Tötungsmittel«, 61 für 1961, das Jahr, in dem das Mittel auf den Markt kam. Das erste Konkurrenzprodukt ließ fast zwei Jahrzehnte auf sich warten: Eutha 77 war von 1979 an erhältlich. Eutha steht für »Euthanasie«, 77 für 1977, das Jahr, in dem man mit den Laborversuchen begonnen hat. In den vergangenen Jahren aber geriet der Markt plötzlich in Bewegung. 2007 kam zusätzlich das Mittel »Release« auf den Markt, 2011 dann noch »Euthadorm«.

Während T 61 ein Kombinationspräparat aus verschiedenen Substanzen ist, sind die Konkurrenzprodukte, die später entwickelt wurden, allesamt Barbiturate. Barbiturate sind Narkosemittel, die Nervenzellen im Gehirn hemmen. Man verwendet sie, um das Bewusstsein von Tieren und Menschen auszuschalten, etwa während einer Operation. Dosiert man sie zu hoch, kann man damit auch den Tod herbeiführen.

T 61 funktioniert anders. In den Fünfzigerjahren registrierte man bei der Firma Hoechst, dass ein Markt für ein Tötungsmittel vorhanden sein könnte; Tiere wurden damals offenbar noch auf ganz verschiedene Art und oft nicht besonders human getötet. Die Neuentwicklung T 61 war eine Kombination aus einem starken Narkotikum, einer Substanz zur Muskelentspannung und Atemlähmung und einem lokal wirkenden Schmerzmittel. Das Mittel kam erst in Deutschland, dann in verschiedenen europäischen Ländern und den USA auf den Markt. Es ist bis heute Marktführer; Schübe in der Nachfrage gab es während größerer Seuchenausbrüche wie etwa im Fall von BSE. Dass gleich drei Präparate in einer Injektionslösung vereinigt wurden, zeigt das Bemühen, dem Tierarzt möglichst viel Verantwortung abzunehmen: Er sollte sich nicht zu viel mit Dosierungen, Konzentrationen und Abfolgen einzelner Spritzen befassen müssen – bei allen diesen Schritten sind Fehler möglich.

Aber auch das Kombipräparat hat Tücken. Inzwischen wird es von Tierhaltern, die im Internet regelrechte Kampagnen starten, und auch von vielen Tierärzten offen abgelehnt. Man weiß, dass es Gewebe und Innenwände von Blutgefäßen stark reizen kann. Wird es zu langsam gespritzt oder bei einem geschwächten Tier nur langsam weitertransportiert, tritt die Lähmung der Atemmuskulatur möglicherweise vor der Narkose ein, das Tier erstickt bei vollem Bewusstsein. Inzwischen wird auf dem Beipackzettel verlangt, ein Tier vorher zu narkotisieren, wenn das Mittel in die Lunge oder ins Herz gespritzt wird. Viele Pharmakologen und Tierärzte fordern aber, Tiere auch dann vorher in Narkose zu legen, wenn T 61 in die Blutbahn gespritzt wird.

Fragt man bei der Firma nach, die das neuere Mittel Release herstellt, dann fällt häufig der Ausdruck »zeitgemäße Euthanasie«. Euthanasie, ein Wort, das viele hauptsächlich mit den Verbrechen der Nationalsozialisten an behinderten Menschen in Verbindung bringen, ist unter Tierärzten ein gängiger Begriff, der nicht nur in der Fachliteratur, sondern auch im lockeren Gespräch ganz selbstverständlich verwendet wird. »Zeitgemäß« finden viele Tierärzte die Euthanasie heute nur noch mit Barbituraten. »Zeitgemäß«, das heißt, dass Erregungszustände, Abwehr, Zuckungen, wie sie schockierte Halter bei Einschläferungen mit T 61 oft sehen müssen, möglichst ausbleiben sollen. Pharmafirmen setzen auf Barbiturate, um diese Gefahr zu bannen. Man will dem Besitzer ein ruhiges, friedliches Hinwegschlummern vorführen können. Dass Tierärzte auf diesen »zeitgemäßen Tod« hoffen, zeigen auch die ganzseitigen Anzeigen, mit denen seit dem Jahr 2012 für das allerneueste Mittel Euthadorm im *Deutschen Tierärzteblatt* geworben wird. Man sieht ein Pferd, eine Kuh, ein Schwein, einen Hund und eine Katze von hinten. Auf einem Holzsteg, der von diffusem Blau umgeben ist, schreiten sie ruhig voran, vor ihnen eine strahlende helle Fläche, die Pferd und Kuh, die das Grüppchen anführen, schon fast aufgesaugt hat. »Sanfter Abschied« steht groß darüber.

Den Wandel hin zur »zeitgemäßen Euthanasie« läutete im Jahr 2007 das Mittel Release der Firma WDT ein. Man begnügte sich damals nicht damit, einfach nur ein neues Barbiturat anzubieten. Als das Präparat in den Verkauf kam, wurde es begleitet von einer Marktoffensive, die man bislang im Umgang mit Euthanasiemitteln nicht gekannt hatte. Release war nicht einfach ein weiteres Tierarzneimittel zur Einschläferung. Die Firma brachte zeitgleich mit dem Injektionsmedikament Kondolenzkarten und Pappsärge mit Holzdekor auf den Markt. Tierärzte konnten sich entscheiden, ob sie nur die Fläschchen mit dem Injektionsmittel bestellten oder auch die Extras – die Einschläferung als Paket. Im Mitteilungsblatt der Herstellerfirma WDT schrieb ein Bielefelder Tierarzt aus Anlass der Markteinführung einen dreiseitigen Text, in dem er alle Kollegen über die bedeutende Rolle der Euthanasie für den wirtschaftlichen Erfolg und das Image einer Praxis aufklärte. »Euthanasie – Verlust eines Kunden?«, lautete der Titel des Artikels. Der Autor warnte, dass ein unprofessionelles und unsensibles Auftreten des Tierarztes beim Einschläfern dazu führen könne, dass der Tierhalter mit seinem nächsten Tier die Praxis wechselt. Vorbeugen ließe sich mit den Kondolenzkarten, die ein paar Tage nach dem Tod des Tieres versandt werden sollten. »Man kann sich mit ein paar persönlichen Worten nicht nur im Sinne der Kundenbindung in das Gedächtnis rufen, sondern zudem noch einmal eventuell aufkeimende Schuldgefühle beschwichtigen.« Es gehe darum zu betonen, dass »die Euthanasie die richtige Entscheidung war«. Denn: »Da ein ›hätten wir doch ...‹ eine Familie im Nachhinein über Jahre belasten kann, ist es von großer Bedeutung, keinen Zweifel an der Richtigkeit der Entscheidung aufkommen zu lassen!« Stattdessen könne man dem Patientenbesitzer die Möglichkeit zur Sterbehilfe als Chance vermitteln.

Die Karten, die die Firma WDT vertreibt, sind in mildem Sepiaton gehalten und zeigen Schilf mit einem See und Wolken dahinter oder runde Steine, die aus einem spiegelglatten Gewässer ragen. Sentimentale Zitate von Jean de la Fontaine und Antoine de Saint-Exupéry zieren die Vorderseite, etwa »Und wenn du dich getröstet hast, wirst du froh sein, mich gekannt zu haben« aus dem *Kleinen Prinzen*. Wer unsicher ist, was er auf die Rückseite schreiben soll, bekommt einen Mustertext mitgeliefert, er lautet:

»Liebe Frau Schneider,
es tut uns sehr leid, dass wir am Samstag Ihre Blanca einschläfern mussten. Wir wissen, dass Ihnen die Entscheidung nicht leichtgefallen ist. Blanca war Ihnen so viele

Jahre eine treue Begleiterin und uns eine besonders liebe Patientin. Wir wissen aber auch, dass wir ihr auf diese Weise großes Leid erspart haben. Vielleicht können Sie aus der Gewissheit, Ihrer Blanca viele schöne Jahre geschenkt zu haben, ein wenig Trost schöpfen.
Ihr Tierarzt-Team
Helmut Barsingen und Mitarbeiter.«

Dass Tierhalter sich nach dem Einschläfern eine neue Praxis suchen, ist nicht nur ein Gerücht, das die Pharmaindustrie streut. Tatsächlich wechseln 14 Prozent der Tierhalter nach der Einschläferung den Tierarzt. Drei Viertel dieser Kunden hatten nichts an der ganzen Prozedur auszusetzen – und wechselten trotzdem. Das ergab eine Studie von Schweizer Veterinärmedizinern im Mai 2013. Die Autoren hatten mehr als 2000 Patientenbesitzer befragt. Mehr als 90 Prozent waren zufrieden mit dem Verhalten und Vorgehen des Tierarztes. Fast 40 Prozent erwarteten von ihrem Tierarzt, dass er schon früh im Leben des Tieres einmal mit ihnen über Tod und Abschied reden würde.

Es gibt inzwischen in vielen Ländern unter Veterinärmedizinern Debatten über die emotionale Grenzsituation, die eine Einschläferung bedeuten kann. Die Trauer der Halter um verstorbene Haustiere ist inzwischen sogar wissenschaftlich untersucht. Sie kann durchaus einen pathologischen Verlauf nehmen, fanden Wissenschaftler aus Hawaii heraus, als sie etwas mehr als hundert Kunden einer Tierklinik befragten. Vier Prozent der Halter, die den Tod eines oder mehrerer Haustiere erlebt hatten, zeigten danach eine verlängerte und besonders belastende Form der Trauer. Sie empfanden Leere, Bitterkeit und Sehnsucht, wurden von Gedanken an das verstorbene Tier geradezu überfallen, ohne sie verdrängen zu können. Diese Gefühle dauerten ein halbes Jahr oder sogar länger an. Weitere 21 Prozent zeigten diesen Verlauf in etwas schwächerer Form. Dreißig Prozent zeigten noch mildere Trauerverläufe. Die Trauer hielt aber auch bei diesen weniger belasteten Tierhaltern immerhin bis zu einem halben Jahr oder länger an.

Auch für die Tierärzte gehört die Einschläferung eines Tieres zu den stressigsten Situationen ihres Berufsalltags, zeigten verschiedene Studien. Eine grundlegende und besonders aufschlussreiche Untersuchung zum Thema haben Dorothy McKeegan und Carole Batchelor von der University of Glasgow Anfang 2012 im renommierten Fachjournal *Veterinary Record* veröffentlicht. Die Wissenschaftlerinnen befragten sechzig Tierärzte, die in Großbritannien praktizierten, nach dem Stress, den typische Szenarien ihres Arbeitsalltags bei ihnen auslösen. Die Mehrzahl der Befragten arbeitete in Kleintierpraxen, also mit Katzen, Hunden und kleinen Heimtieren. Drei Szenarien hatten die Wissenschaftlerinnen vorgegeben:

1. Das Einschläfern eines gesunden Tieres.
2. Finanzielle Schwierigkeiten des Tierbesitzers, die es nicht erlauben, eine notwendige Behandlung vorzunehmen.
3. Ein Tierbesitzer, der eine Fortsetzung der Behandlung fordert, obwohl es aus Sicht des Tierschutzes geboten erscheint, das Tier von seinem Leiden zu erlösen.

Die Veterinäre sollten auf einer Skala von 0 bis 10 angeben, als wie belastend (»stressful«) sie das jeweilige Szenario empfanden.

Die Tierärzte bewerteten das dritte Szenario (Tierbesitzer fordert eine Fortsetzung der Behandlung bei schwer leidendem Tier) als emotional am stärksten belastend und mit dem meisten Stress verbunden (neun Punkte im Durchschnitt). Das Einschläfern gesunder Tiere wurde mit acht Punkten, finanzielle Nöte des Besitzers und daraus resultierende Schwierigkeiten, das Tier angemessen zu behandeln, wurden mit sieben Punkten bewertet. Am häufigsten müssen die Tierärzte mit der Situation umgehen, dass Tierbesitzer eine notwendige Behandlung nicht finanzieren können. Die beiden anderen Szenarien – die Tötung eines gesunden Tieres und der Besitzerwunsch, schwer kranke Tiere weiter zu behandeln – bewerteten Frauen mit einer höheren Punktzahl als männliche Tierärzte. Wie lange ein Tierarzt schon im Arbeitsleben stand, hatte keinerlei Einfluss auf die Wahrnehmung der ethischen Konfliktsituationen – ein »Abstumpfungs-« oder »Sensibilisierungseffekt« bleibt also offenbar aus. An der Studie nahmen Veterinäre teil, die zwischen einem Jahr und mehr als 25 Jahre klinisch tätig waren. 57 Prozent der Tierärzte sahen sich pro Woche mit einem bis zwei ethischen Konflikten konfrontiert, 34 Prozent gerieten drei- bis fünfmal in der Woche in ein Dilemma, und zwei der Teilnehmer hatten es sogar mit mehr als zehn Gewissenskonflikten pro Woche zu tun.

Die Diskussion über Ethik hat sich intensiviert, seitdem einzelne Veterinärmediziner den Gedanken aufbrachten, bei todkranken Tieren könnte eine Hospizpflege möglich sein wie bei Menschen in den letzten Tagen und Wochen des Lebens. Erste Berichte von Tierärzten, die ein Konzept dafür entwickelten und die Halter dabei anleiteten, Tiere in der

Endphase des Lebens zu pflegen, stammen aus den USA. Auch der australische Tierarzt Antony S. Moore plädierte vor einigen Jahren im *Journal of Feline Medicine and Surgery* dafür, die rasche Einschläferung eines schwer krebskranken Tieres gegen eine »Hospizpflege« abzuwägen. Ein solches Hospiz könne der Besitzer durchaus bei sich zu Hause einrichten. Ein motivierter Besitzer sei dann auch in der Lage, ein schwer krankes – und gut mit Schmerzmitteln versorgtes – Tier so zu pflegen, dass es nicht leide, schreibt Moore, der einräumt, ein solches Vorgehen sei mit Sicherheit für viele Tierärzte emotional belastend und nicht akzeptabel. Letztlich kennt auch der Australier keine endgültige Antwort. Er schreibt: »Die einzige wirklich ethische Entscheidung wäre diejenige, die der Patient selbst trifft – und das ist in der Veterinärmedizin nicht möglich.«

Die Gesellschaft Schweizer Tierärztinnen und Tierärzte formulierte im Jahr 2005 »Ethische Grundsätze«, um solche Konflikte aufzulösen. Diesem Papier zufolge reicht die Übereinkunft zwischen Tierarzt und Tierhalter, dem Tier gehe es nun schlecht genug, nicht, um eine Einschläferung zu rechtfertigen. Man müsse eine Projektion in die Zukunft des Tieres vornehmen und dabei fragen, wie viel erfüllte Lebenszeit dem Tier wohl noch bleibt und wie belastend die Therapie möglicherweise für das Tier ist. Aber dabei müssten auch die Möglichkeiten des Halters, Zeit und Geld aufzubringen, einbezogen werden.

In Deutschland hat diese Debatte gerade erst begonnen. Die Veterinärmedizin öffnet sich langsam für ethische Fragestellungen. Auf Kongressen gibt es erste Podiumsdiskussionen, zu denen man Ethiker einlädt und sie mit Tierärzten debattieren lässt, die an großen Kliniken aufwendige Medizin praktizieren, etwa Strahlentherapie für krebskranke Katzen und Hunde. Seit dem Wintersemester 2013/2014 bietet die Tierärztliche Hochschule Hannover als erste Ausbildungsstätte ihrer Art in Deutschland Ethikunterricht an. Die Vorlesungen hält kein Veterinärmediziner, sondern der Philosoph und Theologe Peter Kunzmann. Im Herbst 2013 diskutierte er auf dem Podium eines großen Tierärztekongresses in Mannheim mit einer Reihe von Veterinären. Es ging dabei um die Frage, wo »Luxusmedizin« beginnt, aber auch um die Belastung, die es für Tierärzte bedeutet, mit Besitzern über die Euthanasie zu verhandeln. Kunzmann empfiehlt den Tierärzten eine professionelle gemeinsame Problembewältigung unter Supervision, wie sie auch Priester und Angehörige von Pflegeberufen praktizieren.

Eine Arbeitsgruppe »Tierethik« der Bundestierärztekammer erarbeitet gerade einen Kodex, auf den sich Tierärzte berufen können, wenn sie schwierige Entscheidungen treffen müssen. Er soll 2015 verabschiedet werden, die Rohfassung enthält Sätze wie: »Tierärzte lehnen operative, kosmetische und medikamentelle Maßnahmen ab, die medizinisch nicht indiziert sind.« Ein Riss gehe durch die Gesellschaft, sagte Thomas Blaha, Professor an der Tierärztlichen Hochschule Hannover und Sprecher der Arbeitsgruppe, im Herbst 2013 dem berufspolitischen Tierärztemagazin *Vetimpulse*. Tiere betrachte man inzwischen ganz unterschiedlich: die einen lehnten Tierversuche ab und verzichteten auf Fleisch, die anderen kauften beim Discounter und befürworteten die intensive Landwirtschaft. Diese Extreme fänden sich auch innerhalb der Tierärzteschaft. Für den einen Tierarzt sei das Tier Freund und Partner, für den anderen ein Wirtschaftsfaktor. In dieser Situation sei ein Kodex wichtig, auf den alle sich berufen können.

Die ganz unterschiedlichen Einstellungen, die unser Zusammenleben mit Tieren prägen, die Extreme, von denen Blaha spricht, werden zunehmend zu einem Forschungsgegenstand. Was sind die Gründe, die den einen Menschen dazu bringen, seinen Hund wie einen nützlichen Besitz zu betrachten, den nächsten aber dazu, die Katze wie ein menschliches Familienmitglied zu behandeln – inklusive teurer Medikamente, Filet zum Geburtstag und Stoffmaus zu Weihnachten? Und warum sehen wieder andere in ihren Meerschweinchen Mitgeschöpfe, denen man eine artgerechte Umgebung schuldet, ohne eine Gegenleistung verlangen zu dürfen?

David Blouin, ein junger amerikanischer Soziologe, hat sich in den vergangenen Jahren einen Namen mit einer ganz neuen Sicht auf diese verschiedenen Rollen der Haustiere gemacht. Er vertritt die Ansicht, dass jeder von uns zu jeder dieser Sichtweisen fähig ist. Sie schlummern in uns, denn sie sind Teil unserer Geschichte.

Blouin lehrt an einer kleinen Hochschule im Mittleren Westen der USA, der Indiana University in South Bend. Er hat in Ohio und Indiana studiert, dann eine Doktorandenstelle angenommen und schließlich promoviert. Seine Studenten schätzen ihn sehr, er hat verschiedene Preise für seine Arbeit bekommen.

Die amerikanischen Medien haben seine bisherigen Studien schon einmal auf die Formel gebracht: »Move over, Fluffy. Baby's on the way.« Frei übersetzt: Zur Seite, Fiffi.

Baby im Anflug. Das ist eine der zentralen Aussagen von Blouin: Wenn sich das Leben der Menschen grundlegend verändert, vor allem, wenn sie Eltern werden, kann sich der Blick auf ihr Tier völlig verändern. Mit Vernachlässigung habe das nichts zu tun, sagt Blouin, auch danach sorgten die Menschen zuverlässig für ihr Tier. Aber seine Bedeutung in den Köpfen der Halter ist nicht mehr dieselbe wie vorher. Diese Verschiebungen sieht Blouin als etwas an, das zur Lebensgeschichte von Menschen gehört. Ergeben sich im Leben von Menschen Brüche, neue Aufgaben und neue Beziehungen, dann ändert sich auch die Bedeutung des eigenen Haustieres. Blouin nennt es »switchen«: Der Mensch kann im Laufe der Jahre hin- und herschalten zwischen verschiedenen Einstellungen seinem Tier gegenüber.

Zu diesem Eindruck ist Blouin in stundenlangen Interviews mit Tierhaltern aus Indiana gekommen. Nach seinen Auswertungen lassen sich die Probanden grob in drei Gruppen einteilen: Zum einen Halter, die ihre Tiere vermenschlichen, sie verwöhnen und wie ein Ersatzkind behandeln. Daneben solche, die großen Wert auf artgerechte Haltung und auch Tierschutz im Allgemeinen legen. Und Halter, die ihre Tiere als »weniger wertvoll« als Menschen erachten, die klare Grenzen ziehen, obgleich sie ihre Tiere gut behandeln.

Die Vorbilder für diese Sichtweisen liegen Blouin zufolge in der Geschichte: Die Menschen, die ihr Tier vermenschlichen, stehen in der Tradition des »Dog Fancy« und »Cat Fancy« des 19. Jahrhunderts, als man begann, Hunde und Katzen als Hausgenossen zu behandeln, sie systematisch zu züchten und auf Schauen zu zeigen. Die Tierschützerfraktion wurde inspiriert durch den Aufstieg der Tierschutz- und Tierrechtsverbände seit dem ausgehenden 19. Jahrhundert. Und diejenigen, die das Tier als »niedrigeres« Lebewesen betrachten, finden Gründe dafür in der christlichen Weltanschauung, in der der Mensch die Krone der Schöpfung ist, während die Tiere ihm dienen.

Ganz nebenbei findet Blouin auch erste Erklärungen dafür, warum es so viele unterschiedliche Haltungsstile gibt, warum manche Halter auf das Barfen schwören, andere lieber selbst kochen oder Fertigfutter aufpeppen, warum es einen regelrechten Krieg gibt zwischen den Verfechtern unterschiedlicher Trainingsmethoden, warum manche Menschen ihre Tiere nicht mal ins Haus lassen, andere sie aber sogar bis in ihr eigenes Bett. Er ist zu der Überzeugung gekommen, dass die Menschen zwar oft sehr bemüht sind, ihrem Tier ein ideales, artgerechtes Leben zu bieten. Doch was darunter zu verstehen ist, das entscheiden sie selbst. Ein Paar, das Blouin befragte, war der Gruppe der überzeugten Tierschützer zuzurechnen. Fuhren sie von zu Hause weg, sperrten sie ihre Hunde in Verschläge. Für andere Halter wäre das undenkbar – doch Robin und Leanne, Blouins Probanden, hatten den Eindruck, gerade das sei tiergerecht. Andere Studienteilnehmer, die viel Wert auf artgerechte Haltung und die Autonomie des Tieres legten, waren hingegen der Meinung, Hunde müssten sich ihre Rückzugsplätze völlig eigenständig aussuchen können.

Es liegt etwas Tröstliches in den Aussagen von Blouin. Als einer der ersten Wissenschaftler, die das Band zwischen Mensch und Tier erforschen, siedelt er die Beziehung nicht auf einer starren Leiste an: am einen Ende die überbehütenden, bizarrem Luxus zugeneigten Haustiernarren, die ihrem Tier völlig ergeben sind, am anderen diejenigen, die den Hund achtlos aussetzen, wenn er die Urlaubspläne stört. Blouin findet, dass wir von solchen Extremen wegmüssen, wenn wir die »ganz normale« Beziehung zwischen Mensch und Tier besser verstehen wollen.

Es ist ein erster Schritt hin zu neuen Erkenntnissen über unsere Beziehung zu Haustieren, ein neuer Puzzlestein in einer Forschungsrichtung, die gerade erst Fahrt aufnimmt. Blouin glaubt, dass es unzählige Subtypen der drei Überzeugungen gibt, die er bei den Haltern bemerkte. Das Band, das zwischen einem Menschen und seinem Haustier besteht, ist also individuell. Niemand hat sein Haustier nur als Ersatzkind oder nur als Nutztier, das Haus und Hof bewacht. Es ist außerdem eine Beziehung, die, einmal begonnen, ein Eigenleben beginnt.

Die Erforschung der Mensch-Tier-Beziehung öffnet sich zunehmend solchen neuen Ansätzen. Wohin sich die Tierhaltung entwickeln wird, welche Einstellung in Zukunft überwiegen wird – darüber wagen Wissenschaftler aber noch keine Prognose. Während die Zahl der gehaltenen Tiere in Deutschland noch stagniert, geht sie beispielsweise in den Vereinigten Staaten schon deutlich zurück. Zwischen 2006 und 2011 sank die Zahl der Katzen um sechs Prozent, die der Hunde um zwei Prozent, die der Pferde um fast siebzehn Prozent. Als der amerikanische Tierärzteverband 2012 nach diesen desaströsen Zahlen eine Befragung unter Menschen startete, die im Erwachsenenalter noch nie ein Tier gehalten hatten, ergab sich, dass die häufigste Begründung dafür, keinen Hund zu haben, schlicht »Lifestyle« war. Fragte man

Menschen, die schon einmal Tiere gehabt hatten, aber nun keine mehr hielten, gaben sie zu Protokoll, dass die Tierarzt- und andere Kosten sie davon abhielten, sich wieder einen Hund zuzulegen. Bei Katzen stand an oberster Stelle der Gründe, dass man zu viel reise.

Der Trend muss nicht zwingend anhalten und auch nicht auf alle Länder übergreifen. »Die Tierhaltung der Zukunft lässt sich nicht so vorherberechnen wie der Konsum von Fertigpizza und Haarspray«, sagt Detlev Nolte, der Sprecher des deutschen Industrieverbandes Heimtierbedarf.

Wer sich in der Zukunft überhaupt noch ein Tier zulegt, der wird es vielleicht umso bewusster tun. Denkbar ist auch, dass der Trend stärker wird, auf den die Heimtierindustrie in der westlichen Welt angesichts des demografischen Wandels schon jetzt hofft: Mehr Tiere bei alten Menschen. David Blouin fielen in seinen wissenschaftlichen Untersuchungen vor allem die »Empty Nester« auf, ein englischer Begriff für Eltern, deren Kinder erwachsen geworden sind und das Haus verlassen. Diese älteren Paare neigen besonders dazu, ihr Tier zu vermenschlichen, es intensiv zu umsorgen wie ein neues Kind, das sie sich bewusst ins leere Nest gesetzt haben.

Betrachtet man die Geschichten der Tierhalter in diesem Buch, dann gibt es vielleicht noch weitere Erklärungen dafür, warum Menschen sich Tiere halten. Hinter dem Zusammenleben mit Hund, Katze, Pferd oder Kaninchen steckt vielleicht manchmal auch die Sehnsucht danach, ein ganz anderes, ein eigenes Leben zu führen, weniger fremdbestimmt zu sein. Viele der porträtierten Tierhalter nehmen große Einschränkungen auf sich, damit ihr Tier seine Gewohnheiten nicht ändern muss, nicht gestresst wird, gesund bleibt und länger lebt. Aber was nach Einschränkung aussieht, kann auch Freiheit sein. Es ist die Freiheit der Begrenzung, die Freiheit, nicht immer wählen zu müssen, weil ja das Tier da ist, dessen Bedürfnisse man im Blick haben muss. In einer Welt der unendlichen Wahlmöglichkeiten kann das Tier zum Korrektiv werden, zu einem Anker, an den man sich klammern kann, wenn man Entscheidungen treffen muss. Dazu gehören tief greifende Entscheidungen, die den gesamten Lebensstil betreffen, aber auch Alltagsfragen nach Urlaub, Konsum, danach, wie man seine Abende gestalten, wofür man seine Zeit aufwenden, wie verfügbar man für andere sein will. Möglicherweise ist die Frage, was für das eigene Haustier am besten ist, leichter zu beantworten als alle anderen.

---

* Johanna B und Peter sind Pseudonyme.

Literaturverzeichnis

1. Eine Beziehung im Wandel

American Veterinary Medical Association (2012): U.S. Pet Ownership & Demographics Sourcebook. 2012 Edition. www.avma.org

Bestattungen.de (2013): Wo der Hund begraben liegt – Starker Anstieg bei Tierbestattungen. 27. August. Abgerufen am 5.1.2014 von www.bestattungen.de: http://www.bestattungen.de/ueber-uns/presse/pressemitteilungen/wo-der-hund-begraben-liegt-starker-anstieg-bei-tierbestattungen.html

Bild online (2013): Sind wir zu tierlieb? Abgerufen am 23.12.2013 von www.bild.de: http://www.bild.de/lifestyle/2013/haustiere/uebertreiben-deutsche-tierliebe-31740028.bild.html

Industrieverband Heimtierbedarf (kein Datum): Der deutsche Heimtiermarkt 1999 bis 2012. (Datensammlung, vom IVH direkt an die Autorin übermittelt)

Niemann, H. (2013): Heimtier Vogel – Ein Hobby mit Zukunftsaussichten? In: ZZA, 5, S. 32

RP Online (2013): Hunde und Katzen sind echte Couchpotatoes. 11. August. Abgerufen am 23.12.2013 von rp-online.de: http://tiere.rp-online.de/hunde/news/Hunde-und-Katzen-sind-echte-Couchpotatoes,21504

Tier TV (kein Datum): Geschenke für Tiere liegen im Trend. Abgerufen am 27.12.2013 von www.tier.tv: http://www.tier.tv/magazin/geschenke-fuer-tiere-liegen-im-trend

Von Elterlein, E. (kein Datum): Frauen im Urlaub vermissen Hund mehr als den Mann. Abgerufen am 23.12.2013 von www.welt.de: http://www.welt.de/reise/article118495018/Frauen-im-Urlaub-vermissen-Hund-mehr-als-den-Mann.html

Zentralverband Zoologischer Fachbetriebe (2013): IMR-Studie »Tierpopulation in Deutschland«. www.zzf.de (Die Daten wurden direkt an die Autorin übermittelt.)

2. Die großen Trends

Dreesbach, A., Kägler, B., Vers, S. (2006): Geschichte der Hunde. Franckh-Kosmos Verlag, Stuttgart.

Herzog, H. (2009): A First Dog from Down South. 26. Januar. Abgerufen am 13. August 2013 von www.washingtonpost.com: http://www.washingtonpost.com/wp-dyn/content/article/2009/01/25/AR2009012501773.html

Mars Petcare Deutschland (2012): Mars Heimtier-Studie 2013: Hund – Katze – Mensch. Die Deutschen und ihre Heimtiere. Verden.

Meyer, D. (2013): Blattgold für Bello. In: Euro 08, S. 24.

Ritvo, H. (1987): The Animal Estate. Harvard University Press, Cambridge.

Ritvo, H. (1988): The Emergence of Modern Pet-Keeping. In: Animals and People Sharing The World. Edited by Andrew N. Rowan. Published for Tufts University by University Press of New England, Hanover and London 1988. S. 13.

Sperlin, T.S. (2012): Animal Hoarding: das krankhafte Sammeln von Tieren. Aktuelle Situation in Deutschland und Bedeutung für die Veterinärmedizin. DVG-Service, Gießen.

Tierärztliche Vereinigung für Tierschutz e.V. (2012): Hundeimporte aus Süd- und Osteuropa. Hundehandel unter dem Deckmantel des Tierschutzes? Abgerufen am 30.12.2013 von www.tierschutz-tvt.de: http://www.tierschutz-tvt.de/fileadmin/tvtdownloads/merkblatt113_2012.pdf

Wippermann, W., Berentzen, D. (1999): Die Deutschen und ihre Hunde. Ein Sonderweg der deutschen Mentalitätsgeschichte. Wilhelm Goldmann Verlag, München.

3. Die Chappi-Verschwörung

Becker, N., Dillitzer, N., Sauter-Louis, C. und Kienzle, E. (2012): Fütterung von Hunden und Katzen in Deutschland. Tierärztliche Praxis Kleintiere, 6, S. 391.

Day, J., Kergoat, S. und Kotrschal, K. (2009): Do pets influence the quantity and choice of food offered to them by their owners: lessons from other animals and the pre-verbal human infant? CAB Reviews: Perspectives in Agriculture, Veterinary Science, Nutrition and Natural Resources, 4, Nr. 042.

Grimm, H.-U. (2009): Katzen würden Mäuse kaufen: Schwarzbuch Tierfutter. Heyne Verlag, München.

Kienzle, E., Bergler, R. (2006): Human-animal relationship of owners of normal and overweight cats Journal of Nutrition, 136, S. 1947.

Kienzle, E., Berger, R. und Mandernach, A. (1998): A comparison of the feeding behavior and the human-animal relationship in owners of normal and obese dogs. Journal of Nutrition, 128 (12 Suppl), S. 2779.

Lonsdale, T. (kein Datum): Why not ›BARF‹? Abgerufen von www.rawmeatybones.com am 29.12.2013: http://www.rawmeatybones.com/petowners/whynotBARF.php

Storey, S. (2011): A sniff of home cooking for dogs and cats. Abgerufen am 29.12.2013 von www.nytimes.com: http://www.nytimes.com/2011/01/19/dining/19pets.html?pagewanted=all&_r=0 New York Times

Zentralverband Zoologischer Fachbetriebe (2013): Deutscher Heimtiermarkt mit Umsatzplus. Abgerufen am 29.12.2013 von www.zzf.de: http://www.zzf.de/presse/meldungen/meldungen/article/deutscher-heimtiermarkt-mit-umsatzplus.html

Zoologischer Zentral-Anzeiger (2012): Ausdruck der Zuneigung. ZZA, 2, S. 14.

Zoologischer Zentral-Anzeiger (2012): Terra Canis, München: Kein Luxus, sondern Verantwortung. ZZA, 5, S. 82.

4. Warum halten Menschen sich Haustiere?

Bergler, R. (kein Datum): Wellensittiche in Altenheimen. Abgerufen am 30.12.2013 von www.mensch-heimtier.de: http://www.mensch-heimtier.de/start/studien-vortraege.html

Besser Betreut GmbH (kein Datum): Betreut Report 2011. Tierbetreuung in Deutschland. Abgerufen von www.betreut.de am 30.12.2013: http://service.betreut.de/wp-content/uploads/sites/2/2013/07/BetreutReport_2011_Tiere_klein.pdf

Bundesinstitut für Bevölkerungsforschung (2012): (Keine) Lust auf Kinder? Geburtenentwicklung in Deutschland. Wiesbaden. Abgerufen am 30.12.2013 von www.bib-demografie.de: http://www.bib-demografie.de/SharedDocs/Publikationen/DE/Broschueren/keine_lust_auf_kinder_2012.pdf?__blob=publicationFile&v=17

Elitepartner.de (2013): Haustiere als Kindersatz? Von stolzen Hunde- und Katzeneltern. Abgerufen am 30.12.2013 von www.elitepartner.de: http://www.elitepartner.de/magazin/haustiere-als-kindersatz-von-stolzen-hunde-und-katzeneltern.html

Harker, R.M., Collis, G.M. und McNicholas, J. (2000): The influence of current relationships upon pet animal acquisition. S. 189. In: Companion Animals and Us. Exploring the relationships between people and pets. Edited by A.L. Podberscek, E.S. Paul, J.A. Serpell. Cambridge University Press, Cambridge.

Khuly, P. (2011): Is keeping pets instead of children selfish? George Clooney's girl says, ›no way‹. Abgerufen am 29.12.2013 von www.petmd.com: http://www.petmd.com/blogs/fullyvetted/2011/feb/pets_instead_of_children#.UnycB1wwdjo

Kiel, E.J., Buss, K.A. (2013): Toddler inhibited temperament, maternal cortisol reactivity and embarrassment, and intrusive parenting. Journal of Family Psychology 27 (3), S. 512.

Namenforschung.net (2013): Bello, Gin Tonic, Krake Paul – Individualnamen von Tieren. Abstractband zur Tagung am 7. und 8. Oktober 2013 an der Mainzer Akademie. Abgerufen am 30.12.2013 von www.namenforschung.net: http://www.namenforschung.net/fileadmin/user_upload/namenforschung.net/TierN-Tagung_Mainz_2013_Vortragsabstracts.pdf

Oehler, P. (2012): Thyroxin: Die Pille für den aggressiven Hund? Vetimpulse Nr. 13, 1. Juli, S. 1.

Pippert, J. (2009): Women with Big Dogs (and infertility). Abgerufen am 30.12.2013 von theartfulflower.blogspot.de: http://theartfulflower.blogspot.de/2009/05/women-with-big-dogs-and-infertility.html

Schaffer, M. (2010): One Nation Under Dog. America's Love Affair with Our Dogs. Henry Holt and Company, New York.

Siedenbiedel, C. (2008): Das große Geschäft mit den Tieren. 25. Oktober 2008. Abgerufen am 5.1.2014 von www.faz.net: http://www.faz.net/aktuell/wirtschaft/wirtschaftsfaktor-haustier-das-grosse-geschaeft-mit-den-tieren-1713398.html

Spiegel Online (2013): Forsa-Umfrage: Das stresst Mütter am meisten. Abgerufen am 15.11.2013 von www.spiegel.de: http://www.spiegel.de/gesundheit/schwangerschaft/forsa-umfrage-kinder-sind-stress-fuer-viele-muetter-a-898684.html

Turner, D. (2012): Einstellungen zu Tieren – ein kulturübergreifender, internationaler Vergleich. S. 16. In: Mars Petcare Deutschland: Mars Heimtier-Studie 2013 (2012): Hund – Katze – Mensch. Die Deutschen und ihre Heimtiere. Verden.

Vernooij, M. (2009): Beziehungsstrukturen zwischen Mensch und Tier in einer veränderten Gesellschaft. S. 158. In: Otterstedt, C., Rosenberger, M. (Hrsg.): Gefährten – Konkurrenten – Verwandte. Die Mensch-Tier-Beziehung im wissenschaftlichen Diskurs. Vandenhoeck & Ruprecht, Göttingen.

Veterinary Record (2013): Buying on impulse? Survey highlights puppy owners' lack of research. Veterinary Record 20. April, S. 408.

Weidt, H., Berlowitz, D. (2013): Was kann mein Welpe wann? Hundewelt September, S. 14.

Westensee, M. (2013): Die soziale Konstruktion des Erziehungsverhältnisses am Beispiel der Erziehung von Kindern und Hunden in der Gegenwartsgesellschaft. In: Gesellschaft und Tiere. Soziologische Analysen zu einem ambivalenten Verhältnis. Springer Fachmedien, Wiesbaden. S. 219.

Zips, M. (2013): Der Doktor und das liebe Vieh. »Anti-Welpi-Spritzen« und James-Last-Gedudel im Hunde-OP: Persönliche Ansichten eines Tierarztsohns. Süddeutsche Zeitung Nr. 58, 9./10. März, S. 13.

5. Der Guru-Faktor

Adolph, H., Euler, H. (1994): Warum Mädchen und Frauen reiten: eine empirische Untersuchung. Universität Gesamthochschule Kassel.

Bergler, R., Hoff, T. und Kienzle, E. (2011): Psychologie der Mensch-Pferd-Beziehung bei jungen Reiterinnen: theoretische Grundlagen und empirische Ergebnisse. S. Roderer Verlag, Regensburg.

Coren, S. (1999): Do people look like their dogs? Anthrozoös Bd. 12, Nr. 2, S. 111.

Focus (2007): Doktor Freud für Fiffis. Focus 19. März, S. 116.

Fowler, V., Kennedy, M., Marlin, D. (2012): A Comparison of the Monty Roberts Technique with a Conventional UK Technique for Initial Training of Riding Horses. Anthrozoös Bd. 25, Nr. 3, September, S. 301.

Gladwell, M. (2006): Das Alphatier. Die Weltwoche, 14.9.2006, S. 54.

Käsmayr, R. (kein Datum): Die Raine Theorie. Abgerufen am 30.12.2013 von www.equipen.de: http://www.equipen.de/texte-regina-kaesmayr

Mars Petcare (2012): Wirtschaftsfaktor Heimtier. Tiere schaffen Arbeitsplätze und neue Dienstleistungen. In: Mars Petcare Deutschland: Mars Heimtier-Studie 2013 (2012): Hund – Katze – Mensch. Die Deutschen und ihre Heimtiere. Verden. S. 64.

Riepe, T. (2013): Cesar Millan – Phänomen oder Polarisierer als Mittel zum Zweck? Wuff – Das Hundemagazin 7–8, S. 39.

Niederste-Werbeck, T., Dorn, H. (2013): Michael Grewe auf ein Gespräch. Dogs 2, S. 62.

Niggemeier, S. (2010): Dein Hund, das unbekannte Wesen. Frankfurter Allgemeine Sonntagszeitung 10. Oktober, S. 57.

Ossenberg, H. (2013): Was suche ich? 13. April 2013. Abgerufen am 5. Januar 2013 von www.badische-zeitung.de: http://www.badische-zeitung.de/panorama/die-leine-schoen-locker-x1x--70831022.html
Pohlheim, K. (2006): Vom Gezähmten zum Therapeuten: Die Soziologie der Mensch-Tier-Beziehung am Beispiel des Hundes. Lit Verlag, Hamburg.
Stampf, O. (2006): Die Magie der Leitstute. Der Spiegel 52. Abgerufen am 3.1.2014 von www.spiegel.de: http://www.spiegel.de/spiegel/a-456233.html

6. Das Café der lächelnden Menschen

Beetz, A. (2002): Love, violence, and sexuality in relationships between humans and animals. Shaker Verlag, Aachen.
Beetz, A., Kotrschal, K. und Julius, H. (2013): Children with behavior problems open up more in an Equine Assisted Intervention. 13th International IAHAIO Conference 20. bis 22. Juli 2013, Chicago. Oral Presentation.
Beetz, A. et al (2013): Psychophysiological Effects of an Attachment-Based Equine-Assisted Intervention in Insecure Mother-Child Dyads. 13th International IAHAIO Conference 20. bis 22. Juli 2013, Chicago. Oral Presentation.
Fine, A. (2010): Handbook on Animal-Assisted Therapy. Academic Press, London.
Friedmann, E., Katcher, A.H., Lynch, J.J. und Thomas, S.A. (1980): Animal companions and one-year survival of patients after discharge from a coronary care unit. Public Health Reports 95, S. 307.
Gebhardt, M. (2005): Falsch erzogen. Die Zeit 14. Juli, Nr. 29, S. 58.
International Association of Human-Animal Interactions Organizations (kein Datum): IAHAIO 2007 Tokyo Declaration. Abgerufen von www.iahaio.org am 30.12.2013: http://www.iahaio.org/files/declarationtokyo.pdf
Julius, H., Beetz, A., Kotrschal, K., Turner, D. und Uvnäs-Moberg, K. (2013): Attachment to Pets. An Integrative View of Human-

Animal Relationships with Implications for Therapeutic Practice. Hogrefe, Göttingen.
Kotrschal, K. (2009): Die evolutionäre Theorie der Mensch-Tier-Beziehung. In: Otterstedt, C., Rosenberger, M. (Hrsg.): Gefährten – Konkurrenten – Verwandte. Die Mensch-Tier-Beziehung im wissenschaftlichen Diskurs. Vandenhoeck & Ruprecht, Göttingen. S. 55.
Lee H.J., Macbeth A.H., Pagani J.H. und Young W.S. 3rd (2009): Oxytocin: the great facilitator of life. Progress in Neurobiology Juni, 88(2), S. 127.
Nagasawa, M., Kikusui, T., Onaka, T. und Ohta, M. (2009): Dog's gaze at its owner increases owner's urinary oxytocin during social interaction. Hormones and Behavior Bd. 55, Nr. 3, März, S. 434.
Serpell, J.A. (2000): Creatures of the unconscious: companion animals as mediators. S. 108. In: Companion Animals and Us. Exploring the relationships between people and pets. Edited by A.L. Podberscek, E.S. Paul, J.A. Serpell. Cambridge University Press, Cambridge.
Otterstedt, C., Vernooij, M. (2009): Von Kosten und Nutzen der Mensch-Tier-Beziehung. E-Mail-Dialog. In: Otterstedt, C., Rosenberger, M. (Hrsg.): Gefährten – Konkurrenten – Verwandte. Die Mensch-Tier-Beziehung im wissenschaftlichen Diskurs. Vandenhoeck & Ruprecht, Göttingen. S. 182.

7. Hartz IV und das Tier

Besser Betreut GmbH (kein Datum): Betreut Report 2011. Tierbetreuung in Deutschland. Abgerufen von www.betreut.de am 30.12.2013: http://service.betreut.de/wp-content/uploads/sites/2/2013/07/BetreutReport_2011_Tiere_klein.pdf
Dickerson, A., Popli, G. (2011): Persistent poverty and children's cognitive development: Evidence from the UK Millennium Cohort Study. Sheffield Economic Research Paper Series. SERP Number 2011023. November 2011. Department of Economics. University of Sheffield.

Held, J. (2011): Tierschützer fordern: Tiere von Hartz-IV-Empfängern umsonst behandeln. VETImpulse 8, 15. April, S. 3.
Hund-und-Halter.de (kein Datum): Hunde helfen Langzeitarbeitslosen. Abgerufen am 2.1.2014 von www.hund-und-halter.de: http://www.hund-und-halter.de/index.php?option=com_content&view=article&id=493:hunde-helfen-langzeitarbeitslosen&catid=16&Itemid=173
Martens, R. (2011): Die Regelsatzberechnungen der Bundesregierung nach der Einigung im Vermittlungsausschuss sowie der Vorschlag des Paritätischen Gesamtverbandes für bedarfsdeckende Regelsätze.
Paritätische Forschungsstelle (Expertise vom 22. Oktober 2010, aktualisiert 10. März 2011), Berlin.
Martins, C.M. et al (2013): Impact of demographic characteristics in pet ownership: Modeling animal count according to owners income and age. Preventive Veterinary Medicine 109, S. 213.
Ohr, R., Zeddies, G. (2006): Ökonomische Gesamtbetrachtung der Hundehaltung in Deutschland. November 2006. Göttingen.
Ritvo, H. (1988): The Emergence of Modern Pet-Keeping. In: Animals and People Sharing The World. Edited by Andrew N. Rowan. Published for Tufts University by University Press of New England, Hanover and London 1988. S. 13.
Sozialhilfe24.de (2010): Haustiere. Abgerufen am 2.1.2014 von www.sozialhilfe24.de: http://www.sozialhilfe24.de/forum/hartz-iv-4-alg-ii-2/haustiere-12335.html (Forenbeitrag mit Diskussion)
Steele, D. (2011): Meine Meinung. VETImpulse 8, 15. April, S. 3.
Vetion.de (2011): Haustiere sind ein Grund für Kurzurlaube. Abgerufen am 8. August 2011 von www.vetion.de
Westgarth, C., Boddy, L.M., Stratton, G., German, A.J., Gaskell, R.M., Coyne, K.P., Bundred, P., McCune, S. und Dawson, S. (2013): Pet ownership, dog types and attachment to pets in 9–10 year old children in Liverpool, UK. BMC Veterinary Research 9, S. 102.

8. Mit Tieren Geld verdienen

Ehrenstein, C. (2012): Haustier als Luxus-Liebesobjekt macht arm. Welt Online 15. Mai 2012. Abgerufen am 5. Januar 2014 von www.welt.de: http://www.welt.de/wissenschaft/article106317542/Haustier-als-Luxus-Liebesobjekt-macht-arm.html

Euromonitor International (kein Datum): Pet Care. Country Reports. Abgerufen am 2.1.2013 von www.euromonitor.com: http://www.euromonitor.com/pet-care

Lange, A. (2012): Zoofachhandel entdeckt Luxusartikel für Haustiere. DPA 23. November. (Agenturmeldung)

Meyer, D. (2013): Blattgold für Bello. In: Euro 08, S. 24.

OTS (2013): Jeder Dritte ist bereit, sein Haustier gegen eine neue Wohnung zu tauschen. OTS 7. Mai 2013. (Agenturmeldung)

Rohwetter, M. (2010): Mein teurer Freund. Die Zeit, 30. Dezember, S. 21.

Süddeutsche Zeitung (2013): Verwöhnprodukte für das anspruchsvolle Tier. Nr. 58, 9./10. März, S. 13.

Zoologischer Zentral-Anzeiger (2013): Wie gedeiht die Heimtierbranche? ZZA, März, S. 24.

Zoologischer Zentral-Anzeiger (2013): ZZF-Forum 2013: Es braucht wieder Läden mit Seele. ZZA, April, S. 16.

9. Babys bevorzugt: Vom Scheitern mancher Mensch-Tier-Beziehung

DeLeeuw, J. L. (2010): Animal Shelter Dogs. Factors predicting adoption versus euthanasia. Dissertation, Wichita State University 2010.

Deutscher Tierschutzbund, Mafo-Institut (2010): Tierheime in Deutschland. Mai 2010.

Deutscher Tierschutzbund (2010): Belegungs- und Vermittlungszahlen der dem Deutschen Tierschutzbund angeschlossenen Tierheime. Auszüge aus der Studie des Mafo-Instituts. April 2010.

Glocker, M. (2009): Baby schema in infant faces induces cuteness perception and motivation for caretaking in adults. Ethology 115, S. 257.
Glocker, M. et al (2009): Baby schema modulates the brain reward system in nulliparous women. PNAS, 2. Juni, Bd. 106, Nr. 22, S. 9115.
König, E. (2011): Auf dem Weg in eine neue Ära – Tierheimneubau. In: Berliner Tierfreund – einmalige Sonderausgabe zum 170-jährigen Jubiläum des Tierschutzvereins für Berlin und Umgebung Corp. e.V. Redaktionsschluss: 1.11.2011. S. 18.
Miesler, L., Leder, H. und Herrmann, A. (2011): Isn't It Cute: An Evolutionary Perspective of Baby-Schema Effects in Visual Product Designs. International Journal of Design Vol. 5, Nr. 3, S. 17.
Mikisch, J.P. (2013): Bis zum Schluss. Cavallo 5, S. 126.
Niedersächsisches Ministerium für Ernährung, Landwirtschaft und Verbraucherschutz (2012): Landwirtschaftsminister Gert Lindemann spricht sich gegen Pferdesteuer aus. 13. August. (Pressemitteilung)
Nittono, H. et al (2012): The Power of *Kawaii*: Viewing Cute Images Promotes a Careful Behavior and Narrows Attentional Focus. Plos One. September, Bd. 7, Nr. 9, e46362.
Sanefuji, W., Ohgami, H., Hashiya K. (2007): Development of preference for baby faces across species in humans (Homo sapiens). Journal of Ethology 25, S. 249.
Spoerr, K. (2013): Tierischer Luxus. Welt am Sonntag, 11. August, S. 10.
Stüwe, C. (2012): Klar, wer Hund ausgesetzt hat. 30. März. Abgerufen von www.swp.de am 15.10.2013: http://www.swp.de/ulm/lokales/ulm_neu_ulm/Klar-wer-Hund-ausgesetzt-hat;art1158544,1401425
VETImpulse (2012): Tod binnen eines Jahres. VETImpulse Nr. 18, 15. September, S. 1.
Weng, H.Y., Hart, L.A. (2012): Impact of the economic recession on companion animal relinquishment, adoption, and euthanasia: a Chicago animal shelter's experience. Journal of Applied Animal Welfare Science Bd. 15 (1), S. 80.

Weng H.Y., Kass P.H., Hart L.A. und Chomel B.B. (2006): Risk factors for unsuccessful dog ownership: an epidemiologic study in Taiwan. Preventive Veterinary Medicine 17. November, 77 (1–2), S. 82.

10. Die Pferdeklappe

Hucklenbroich, C. (2013): Letzte Rettung für verarmte Pferdehalter. Frankfurter Allgemeine Zeitung 5. November, S. 7.
Hucklenbroich, C. (2007): Das Nachkriegspferd. Frankfurter Allgemeine Sonntagszeitung 7. Oktober, S. 85.

11. Kein Platz für Kaninchen im Kinderkiez

Beetz et al (2011): The Effect of a Real Dog, Toy Dog, and Friendly Person on Insecurely Attached Children During a Stressful Task: An Exploratory Study. Anthrozoös Bd. 24, Nr. 4, S. 349.
Beetz, A. (2012): Hunde im Schulalltag. Ernst Reinhardt Verlag, München.
Daly, B., Morton L.L. (2003): Children with pets do not show higher empathy: A challenge to current views. Anthrozoös Bd. 16, Nr. 4, S. 298.
DeMello, M. (2013): Animals and Society. An Introduction to Human-Animal Studies. Columbia University Press, New York.
Heilmann, J., Lindemann, T. (2011): Angeblicher Babyboom: Die Kinder-Lüge vom Prenzlauer Berg. Spiegel Online 28. Oktober. Abgerufen am 5. Januar 2014 von www.spiegel.de: http://www.spiegel.de/panorama/gesellschaft/angeblicher-babyboom-die-kinder-luege-vom-prenzlauer-berg-a-793619.html
Heyer, M., Beetz, A. (2013): Effects of a Group-Based Dog-Assisted Reading Program for Children Age 8-9. Vortrag auf dem 22nd Annual Meeting of the International Society for Anthrozoology (ISAZ). Chicago, 18./19. Juli.
Hoff, T., Bergler, R. (2006): Heimtiere und Kinder in der elterlichen Scheidungskrise. S. Roderer Verlag, Regensburg.

Lobue, V. et al. (2013): Young children's interest in live animals. British Journal of Developmental Psychology, März, Bd. 31, Nr. 1, S. 57.
Meyer, W., Pakur, M. (1999): Bemerkungen zum Haushund als Lehrobjekt und Erziehungshilfe für das sich entwickelnde Kind. Berliner und Münchener Tierärztliche Wochenschrift 112, S. 131.
Mitscherlich, A. (1965): Die Unwirtlichkeit unserer Städte. Suhrkamp Verlag, Frankfurt a.M.
Nicholas, C. et al (2009): How accurately do young adults recall childhood pets? A validation study. American Journal of Epidemiology 1. August, 170(3), S. 388.
Poresky, R., Hendrix, C. (1990): Differential effects of pet presence and pet-bonding on young children. Psychological Reports Bd. 67, S. 51.
Schaaf, J. (2013): Die Spitze des Prenzlbergs. Frankfurter Allgemeine Zeitung 24. April, S. 7.
Schredl, M. (2011): Die nächtliche Traumwelt im Kindesalter. In: Wiater, A., Lehmkuhl, G. (Hrsg.): Handbuch Kinderschlaf. Schattauer Verlag, Stuttgart. S. 93.
Westgarth, C. et al. (2010): Family Pet Ownership during Childhood: Findings from a UK Birth Cohort and Implications for Public Health Research. International Journal of Environmental Research and Public Health. Oktober, 7(10), S. 3704.

12. Der Aufstieg der Kleinsäuger

Dücker, G. (2000): 100 Jahre Bernhard Rensch: Biologe – Philosoph – Künstler. Lit Verlag, Hamburg.
Engelberg, M. (2013): Nachbar klagt gegen quiekende Meerschweinchen. BILD 16. August.
Hennessy, M., Kaiser, S., Sachser, N. (2009): Social buffering of the stress response. Diversity, mechanisms, and functions. Frontiers in Neuroendocrinology 30, S. 470.
Kaiser, S., Krüger, C. und Sachser, N.: The guinea pig. In: The UFAW Handbook on The Care and Management of Laboratory and Other

Research Animals. Eighth Edition. Edited by Robert Hubrecht and James Kirkwood. Wiley-Blackwell 2010. S. 380.
Koolhaas, J.M.: The laboratory rat. In: The UFAW Handbook on The Care and Management of Laboratory and Other Research Animals. Eighth Edition. Edited by Robert Hubrecht and James Kirkwood. Wiley-Blackwell 2010. S. 311.
Sachser, N., Dürschlag, M. und Hirzel, D. (1998): Social relationships and the management of stress. Psychoneuroendocrinology Bd. 23, Nr. 8, S. 891.
Sachser, N., Kaiser, S. (2010): Meerschweinchen als Sozialstrategen. Spektrum der Wissenschaft, Januar, S. 56.
Salaschek, I. (2009): Vom Notstandstier zum Wohlstandstier: Kaninchenhaltung in Deutschland. Geschichte und Bedeutung für die Veterinärmedizin. Tenea Verlag, Berlin.
Zentralverband Zoologischer Fachbetriebe (2013): IMR-Studie »Tierpopulation in Deutschland«. www.zzf.de (Die Daten wurden direkt an die Autorin übermittelt.)

13. Vom Festhalten und Loslassen

Adrian, J. et al. (2009): Complicated grief and posttraumatic stress disorder in humans' response to the death of pets/animals. Bulletin of the Menninger Clinic 73(3), S. 176.
Asemissen, B. (2007): Euthanasie – Verlust eines Kunden? WDT News 3/2007, S. 4.
Batchelor, C.E.M., McKeegan, D.E.F. (2012): Survey of the frequency and perveived stressfulness of ethical dilemmas encountered in UK veterinary practice. Veterinary Record 7. Januar, Bd. 170 (1), S. 19.
Blouin, D. (2013): Are Dogs Children, Companions, or Just Animals? Understanding Variations in People's Orientations toward Animals. Anthrozöos Bd. 26, Nr. 2, S. 279.
Fernandez-Mehler et al. (2013): Veterinarians' role for pet owners facing pet loss. Veterinary Record 25. Mai, 172 (21). S. 555.
Kraft, W. (2003): Geriatrie bei Hund und Katze. Paul Parey Verlag, Stuttgart.

Landsberg, G., Araujo, J.A. (2005): Behavior Problems in Geriatric Pets. Veterinary Clinics Small Animal Practice 35, S. 675.
Landsberg, G., DePorter, T., Araujo, J.A. (2011): Clinical Signs and Management of Anxiety, Sleeplessness, and Cognitive Dysfunction in the Senior Pet. Veterinary Clinics Small Animal Practice 41, S. 565.
Landsberg, G., Nichol, J., Araujo, J.A. (2012): Cognitive Dysfunction Syndrome. A Diesease of Canine and Feline Brain Aging. Veterinary Clinics Small Animal Practice 42, S. 749.
Moore, A.S. (2011): Managing cats with cancer: An examination of ethical perspectives. Journal of Feline Medicine and Surgery September, 13 (9), S. 661.
Oehler, P. (2013): Zum Wohle des Tieres. In: VETImpulse Nr. 21, 22. Jahrgang, 1. November, S. 2.
Szabó, A. (2013): Tierärzte-Kodex: Einheitliches Meinungsbild auf dem Weg. In: VETImpulse Nr. 21, 22. Jahrgang, 1. November, S. 1.
Veterinary Record (2012): Owners ›worryingly unprepared‹ for health problems in older pets. Veterinary Record 3. März, S. 216.

Namensregister